高等职业教育畜牧兽医类“十二五”规划教材
省级示范性高等职业院校“优质课程”建设成果

兽药质量检验技术

主　编　关　铜

西南交通大学出版社
·成　都·

图书在版编目（CIP）数据

兽药质量检验技术 / 关铜主编. —成都：西南交通大学出版社，2014.5（2019.1 重印）
高等职业教育畜牧兽医类“十二五”规划教材
ISBN 978-7-5643-3039-2

Ⅰ. ①兽… Ⅱ. ①关… Ⅲ. ①兽用药－质量检验－高等职业教育－教材 Ⅳ. ①S859.79

中国版本图书馆 CIP 数据核字（2014）第 087197 号

高等职业教育畜牧兽医类“十二五”规划教材

兽药质量检验技术

主编 关 铜

责任编辑	牛 君
封面设计	何东琳设计工作室
出版发行	西南交通大学出版社 （四川省成都市二环路北一段 111 号 西南交通大学创新大厦 21 楼）
发行部电话	028-87600564 028-87600533
邮政编码	610031
网 址	http://www.xnjdcbs.com
印 刷	成都蓉军广告印务有限责任公司
成品尺寸	170 mm × 230 mm
印 张	18.5
字 数	329 千字
版 次	2014 年 5 月第 1 版
印 次	2019 年 1 月第 3 次
书 号	ISBN 978-7-5643-3039-2
定 价	37.00 元

省级示范性高等职业院校“优质课程”建设委员会

《兽药质量检验技术》

编 委 会

主　编　关　铜（成都农业科技职业学院）

副主编　王振华（成都农业科技职业学院）

　　　　陈顺武（成都坤宏动物药业有限公司）

参　编　（以姓氏笔画为序）

　　　　宋　禾（成都农业科技职业学院）

　　　　徐　刚（重庆永健生物技术有限公司）

　　　　黄雅杰（成都农业科技职业学院）

序

随着我国改革开放的不断深入和经济建设的高速发展，我国高等职业教育也取得了长足的发展，特别是近十年来在党和国家的高度重视下，高等职业教育改革成效显著，发展前景广阔。早在2006年，教育部连续出台了《教育部、财政部关于实施国家示范性高等职业院校建设计划，加快高等职业教育改革与发展的意见》（教高〔2006〕14 号）、《关于全面提高高等职业教育教学质量的若干意见》（教高〔2006〕16 号）文件，近年来陆续出台了《关于充分发挥职业教育行业指导作用的意见》（教职成〔2011〕6号）、《关于推进高等职业教育改革创新引领职业教育科学发展的若干意见》（教职成〔2011〕12号）、《关于全面提高高等教育质量的若干意见》（教高〔2012〕4号）等文件，这标志着我国高等职业教育在质量得以全面提高的基础上，已经进入体制创新和努力助推各产业发展的新阶段。

近日，教育部、国家发展改革委、财政部《关于印发〈中西部高等教育振兴计划（2012—2020年）〉的通知》（教高〔2013〕2号）明确要求，高等职业教育专业设置、课程开发须以社会和经济需求为导向，从劳动力市场分析和职业岗位分析入手，科学合理地进行。按照现代职业教育体系建设目标，根据技术技能人才成长规律和系统培养要求，坚持德育为先、能力为重、全面发展，以就业为导向，加强学生职业技能、就业创业和继续学习能力的培养。大力推进工学结合、校企合作、顶岗实习，围绕区域支柱产业、特色产业，引入行业、企业新技术、新工艺，校企合办专业，共建实训基地，共同开发专业课程和教学资源。推动高职教育与产业、学校与企业、专业与职业、课程内容与职业标准、教学过程与生产服务有机融合。因此，树立校企合作共同育人、共同办学的理念，确立以能力为本位的教学指导思想显得尤为重要，要切实提高教学质量，以课程为核心的改革与建设是根本。

成都农业科技职业学院经过11年的改革发展和3年的省级示范性建设，在课程改革和教材建设上取得了可喜成绩，在省级示范院校建设过程中已经完成近40门优质课程的物化成果——教材，现已结稿付梓。

本系列教材基于强化学生职业能力培养这一主线，力求突出与中等职业教育的层次区别，借鉴国内外先进经验，引入能力本位观念，利用基于工作过程的课程开发手段，强化行动导向教学方法。在课程开发与教材编写过程中，大量企业精英全程参与，共同以工作过程为导向，以典型工作任务和生产项目为载体，立足行业岗位要求，参照相关的职业资格标准和行业企业技术标准，遵循高职学生成长规律、高职教育规律和行业生产规律进行开发建设。按照项目导向、任务驱动教学模式的要求，构建学习任务单元，在内容选取上注重学生可持续发展能力和创新创业能力的培养，具有典型的工学结合特征。

本系列教材的正式出版，是成都农业科技职业学院不断深化教学改革的结果，更是省级示范院校建设的一项重要成果，其中凝聚了各位编审人员的大量心血与智慧，也凝聚了众多行业、企业专家的智慧。该系列教材在编写过程中得到了有关兄弟院校的大力支持，在此一并表示诚挚感谢!希望该系列教材的出版能有助于促进高职高专相关专业人才培养质量的提高，能为农业高职院校的教材建设起到积极的引领和示范作用。

诚然，由于该系列教材涉及专业面广，加之编者对现代职业教育理念的认知不一，书中难免存在不妥之处，恳请专家、同行不吝赐教，以便我们不断改进和提高。

龙 旭

2013年5月

前　言

本教材是根据高职高专人才培养目标,按兽药质量检验工作岗位知识与技能需要和职业要求,组织具有多年兽药质量检验教学经验的教师及兽药企业从事兽药质量检验工作的专家共同合作编写而成。本教材注重理论和实践相结合，具有较强的实用性和针对性，为知识、技术的应用及学生可持续发展奠定基础。

兽药质量检验是一门专业课，要学好此课程，学生应掌握有机化学、分析化学、药物化学、动物微生物等相关专业基础课程的基本知识，并与兽药制剂工艺、兽药质量管理等课程密切联系。

本教材重点介绍兽药质量检验工作中常用的基本操作技术、检测项目及现代分析仪器在检验中的应用。本课程的主要任务是培养学生具有明确的药物质量观念，了解各种检验方法的基本理论，熟练掌握各项操作技能，使其能够胜任兽药研究、生产、供应和临床使用过程中的兽药分析检验工作。

本书适合高职高专院校兽药生产与营销、兽医医药、畜牧兽医等专业课程教学使用，也可作为中等职业技术学校相关专业、兽药行业检验人员的参考用书。

在教材编写过程中由于作者水平有限、时间仓促，书中如有错误和不足之处恳请读者批评指正，并提出宝贵意见，以便进一步修订。

编　者

2013 年 10 月

目 录

第一章 绪 论

一、兽药质量检验的性质

兽药是用于预防、治疗、诊断动物疾病或者有目的地调节动物生理功能的物质（含药物饲料添加剂），主要包括生物制品（如免疫血清、疫苗、诊断制品等）、中药材、化学药品、抗生素、放射性药品以及外用杀虫剂、消毒剂等。兽药是人们与动物疾病进行斗争的一种重要工具。任何兽药都必须达到一定的质量标准。兽药质量的优劣，不但直接影响人们对动物疾病的预防与治疗的成效，而且也与动物的用药安全、动物的生命安全、环境安全、食品动物对人类健康和生命的安全息息相关。

为了确保兽药的质量，必须依据国家法定的兽药质量标准——《中华人民共和国兽药典》（简称《中国兽药典》）、农业部《兽药国家标准》、农业部《兽药质量标准》、《进口兽药质量标准》等——对兽药进行检验。为此，国家和各级人民政府依据法律规定，设立了专门负责兽药质量工作的机构，即各级兽药监察所（或检测所）；兽药生产企业也有自己的质检部门，承担着判断与评价兽药质量的职责。

二、兽药质量检验的任务

为了保证用药安全、有效，必须严格控制兽药的质量，在兽药的生产、保管、流通以及使用过程中都应进行严格的分析检验。也就是依据国家法定的兽药质量标准，运用物理、化学、物理化学、生物学、微生物学以及生物化学的各种有效方法对化学结构或有效成分已明确的兽药及其制剂进行质量控制与检验。因此，兽药质量检验的任务就是要对每一批产品进行质量分析和评价，有效地控制兽药的质量，保证用药安全、合理、有效，保证人类的健康。

三、我国兽药质量标准的组成

按照《兽药管理条例》的规定，兽药的生产、经营、使用均应按照质量标准进行，兽药质量标准由农业部统一发布执行。目前执行的兽药标准有以下几种：

1.《中国兽药典》

《中国兽药典》由一部（化学药品）、二部（中药）、三部（生物制品）组成。它是兽药标准中的最高标准，是国家标准之一，也是国家监督、管理兽药质量的法定技术标准。现阶段正在执行的是2010年版。

2.《兽药规范》

《兽药规范》是最早的兽药国家标准，在没有《中国兽药典》之前，《兽药规范》是唯一的兽药国家标准。1965年起草了草案，1978年农业部正式发布了第一版，1992年进行了修订。1990年以后，《兽药规范》是作为《中国兽药典》的补充，也同样作为国家标准执行。《兽药规范》收载一些药名老、用途少或毒性较大但是没有替代品、临床又需要的兽药品种。近年来，随着兽药管理的不断深化、《中国兽药典》的不断修订、兽药产品的不断进步发展、生产水平的不断提高，一些品种从《兽药规范》上升到《中国兽药典》中，一些品种被淘汰，《兽药规范》将逐步退出标准系列。目前只有少数几个品种还在执行《兽药规范》的标准。

3.《兽药质量标准》

该标准属部颁标准，由农业部发布执行。随着兽药行业的不断发展、新兽药研制的不断进步，近几年来兽药出现了许多新的品种和新的制剂，为兽医疾病控制和畜牧业生产的发展提供了有力的保障。这些新产品标准在试行期都作为部颁标准执行，试行期满后如果生产质量稳定、产品质量可控，将收载于《中国兽药典》中；如果标准还存在一些问题，需要继续完善，仍将作为部颁标准执行。另外，有些标准不适合收载于《中国兽药典》中，但在兽医临床中有较大的使用量，则继续作为部颁标准执行，继续对其安全性、有效性进行评估。

4.《进口兽药质量标准》

改革开放以来，我国陆续接受了国外兽药进入市场。在每个进口兽药注册登记时，同时注册了其质量标准，1999年农业部第一次对进口兽药标准进行修订并成册，2003 年重新修订一次，形成了《进口兽药质量标准》。目前，《进口兽药质量标准》属于兽药国家标准。

5.《兽药国家标准》

2006 年起，国家开始清理兽药地方标准，通过试验、评审，淘汰了许多存在安全隐患、疗效不确切、质量不可控的地方标准，将一些疗效比较肯定、标准比较完善、临床使用较多的标准上升为《兽药国家标准》，两年内再对标准进一步评审，完善后转为农业部标准。该标准经评审存在安全问题或对产品质量不能有效控制的将继续被淘汰。严格地讲，地方标准清理过程中产生的《兽药国家标准》不能作为真正意义上的国家标准，是地方标准清理过程中产生的过渡性标准。

四、兽药质量标准的主要内容

兽药质量标准是国家标准系列之一，标准从外在和内在质量对兽药生产过程、储存质量进行控制。兽药质量标准包含了质量指标、分析方法、包装储存条件。兽药质量标准的主要内容如下。

（一）名　称

包括中文名称、英文名称或拉丁名称、化学名称。其中中文名称是按照《中国药品通用名称》推荐的名称及其命名原则来命名的，《中国兽药典》收载的中文名称为法定名称。有些中文名称沿用了习惯名称。英文名称主要采用世界卫生组织编定的国际非专利药名（International Nonproprietary Names for Pharmaceutical Substances，INN）。化学名称则是根据中国化学会编写的《有机化学命名原则》（1980 年），并参考国际纯粹与应用化学联合会（International Union of Pure and Applied Chemistry，IUPAC）公布的有机化学命名系统（nomenclature of organic chemistry）命名的。

（二）性　状

兽药的性状是药品质量的重要表征之一。性状项下记述了兽药的外观、臭、味、一般稳定性、物理常数等。其中，外观指兽药存在状态、颜色。臭、味是兽药本身固有的特性，非指因混入有机溶剂等其他物质而带入的异臭和异味。一般稳定性指药物是否具有吸湿、风化、遇光变质等与储藏有关的性质。物理常数一定程度上反映了兽药的纯度。

兽药的物理常数指溶解度、熔点、比旋光度、晶型、吸光系数、馏程、折射率、黏稠度、相对密度、酸值、碘值、羟值、皂化值等。这些物理常数与兽药的特性一样，不仅具有鉴别意义，也反映兽药的纯度，是评价兽药质量的重要指标之一。物理常数的测定方法通常收载于现行版的《中国兽药典》的凡例或附录中。

（三）鉴　别

兽药的鉴别试验是依据化学结构和物理性质或生物学性质，通过进行某些化学反应，或测定某些物理常数和光学特征，来证明已知药物的真伪，而不是对未知物做定性分析或对该兽药的化学结构进行确证。所用鉴别方法侧重于具有一定的专属性、高灵敏度，操作简便、快速。由于鉴别试验只针对化合物的某些基团进行反应，不能仅凭一个试验来判定真伪，因此用于鉴别试验的条目一般有 2～4 条，以能证明供试品的真实性程度为准。一般鉴别试验中，有化学反应鉴别方法，也有光谱、色谱鉴别方法，从多角度证明化合物的存在。常用的兽药鉴别方法有呈色法、沉淀法、呈现荧光法、生成气体法、衍生物制备法、特异焰色法、薄层色谱法、纸色谱法、高效液相色谱法、紫外分光光度法及红外光谱法等。

（四）检　查

兽药的检查项包括反映兽药有效性、安全性、均一性、纯度要求 4 个方面。

（1）有效性：指检查与药物疗效有关，但在鉴别、纯度检查和含量测定中不能控制的项目，如溶液制剂的 pH 检查、有关物质检查。

（2）安全性：指对药物中存在的某些痕量的、对生物体产生特殊生理作用的、严重影响用药安全的杂质的检查，如热源检查、无菌检查、澄明度检查等。

（3）均一性：指检查生产出来的同一个批号兽药的质量是否均一，如含量均匀度、溶出度、质量差异等。

（4）纯度要求：主要指对药物中杂质的控制，如酸碱度、溶液的澄清度与颜色、无机离子、有机杂质、干燥失重或水分、炽灼残渣、有害残留溶剂、金属离子或重金属、硒和砷盐的检查等。

（五）含量测定

含量测定是指对药物中有效成分的测定。兽药的含量是评价兽药质量、保证兽药疗效的重要方面。含量测定必须在鉴别无误、杂质检查合格的基础上进行，否则没有意义。可用于兽药含量测定的方法有许多种，一般可采用化学、仪器或生物测定的方法。根据兽药的类型和剂型不同，选用不同的测定方法。所选定的方法应具有高专属性、高准确度的特性。对于一般原料药，主要选择经典的化学方法测定含量，是直接定量的方法，准确度高；抗生素产品和生化制剂大多采用生物测定的方法来衡量有效成分，符合这类产品的生物学特征。随着分析仪器使用的普及，仪器分析方法越来越多地使用到含量测定中，如紫外分光光度法、液相色谱法、气相色谱法等已成为常用的定量方法。仪器分析可以减少分析中的提取步骤，提高工作效率，尤其对制剂产品而言，能有效减少其他物质的干扰，提高测定的专属性。仪器分析的大量使用也带来了兽药对照品缺乏、检测成本提高等缺点。因此，新兽药开发中对照品的研制也是非常重要的一个环节。

（六）储 藏

兽药的储藏条件是兽药能否有效用于临床的重要因素之一。兽药标准中的储藏条件是依据《中国兽药典》的规范语言描述的，并不是随意所写，其凡例中明确规定了要求和范围。温度、湿度、光照等储藏条件是通过兽药稳定性试验来确定的。兽药的稳定性试验包括影响因素试验、加速试验、长期试验。上述各项目应该用专属性强、准确、精密、灵敏的分析方法进行检测，并对方法进行验证，以保证测试结果的可靠性。

五、《中国兽药典》的基本组成

《中国兽药典》的全称为《中华人民共和国兽药典》，其后以括号注明是哪一年版及哪一部。《中国兽药典》2010 年版由 3 部组成：一部为化学药品标准，二部为中药标准，三部为生物制品标准，每部的内容一般分为凡例、正文、附录和索引 4 个部分。

（一）凡 例

凡例是解释和使用《中国兽药典》、正确进行质量检验的基本原则。它把与正文品种、附录及质量检验有关的共性问题加以规定，避免在全书中重复说明，如溶解性能的规定、环境温度的要求及表述规定、精密称定的定义、恒重的规定等，都是检验过程中碰到的共性问题，在凡例中加以统一规定，这些规定同样具有法定的约束力。因此，首先应该研读凡例，以便对整体要求有一个明确的认识。

为了便于查阅和使用，《中国兽药典》将凡例按内容归类，并冠以标题。标题分别为：名称及编排，项目要求，检验方法和限度，标准品、对照品，计量，精确度，试药、试液、指示剂，动物试验，说明书、包装、标签，总计 28 个条款。

（二）正　文

《中国兽药典》正文部分收载了具体的药物或制剂的质量标准，又称各论。根据品种和剂型的不同，《中国兽药典》每一品种项下按顺序分别列有：品名（包括中文名、汉语拼音名、英文名或拉丁名）、有机药物的结构式、分子式与相对分子质量、来源或有机药物的化学名称、含量或效价规定、制法、性状、鉴别、检查、含量测定或效价测定、类别、规格、储藏、制剂等。

兽药制剂的质量标准编排在相应原料药质量标准之后，所含项目与原料质量标准相近，但不列出有效成分的分子式和相对分子质量，同时根据制剂的特点列出相应的标准项目。

应指出的是：《中国兽药典》质量标准所涉及的分析方法并不一定采用同一时期兽药质量控制的最新技术和仪器，其质量要求也不是最完备的，而是根据生产工艺、检验条件和水平以及整个生产成本等来综合考虑和选择分析方法。

（三）附　录

《中国兽药典》的附录部分包括制剂通则及检查法、一般鉴别试验、一般杂质检查方法、常见物理常数测定法、各种定量分析法等分析方法的总要求和操作要求，正文中涉及的所有检验方法都可以在附录中找到操作的依据，以减少正文中的反复叙述。每一部兽药典附录收载的制剂通则和试验方法都有所不同，是依据每一部兽药典收载的产品类型而制定的。附录还包含试剂、试药、试液、相对原子质量等信息，便于检验时正确使用试剂和试液。此外，附录中还包括稳定性试验等 4 个指导原则，是为执行《中国兽药典》、考察兽药质量所制定的指导性规定，不作为法定标准。

（四）索 引

《中国兽药典》采用中文索引和英文索引，索引与兽药典“品名目次（各论目次）”相配合，可快速查询有关药物品种的质量标准。

对于兽药分析工作者来说，不仅应正确使用《中国兽药典》与《兽药质量标准》，熟练地掌握兽药分析的原理与操作技能，还应熟悉《兽药质量标准》制定的原则和基本过程。一个能充分反映兽药质量内在规律、有科学依据的兽药质量标准是经反复的生产实践和科学研究工作后制定的。

六、兽药检验工作的基本程序

兽药检验工作是兽药质量控制的重要组成部分，其检验程序一般分为取样、性状观测、鉴别、检查、含量测定，并写出检验的原始记录和检验结果。

（一）取 样

分析任何兽药前都要取样。要从大量的样品中取出能代表样本整体质量的少量样品进行分析。取样要考虑科学性、真实性和代表性，否则就失去了分析的意义。粉状样品取样时应充分考虑样品的均匀性，遵循“四分法”的取样原则，测定时应先将样品充分混合均匀；无菌样品取样时应保持环境的无菌状态，注意不污染样品。样品取好后，应做好取样标签和取样记录，并封存好所取的样品。

（二）性状观测

兽药的性状是兽药质量的重要表征之一。它包括兽药应具有的外观（如色泽、嗅味、溶解度、黏稠度等）以及各项物理常数（如熔点、冰点、相对密度、折射率、比旋光度、吸光系数等），也就是该兽药应有的符合规定的判定。然后依次测定规定的物理常数，以判定兽药的纯度。因此，测定兽药的物理性质，不仅具有鉴别意义，也在一定程度上反映兽药的纯度。

（三）鉴 别

兽药的鉴别是利用其分子结构所表现的特殊化学性质或光谱、色谱特征，来判断兽药的真伪。当进行兽药分析时，应首先对供试品进行鉴别，当鉴别反应正确，初步得出真假的结论后再进行检查、含量测定等分析，否则是没有意义的。选择鉴别方法的原则，必须准确、灵敏、简便、快速，能准确无误地得出结论。在鉴别时，对某一兽药不能以一个鉴别试验作为判断的唯一根据，必须同时考虑其他有关项目的试验结果，全面考察，才能得出结论。有些利用仪器测定的鉴别，如最大吸收波长、液相色谱的保留时间等特定的参数，可以与检查项目或含量测定项目同时进行，有利于节约劳动成本，避免重复工作。

（四）检　查

根据兽药剂型的不同，检查项目的先后顺序有所不同，一般先进行不破坏样品外包装的检查项目，如水针剂的澄明度、颜色，粉针剂、散剂和预混剂的装量等制剂通则项下的检查项目。打开内包装后，先做在开包状态下不稳定参数的测定，如粉针剂的水分、散剂和预混剂的干燥失重、水针剂的 pH 等，然后再做其他项目的检查。

（五）含量测定

在通过鉴别试验、检查项合格的基础上，对兽药进行含量测定。它是控制兽药中有效成分的含量、保证疗效的重要手段。兽药含量测定的方法应以《中国兽药典》、农业部《兽药国家标准》和《兽药质量标准》收载的方法为依据。如采用企业自定的分析方法，必须有充分的比较实验数据，并在允许的相对偏差内，方可使用。仲裁时仍以《中国兽药典》、农业部《兽药国家标准》和《兽药质量标准》等为准。在含量测定时所用的化学试剂、供试品量、计量单位等，均应按《中国兽药典》凡例和附录中的规定进行。

综上所述，判断一个兽药的质量是否符合要求，必须全面考虑兽药的鉴别、检查和含量测定的各项检验结果，只有都符合规定，该兽药才能成为合格药品。若一项与规定不符合，则该兽药为不合格品。

（六）检验原始记录和检验结果

在兽药检验的过程中，每一步操作都应及时填写原始记录，对观察到的现象、检验数据、结果、结论等应完整、正确书写，且不得随意涂改。如记录时写错，应将错处用双线画改，在其旁边写出正确记录，并签上改正者的姓名。记录和运算应使用法定计量单位和有效数字运算规则，检验结果应与标准相比较，得出是否符合规定的结论并出具检验报告。按照兽药 GMP 的规定和实验室管理规定，原始记录和检验报告应妥善保存，一般生产企业的检验记录和报告保存 3 年，以供备查。

第二章 实验室基本操作技能

第一节 常见化学仪器的识别及使用方法

一、计量仪器

（一）量杯、量筒

量杯、量筒（图 2.1）一般用于粗略地量取一定体积的液体，不能加热，不能在其中配制溶液，不能在烘箱中烘烤，操作时要沿壁加入或倒出溶液。量杯的分度不均匀，上密下疏，最大容积值刻于上方，最低标线为最大容积值的，无零刻线。它是量器中精度最差的一种仪器。其规格以容积区分，常用 20 mL 和 250 mL 几种。量筒的分度均匀，其数值按从下到上递增排列在分度表右侧。最低标线也是最大容积值的，无零刻线。它的测量精度比量杯稍高。量筒的规格以容积大小区分，常用有 10 mL、20 mL、50 mL、100 mL 等多种。

图 2.1 量筒、量杯

1. 使用方法

选择合适的量筒，当倾倒液体接近量取的体积后，把量筒水平放置在实验台上，平视量筒内液体凹液面的最低处，用胶头滴管加至所量体积。

2. 注意事项

（1）选择合适量程的量筒：首选正好，次选比量取液体体积大且最接近的量筒。例如，若量取 80 g 水（液体）时，应选用 100 mL 的量筒。

（2）视线应平视量筒内液体凹液面的最低处，切不可俯视、仰视（图 2.2）。

（3）量取液体应在室温下进行。

（4）量杯不能加热，也不能盛装热溶液，以免炸裂。

（5）当物质溶解时，其热效应不大的，可将其直接放入量杯内配制溶液。

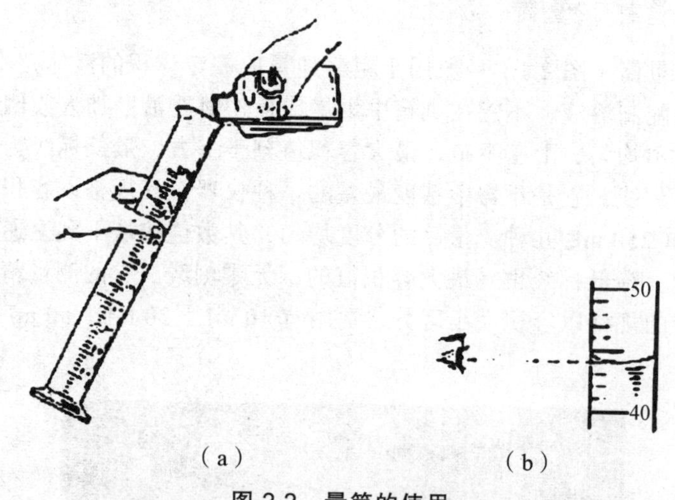

图 2.2　量筒的使用

（二）容量瓶

容量瓶又叫量瓶（图 2.3），它是用来配制一定体积、一定物质的量浓度溶液的一件精密计量仪器。容量瓶形状为细颈、梨形、平底容器。带有磨砂玻璃瓶塞或塑料塞，其颈部刻有一条环形标线，以示液体定容到此的体积。其细颈便于定容，平底则便于移放桌上。容量瓶属于量入式量器。

容量瓶的规格以容积表示，常用为 100 mL、250 mL、500 mL 和 1 000 mL 等多种。

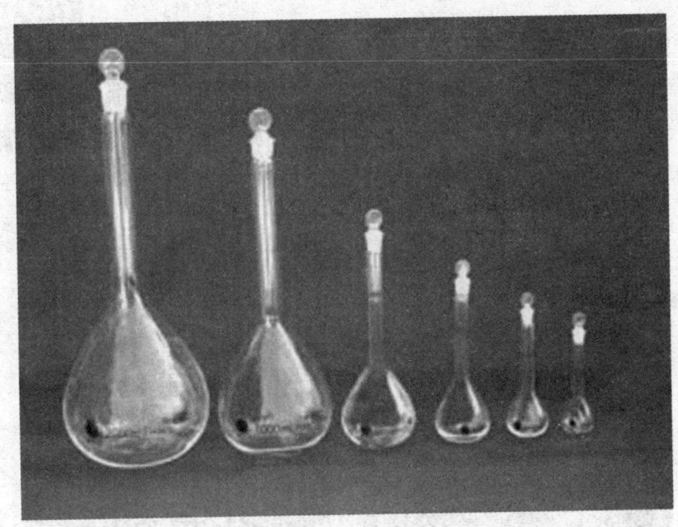

图 2.3 容量瓶

使用注意事项

（1）容量瓶使用前应检查是否漏水。其方法是加水至环形标线处，把瓶口和瓶塞擦干，不涂任何油脂而塞紧瓶塞。将瓶颠倒静置 10 s 以上，反复 10 次。然后用滤纸条在塞紧瓶塞的瓶口处检查，若不渗水，则可使用。不同容量瓶的瓶塞不能互换，常将瓶塞用绳拴在瓶颈上。

（2）配制溶液时，应先将溶质在烧杯中完全溶解，并冷却至室温后，全都移入容量瓶。分次加水，每加一次，都要摇匀。当加水至近环形标线 2～3 cm 处时，要改用胶头滴管小心加水，至瓶内凹液面底部与环形标线相切为止，以免加水过量。禁止直接在容量瓶中配制溶液。

（3）容量瓶不能用明火加热，也不能在烘箱内烘烤，似免影响其精度，但可水浴加热。

（4）容量瓶只能用来配制溶液，不能久储溶液，更不能长期存放碱液。用后应及时洗净，塞上塞子，最好在塞子与瓶口间夹一白纸条，以防止黏结。

（5）非标准的磨口塞要保持原配。

（三）滴定管

滴定管是容量分析中专用于滴定操作的较精密的玻璃仪器，分酸式、碱式两种（图 2.4）。酸式滴定管下部带有磨砂活动玻璃阀（常称活塞），因用于盛装酸性溶液，所以称为酸式滴定管；碱式滴定管下部用一小段橡胶管将管身与滴头连接，在橡胶管内放入一个外径大于橡胶管内径的玻璃珠，起封闭液体的作用，因用于盛装碱性溶液，所以常称为碱式滴定管。

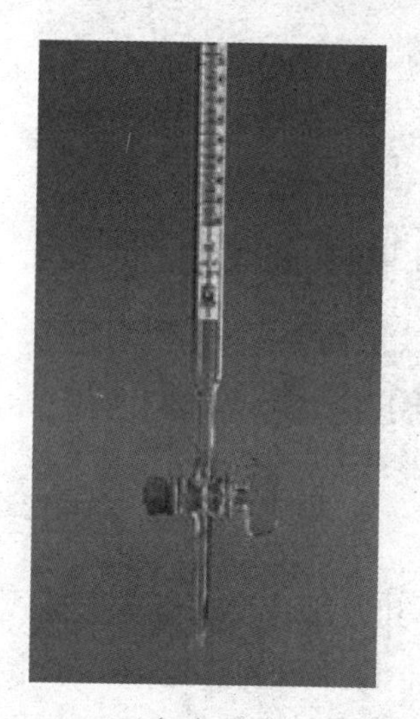

（a）酸式

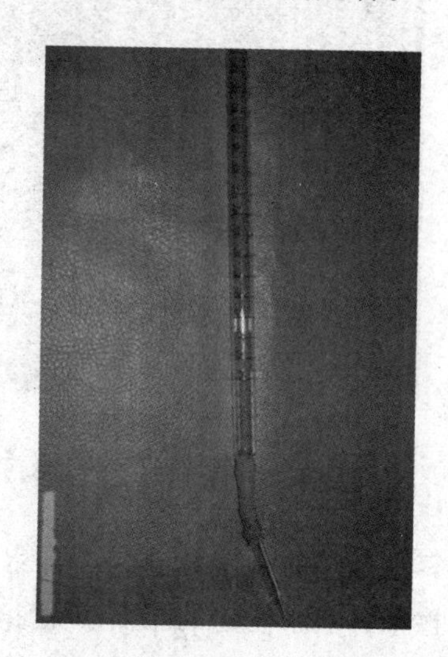

（b）碱式

图 2.4 滴定管

所有滴定管的分度表数值都是由上而下均匀地递增排列在表的右侧，零刻线在上方，最大容积值在下方，每 10 条分度线有一个数字。常用 25 mL 和 50 mL 两种规格。

使用注意事项

（1）酸式滴定管可盛除碱性溶液以及对玻璃有腐蚀作用的液体以外的所有液体，碱式滴定管只盛碱液。

（2）滴定管在使用之前应检查玻璃活塞是否转动良好，玻璃珠挤压是否灵活，有无漏液现象及阻塞情况。

（3）滴定管在注入溶液时，应用所盛的溶液润洗 2～3 次，以保证待装液不被稀释。注入溶液后，管内不能留有气泡。若有气泡，必须排除。其方法是：打开酸式滴定管活塞，让溶液急速下流冲出气泡；或将碱式滴定管的橡胶管向上弯曲，挤压玻璃珠，使溶液从滴头喷出而排出气泡。

（4）活塞要原配。

（5）漏水的滴定管不能使用，不能加热，不能长期存放碱液。碱式滴定管不能装可与橡胶作用的滴定液。

（四）移液管

移液管又称吸管，是用来准确移取一定体积液体的量器，精度高。根据移液管有无分度，可将其分为无分度吸管和分度吸管 2 类（图 2.5）。无分度吸管常称为大肚吸管，只有一条位于吸管上方的环形标线，标示吸管的最大容积量；分度吸管常为直形，有完全流出式、不完全流出式和吹出式 3 种，分度表的刻法也不尽相同。其中不完全流出式的分刻表与滴定管相似。而吹出式的管上标有“吹”字，只有吹出式移液管在溶液放尽后，才须将尖嘴部分残留液吹入容器内。常用完全流出式移液管，其规格以最大吸液容积量区分，常用 2 mL、5 mL、20 mL 等多种。

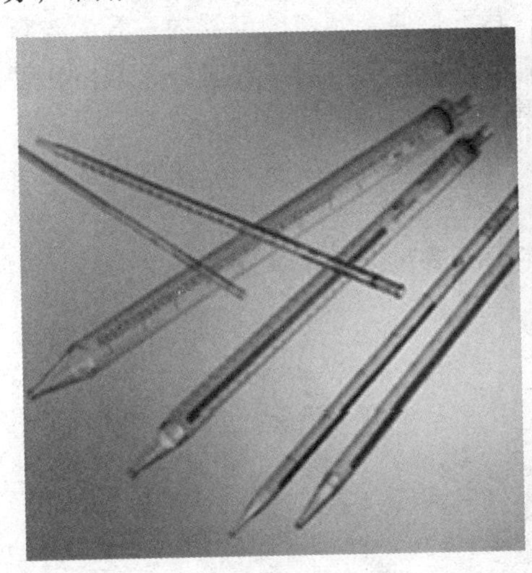

（a）分度

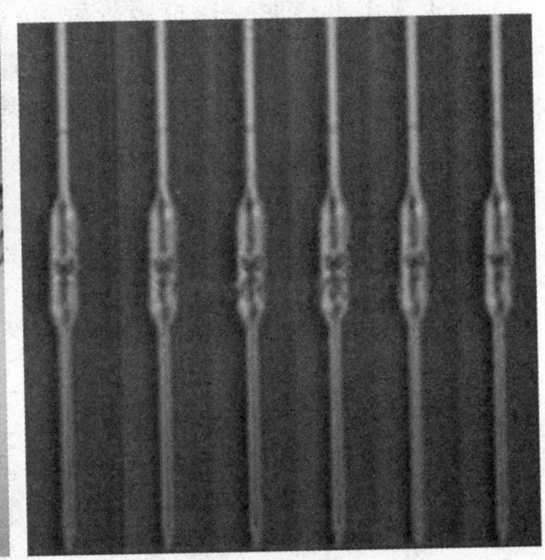

（b）无分度

图 2.5　移液管

使用注意事项（图 2.6）

（1）使用前需用待移取液润洗 2 ~ 3 次。

（2）移取液体时，管尖应插入液面下，并始终保持 1 cm 左右。用吸气橡皮球（又称洗耳球）抽吸液体至刻度线以上 2 cm 处，迅速用食指按住上口，辅以拇指和中指配合，保持吸管垂直，并左或右旋动同时稍松食指，使液面下降至所需刻度（弯月面底部与标线相切）。若管尖挂有液滴，可使其与容器壁接触，让其落下。

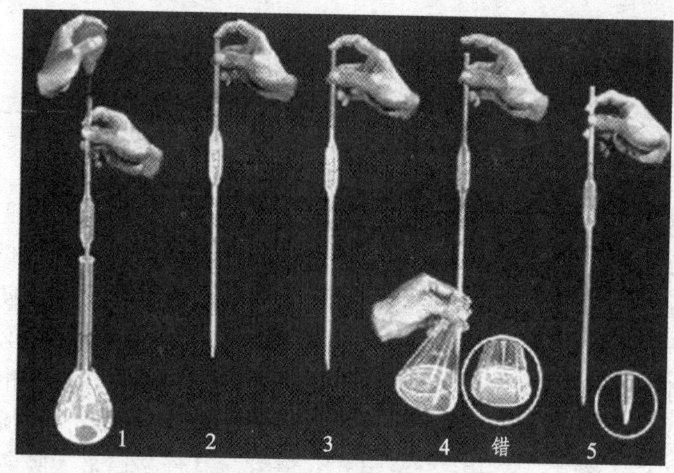

图 2.6 移液管的使用

（3）放出液体时，保持吸管垂直，其下端伸入倾斜的容器内，管尖与容器内壁接触。放开食指，使液体自然流出，除“吹”出式吸管外，残留在管尖的液滴均不能用外力使之移入容器内。

（4）移液管用后，若短期内不再使用它吸取同一溶液，应及时用水洗净并上下各加一纸套后存放在架上。

也可使用移液管器吸取和放出液体（图 2.7）。

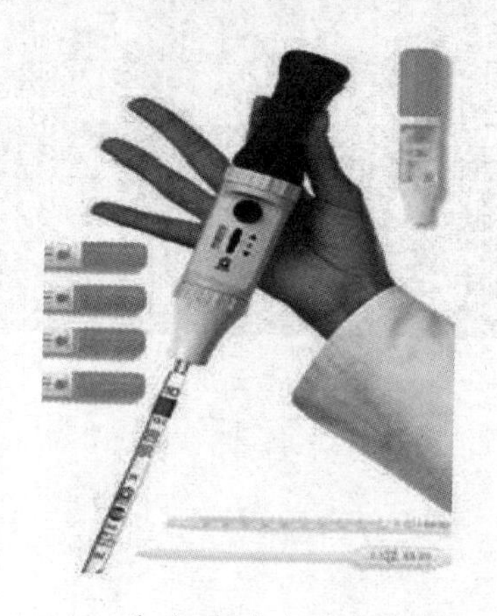

（a）手动移液管器

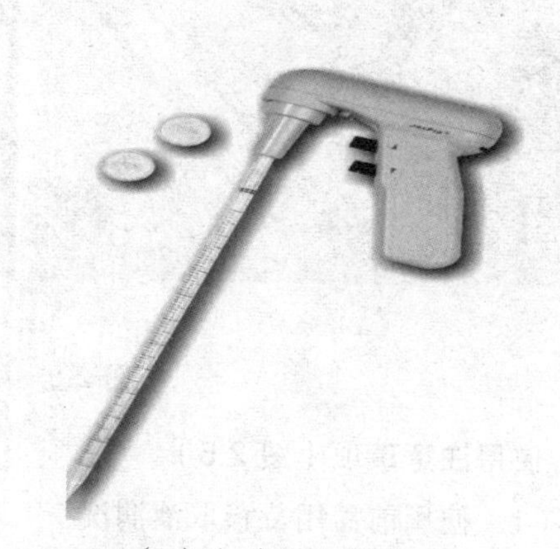

（b）电动移液管器

图 2.7 移液管器

（五）托盘天平

托盘天平是用来粗略称量物质质量的一种仪器，每架天平都成套配备砝码一盒、镊子一个（图 2.8）。实验室常用载重 100 g（感量为 0.1 g）和 200 g（感量为 0.2 g）2 种。载重又叫载物量，是指天平能称量的最大限度。感量是指天平误差（±），例如，感量为 0.1 g 的托盘天平，表示其误差为 ±0.1 g，因此它就不能用来称量质量小于 0.1 g 的物品。

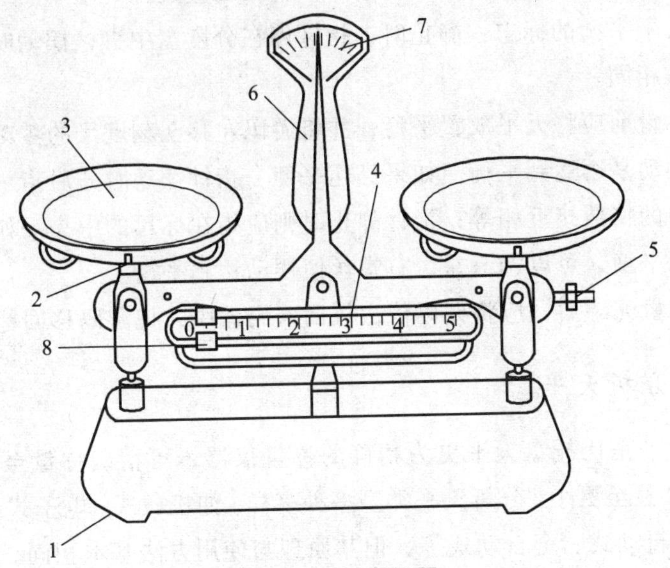

图 2.8　托盘天平

1—底座；2—托盘架；3—托盘；4—标尺；5—平衡螺母；
6—指针；7—分度盘；8—游码

1. 操作步骤

（1）游码归零后，调节天平平衡。

（2）把药品放在左盘。

（3）在右盘中放砝码：先大后小，再移动游码至平衡。

（4）记录砝码的质量与游码读数之和。

2. 使用注意事项

（1）使用时要明确托盘天平的量程和精确度，一般为 0.1 g。

（2）一定是左物右码，把称量物放在左盘，砝码放在右盘，砝码要用镊子夹取。先加质量大的砝码，再加质量小的砝码，最后移动游码，直至指针摆动达到平衡为止。

（3）称量物不能直接放在托盘上，应在 2 个托盘上分别放一张大小相同的同种纸，然后把要称量的试剂放在纸上称量。潮湿的或具有腐蚀性的试剂必须放在玻璃容器（如表面皿、烧杯或称量瓶）里称量，防止污染、腐蚀托盘。

（4）游码一定用镊子移动，读数时以游码的左边缘为准。

（5）天平平衡的标志：静止时，指针停在分度盘中央；摆动时，指针左右摆动格数相同。

（6）称量前应将天平放置平稳，并将游码左移至刻度尺的零刻线处，检查天平的摆动是否达到平衡。如果已达平衡，指针摆动时先后指示的标尺上左、右两边的格数接近相等；指针静止时则应指在标尺的中央。如果天平的摆动未达到平衡，可以调节左、右螺丝使摆动达到平衡。

（7）称量完毕后，应将砝码依次放回砝码盒中，把游码移回零刻线处。

（六）分析天平

分析天平是比托盘天平更为精确的称量仪器，可精确称量至 0.000 1 g（即 0.1 mg）甚至更小。分析天平类型多种多样，如机械式、电子式（图 2.9）、手动式、半自动式、全自动式等，但其原理与使用方法基本相同。

按键说明：

ON/OFF—“开/关”键

TARE—“去皮”键

CAL—“校准”键

PCS—“计数”键

UNIT—“单位转换”键

ZERO—“置零”键

（a）

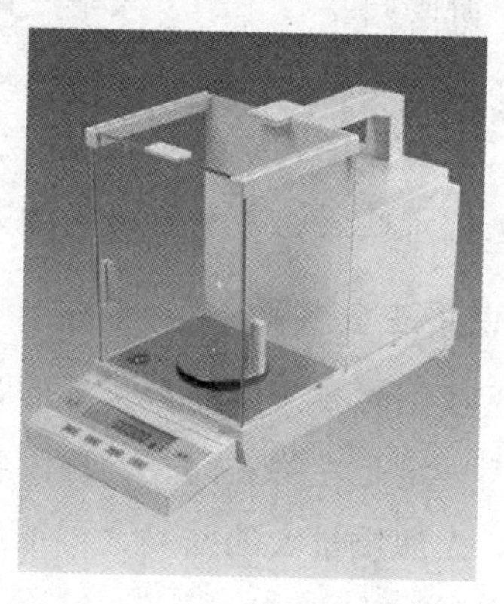

（b）

图 2.9　电子分析天平

1. 电子分析天平使用方法

（1）检查并调整天平至水平位置。将天平置于稳定、平整的工作台上，调整调整脚使水平泡处于中心位置，应避免天平震动、阳光照射、气流及强电磁波干扰。

（2）事先检查电源电压是否匹配（必要时配置稳压器），按仪器要求通电预热至所需时间。

（3）开机：预热足够时间后打开天平开关，天平则自动进行灵敏度及零点调节。待稳定标志显示后，可进行正式称量。按“ON/OFF”开关机键，依次显示“8.8.8.8.8.8.”“最大称量值”“——”，其中“——”的显示时间视传感器的稳定情况而定，故勿将天平放在通风口和不稳定的工作台上。最后显示“0”或“0.0”或“0.00”的称量模式，如左上角“○”符号闪耀即表示工作场所不稳定。

（4）去皮重：

① 将容器置于秤盘上，天平显示容器质量。

② 按“TARE”去皮键后，显示“0”或“0.0”或“0.00”，即已去皮重。

（5）称量：称量时将洁净的称量瓶或称量纸置于秤盘上，关上侧门，轻按一下去皮键，天平将自动校对零点。然后加入待称物质，被称物质的质量是显示屏左下角出现“→”或“g”标志时，显示屏所显示的实际数值。

（6）称量结束应及时移去称量瓶（纸），关上侧门，切断电源，并做好使用情况登记。

2. 校准天平

（1）将天平置于稳定、平整的工作台上，同时应避免震动、阳光照射、气流及强电磁波干扰。将天平电源打开，预热半小时后进行，才会使校准结果准确。

（2）校准操作：在秤盘上不加任何物体的情况下，按住“CAL”校准键不松手，约过 3 s 后显示“——CAL——”时即刻松手，稍候，显示闪耀的“标准砝码值”，将闪耀的“标准砝码值”的砝码置于盘上，显示“————”等待状态，稍候，显示“标准砝码值”，拿走砝码，显示变为“————”等待状态，稍候，显示“0”或“0.0”或“0.00”，校准结束。如果校准后称量还是不准确，则按上述过程重复校准几次。

3. 使用注意事项

（1）天平应放置在牢固平稳的水泥台或木台上，室内要求清洁、干燥及较恒定的温度，同时应避免光线直接照射到天平上。

（2）称量时应从侧门取放物质，读数时应关闭箱门以免空气流动引起天平摆动。前门仅在检修或清除残留物质时使用。

（3）电子分析天平若长时间不使用，应定时通电预热，每周一次，每次预热 2 h，以确保仪器始终处于良好使用状态。

（4）天平箱内应放置吸潮剂（如硅胶），当吸潮剂吸水变色，应立即高温烘烤更换，以确保吸湿性能。

（5）挥发性、腐蚀性、强酸、强碱类物质应盛于带盖称量瓶内称量，防止腐蚀天平。

（6）皮重和称量物的质量之和不得超过天平的量程。

（7）若称量不准确，需用标准砝码对天平校准。

（8）如需取下天平上的圆秤盘，将秤盘按顺时针方向转动后再取下，切勿将秤盘往上硬拨，以免损坏传感器。

（9）出现错误信息，请参考表 2.1。

表 2.1　电子分析天平出现错误信息的处理方法

错误信息	说明	处理方法
下横线＿＿＿	天平上的重物偏负	用砝码重新校准
上横线‾‾‾	超重报警，第十条	用砝码重新校准
ERR-1	连续开关机造成	关机 3 s 后再开机
ERR-2	称量未稳定	稍等一会儿即可
	电池电压低	换电池

（七）温度计

温度计是用于测量温度的仪器。其种类很多，有数码式温度计、热敏温度计等。实验室中常用的为玻璃液体温度。

温度计可根据用途和测量精度分为标准温度计和实用温度计 2 类。标准温度计的精度高，主要用于校正其他温度计。实用温度计是指供实际测温用的温度计，主要有实验用温度计、工业温度计、气象温度计、医用温度计等。中学常用棒式工业温度计。其中酒精温度计的量程为 100 °C，水银温度计有 200 °C 和 360 °C 两种量程规格。

使用注意事项

（1）应选择适合测量范围的温度计。严禁超量程使用温度计。

（2）测液体温度时，温度计的液泡应完全浸入液体中，但不得接触容器壁；测蒸气温度时液泡应在液面以上；测蒸馏馏分温度时，液泡应略低于蒸馏烧瓶支管。

（3）在读数时，视线应与液柱弯月面最高点（水银温度计）或最低点（酒精温度计）水平。

（4）禁止用温度计代替玻璃棒用于搅拌。温度计用完后应擦拭干净，装入纸套内，远离热源存放。

二、反应容器

（一）试　管

试管可用做少量试剂的反应容器，也可用于收集少量气体。试管根据其用途常分为平口试管、翻口试管、具支试管、普通试管、离心试管等多种（图 2.10）。

试管的大小一般用管外径与管长的乘积来规定，常用为 10 mm × 100 mm、12 mm × 100 mm、15 mm × 150 mm、18 mm × 180 mm、20 mm × 200 mm 和 32 mm × 200 mm 等，离心试管以容量（单位：mL）表示。

（1）平口试管是一根圆底的平口玻璃管，管口熔光。平口、便于消毒，杀灭管口细菌。

（2）卷口试管是一根口部具有卷边（或圆口）的圆底玻璃管。卷口（或圆口）用以增加机械强度，同时便于夹持，不易脱落。

（3）发酵试管是一根口径细而短（口径 6 mm、长 30 mm）的平口圆底试管。

（4）具支试管是一根具有侧支管的平口试管，它的侧支管主要用于与抽气管连接，管口用打好孔洞的橡胶塞插入过滤漏斗，用以代替微量过滤瓶，做微量过滤的接受瓶。

（5）具刻度试管，外形是一根圆口试管。在管体上刻有容量刻度标线，可以直接读出计量数，使用方便。

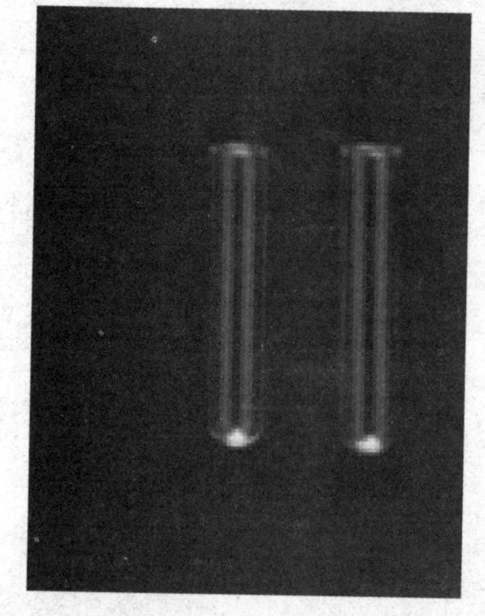

（a）卷口试管

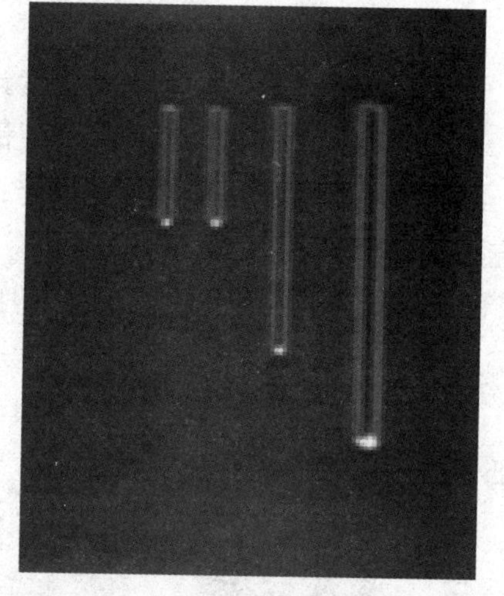

（b）普通试管

（c）平底试管

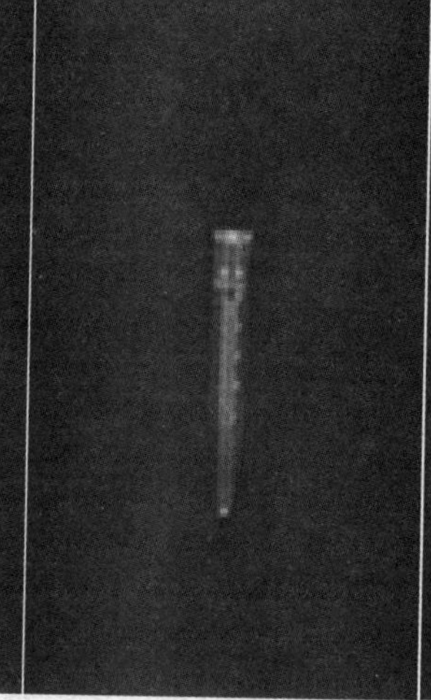

（d）离心试管

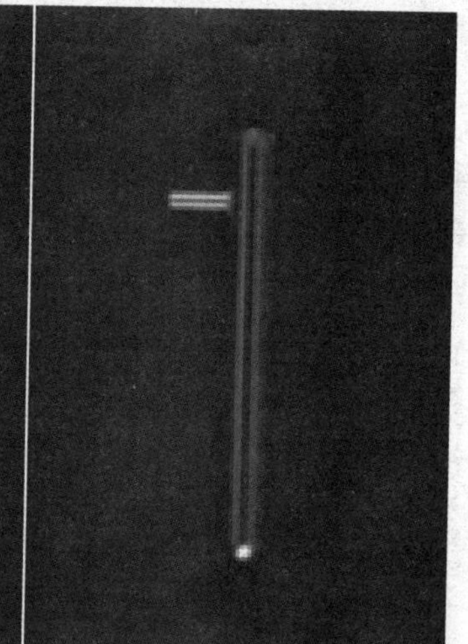

（e）具支试管

图 2.10 试管

1. 主要用途

（1）盛取液体或固体试剂；

（2）加热少量固体或液体；

（3）制取少量气体反应器；

（4）收集少量气体；

（5）溶解少量气体、液体或固体的溶质；

（6）离心时作为盛装容器；

（7）用做少量试剂的反应容器，在常温或加热时使用。

2. 使用注意事项

（1）使用试管时，应根据不同用量选用大小合适的试管。徒手使用试管应用姆、食、中三指握持试管上沿处。振荡时要腕动臂不动。

（2）使用试管夹夹取试管时，将试管夹从试管的底部往上套，夹在试管中上部，距管口 1/3 处。

（3）用滴管往试管内滴加液体时应悬空滴加，滴管不得伸入试管口。

（4）盛装粉末状试剂，要用纸槽送入管底。

（5）盛装块状固体时应将试管倾斜，用镊子夹取放至试管口，然后慢慢竖起试管使固体滑入试管底，不能使固体直接坠入，防止试管底破裂。

（6）反应液不超过试管容积的 1/2，加热时不超过 1/3。

（7）盛装液体加热，不应超过容积的 1/3，并与桌面成 45°角，管口不要对着自己或别人。若要保持沸腾状，可加热液面附近（图 2.11）。

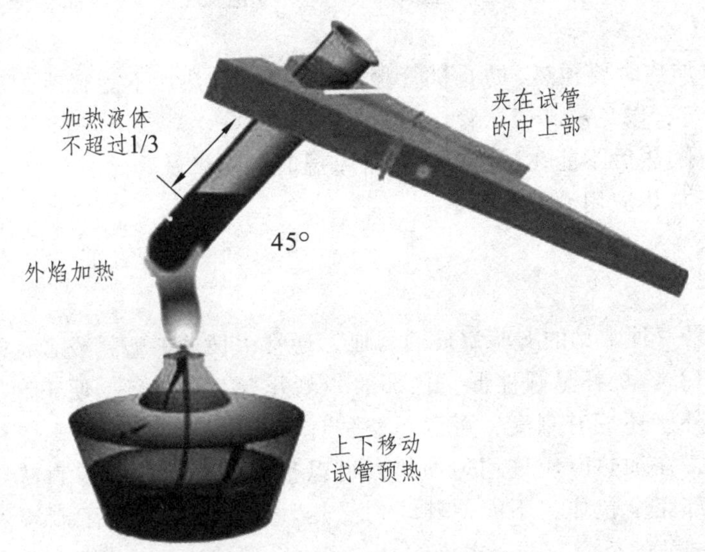

图 2.11 给试管中液体加热

操作要点：试管口不能朝向有人的方向，试管内液体不超过其容量的 1/3，用外焰先预热再集中加热，试管与桌面成 45°角，试管夹夹在试管的中上部。

（8）加热固体试剂时，管底应略高于管口；加热完毕时，应继续固定或放在石棉网上，让其自然冷却（图 2.12）。

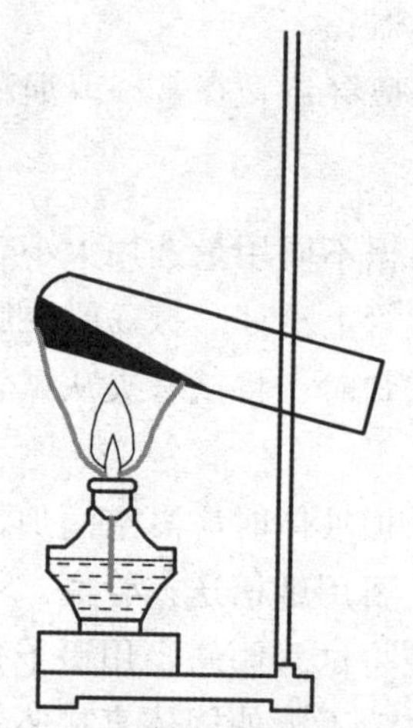

图 2.12　给试管里固体加热

操作要点：药品平铺于试管底部，试管口略向下倾斜，用外焰先预热再集中加热，铁夹夹在试管的中上部。

（9）加热时要保持试管外壁没有水珠，防止受热不均匀而爆裂。不能手持试管加热。

（10）加热时要预热，防止试管骤热而爆裂；加热后不能骤冷，防止破裂。受热要均匀，以免暴沸或试管炸裂。

（11）加热后不能在试管未冷却至室温时就洗涤试管。

（12）加热应用酒精灯外焰。

（二）烧　杯

烧杯是一种常见的实验室玻璃器皿，通常由玻璃、塑料或者耐热玻璃制成（图 2.13）。烧杯呈圆柱形，顶部的一侧开有一个槽口，便于倾倒液体。有些烧杯外壁还标有刻度，可以粗略估计烧杯中液体的体积。烧杯一般都可以加热，在加热时应该均匀加热，可以垫上石棉网，因为酒精灯火焰不能将其底部完全包住，不能使其均匀受热。烧杯经常用来配制溶液和作为较大量的试剂的反应容器。在操作时，经常会用玻璃棒或者磁力搅拌器进行搅拌。

常见的烧杯规格有：5 mL、10 mL、15 mL、25 mL、50 mL、100 mL、250 mL、300 mL、400 mL、500 mL、600 mL、800 mL、1 000 mL、2 000 mL、3 000 mL、5 000 mL。

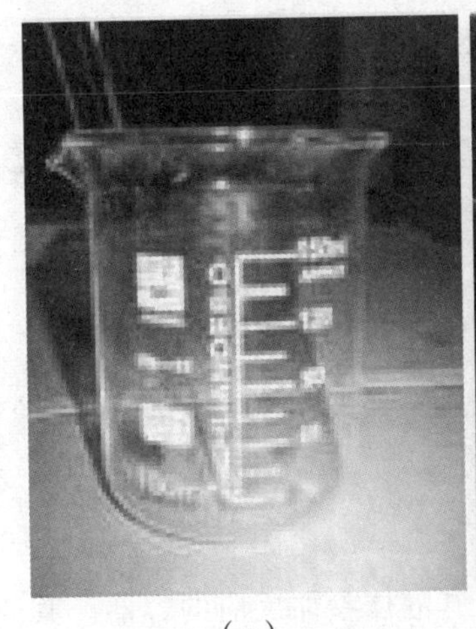
(a)

(b)

图 2.13　烧　杯

1. 使用方法及用途

烧杯因其口径上下一致，取用液体非常方便，是做简单化学反应最常用的反应容器。烧杯外壁有刻度时，可估计其内的溶液体积。有的烧杯在外壁上有一小区块呈白色或是毛边化，在此区内可以用铅笔写字描述所盛物的名称；若烧杯上没有此区时，则可将所盛物的名称写在标签纸上，再贴于烧杯外壁作为标识之用。反应物需要搅拌时，通常以玻璃棒搅拌。当溶液需要转移到其他容器内时，可以将杯口朝向有突出槽口的一侧倾斜，即可顺利地将溶液倒出。若要防止溶液沿着杯壁外侧流下，可用一支玻璃棒轻触杯口，则附在杯口的溶液即可顺利地沿玻璃棒流下（引流）。

烧杯常见的几种用途如下：

（1）物质的反应容器、确定燃烧产物。

（2）溶解、结晶某物质。

（3）盛取、蒸发浓缩或加热溶液。

2. 注意事项

烧杯用于常温或加热情况下配制溶液、溶解物质和较大量物质的反应容器。使用烧杯应注意：

（1）给烧杯加热时要垫上石棉网，以均匀供热。不能用火焰直接加热烧杯，因为烧杯底面大，用火焰直接加热，只能烧到局部，使玻璃受热不匀而引起炸裂。加热时，烧杯外壁须擦干。

（2）用于溶解时，液体的量以不超过烧杯容积的 1/3 为宜。并用玻璃棒不断轻轻搅拌。溶解或稀释过程中，用玻璃棒搅拌时，不要触及杯底或杯壁。

（3）盛液体加热时，不要超过烧杯容积的 2/3，一般以烧杯容积的 1/2 为宜。

（4）加热腐蚀性药品时，可将一表面皿盖在烧杯口上，以免液体溅出。

（5）不可用烧杯长期盛放化学药品，以免落入尘土和使溶液中的水分蒸发。

（6）不能用烧杯量取液体。

（三）烧　瓶

烧瓶用做反应物较多且需较长时间加热的、有液体参加反应的容器。其瓶颈口径较小，配上塞子及所需附件后，也常用来发生蒸气或用做气体发生器。烧瓶因瓶口很窄，不适用玻璃棒搅拌，需要搅拌时，可以手握瓶口微转手腕即可顺利搅拌均匀；加热回流时，则可于瓶内放入磁搅拌子，以加热搅拌器加以搅拌。

烧瓶的用途广泛，因此型式也有多种，一般分圆底烧瓶和平底烧瓶两种（图 2.14）。圆底烧瓶一般用做加热条件下的反应容器；而平底烧瓶用做不加热条件下的气体发生器，也常用来装配洗瓶等。

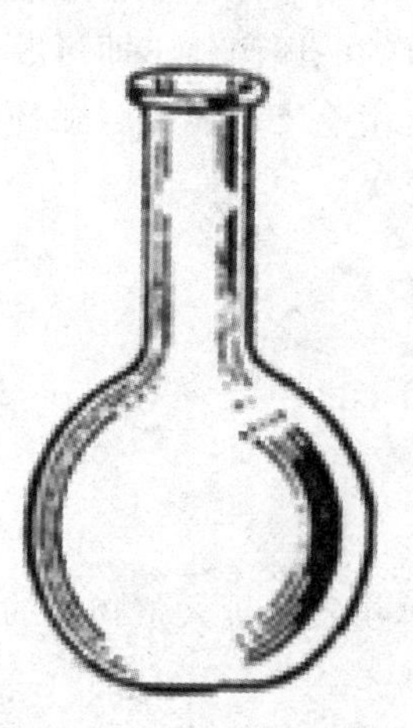

（a）平底烧瓶

（b）圆底烧瓶

图 2.14　烧　瓶

烧瓶的规格以容积大小区分，常用的为 150 mL、250 mL 和 500 mL 几种。

使用注意事项

（1）圆底烧瓶底部厚薄较均匀，又无棱出现，可用于长时间强热使用。

（2）加热时烧瓶应放置在石棉网上，不能用火焰直接加热。

（3）实验完毕后，应撤去热源，静置冷却后，再将废液处理，进行洗涤。

（4）蒸馏或分馏要与胶塞、导管、冷凝器等配套使用。

（四）蒸馏烧瓶

蒸馏烧瓶是一种用于液体蒸馏或分馏物质的玻璃容器，常与冷凝管、接液器配套使用，也可装配气体发生器（图 2.15）。

图 2.15　蒸馏烧瓶

蒸馏烧瓶与圆底烧瓶在外形上的主要区别：蒸馏烧瓶由于需要用于分馏液体，因此在瓶颈处有一略向下伸出的细玻璃管，可用于引流。另由蒸馏烧瓶加热时需要堵住瓶口，必有另一管伸出；而圆底烧瓶则无此装置，瓶颈即为普通直管。

注意事项

（1）加热时要垫石棉网，使之均匀受热，也可以用其他热浴加热。加热时，液体量不超过容积的 2/3，不少于容积的 1/3。

（2）配置附件（如温度计等）时，应选用合适的橡胶塞，特别注意检查气密性是否良好。

（3）蒸馏时最好事先在瓶底加入少量沸石（或碎瓷片），以防暴沸。

（4）蒸馏完毕必须先关闭活塞后再停止加热，防止倒吸。

（5）蒸馏时温度计水银球的位置应与蒸馏烧瓶支管口的下沿平齐。

（五）锥形瓶

锥形瓶又称为三角烧瓶、依氏烧瓶、锥形烧瓶、鄂伦麦尔瓶。锥形瓶瓶体较长，底大而口小，盛入溶液后，重心靠下，便于手持振荡，故常用于容量分析中做滴定容器。实验室也常用它装配气体发生器或洗瓶（图 2.16）。

锥形瓶的大小以容积区分，常用的为 150 mL、250 mL 等几种。

使用注意事项

（1）振荡时，用右手拇指、食指、中指握住瓶颈，无名指轻扶瓶颈下部，手腕放松，手掌带动手指用力，作圆周形振动。

（2）锥形瓶需振荡时，瓶内所盛溶液不超过容积的 2/3。

（3）若需加热锥形瓶中所盛液体，必须垫上石棉网。

（六）坩 埚

坩埚属瓷质化学仪器（图 2.17），主要用于溶液的蒸发、浓缩或结晶，灼烧固体物质，还用来灼烧结晶水合物，熔化不腐蚀瓷器的盐类，及燃烧某些有机物。

图 2.16 锥形瓶

图 2.17 坩 埚

使用注意事项

（1）做定量实验时，称量过的坩埚和坩埚盖在使用过程中切勿“张冠李戴”。

（2）瓷坩埚可放在泥三角上用酒精灯直接加热，加热时要用坩埚钳均匀转动。

（3）热坩埚不能直接放在实验桌面上，要放在石棉网上，并盖好坩埚盖或连同坩埚盖移入保干器中冷却。

（4）可直接受热，加热后不能骤冷，用坩埚钳取下。

（5）蒸发液体时要搅拌，将近蒸干时移走热源，用余热蒸干。

（七）蒸发皿

蒸发皿是用于蒸发浓缩溶液或灼烧固体的器皿。口大底浅，有圆底和平底带柄的两种。最常用的为瓷制蒸发皿（图 2.18），也有玻璃、石英、铂等制成的。蒸发皿的质料不同，耐腐蚀性能也不同，应根据溶液或固体的性质适当选用。对酸、碱的稳定性好，可耐高温，但不宜骤冷。主要用途：蒸发液体、浓缩溶液或干燥固体物质。

分无柄蒸发皿和有柄蒸发皿两种，规格以直径表示，有 60 ~ 150 mm 等多种。

图 2.18　蒸发皿

注意事项

（1）加热后不能骤冷，防止破裂。

（2）加热后不能直接放到实验桌上，应放在石棉网上，以免烫坏实验桌。

（3）液体量多时可直接加热，量少或黏稠液体要垫石棉网或放在泥三角上加热。

（4）加热蒸发皿时要不断地用玻璃棒搅拌，防止液体局部受热四处飞溅。

（5）加热完后，需要用坩埚钳移动蒸发皿。

（6）加热溶液，有大量固体析出后就熄灭酒精灯，用余热蒸干剩下的水分。

（7）加热时，应先用小火预热，再用大火加强热。

（8）要使用预热过的坩埚钳取拿热的蒸发皿。

（八）燃烧匙

燃烧匙是用来检验物质的可燃性或盛放少量物质在气体中进行燃烧反应的仪器。

燃烧匙有铜质、铁质等几种，还有玻璃燃烧匙，使用时应根据反应情况选用不同质料的燃烧匙。燃烧匙有定型产品出售，有时也用玻璃棒加工自制。

使用注意事项

（1）当进行物质在盛于集气瓶里气体中的燃烧实验时，燃烧匙要由瓶口慢慢下移，以保证反应进行完全。

（2）手尽量握持燃烧匙的上端。

（3）用后应立即处理干净附着物，以免腐蚀或影响以后的燃烧实验。

三、存放物质的仪器

（一）试剂瓶

试剂瓶（图 2.19）是实验室里专用来盛放各种液体、固体试剂的容器，形状主要有细口、广口之分。因为试剂瓶只用于常温存放试剂使用，一般都用钠钙普通玻璃制成。为了保证具有一定强度，所以瓶壁一般较厚。试剂瓶除分细口、广口外，还有无色、棕色 2 种，有塞、无塞 2 类。其中有玻璃塞者，无论细口、广口，均应有内磨砂处理工艺；无塞者可不作内磨砂，而配以一定规格的非玻璃塞，如橡胶塞、塑料塞、软木塞等。广口瓶用于盛固体试剂，细口瓶盛液体试剂；棕色瓶用于盛避光的试剂，磨口塞瓶能防止试剂吸潮和浓度变化。试剂瓶不耐热。近年来各类实用的塑料试剂瓶纷纷面市，使这类容器丰富多彩。

试剂瓶的规格以容积大小表示，小至 30 mL、60 mL，大至几千至几万毫升不等。

使用注意事项

（1）有塞试剂瓶不使用时，要在瓶塞与瓶口磨砂面间夹上纸条，防止粘连。

（2）所有试剂瓶都不能用于加热。

（a）细口瓶

（b）广口瓶

（c）棕色广口瓶

图 2.19　试剂瓶

（3）根据盛装试剂的理化性质选用所需试剂瓶的一般原则是：盛装固体试剂——选用广口瓶，盛装液体试剂——选用细口瓶，盛装见光易分解或变质的试剂——选用棕色瓶，盛装低沸点易挥发的试剂——选用有磨砂玻璃试剂瓶，盛装碱性试剂——选用带橡胶塞的试剂瓶等。若试剂具有上述多项理化指标，则可根据以上原则综合考虑，选用适宜的试剂瓶。

（4）有些特殊试剂，如氢氟酸等不能用任何玻璃试剂瓶而选用塑料瓶盛装。

（二）滴　瓶

滴瓶是盛装实验时需按滴数加入的液体的容器。常用为带胶头的滴瓶（图 2.20）。

（a）棕色

（b）无色

图 2.20　滴　瓶

滴瓶是由带胶帽的磨砂滴管和内磨砂瓶颈的细口瓶组成。最适宜存放指示剂和各种非碱性液体试剂。

滴瓶有无色（或称白色）、棕色（或称茶色）2 种，其规格均以容积大小表示，常用的为 30 mL、60 mL、125 mL、250 mL 等几种。

使用注意事项

（1）棕色滴瓶用于盛装见光易变质的液体试剂。

（2）不同滴瓶的滴管不能互换使用。滴瓶不能长期盛放碱性液体，以免腐蚀、黏结。

（3）使用滴管加液时，滴管不能伸入容器内，以免污染试液及撞伤滴管尖。

（4）胶帽老化后不能吸液，要及时更换。

（三）称量瓶

称量瓶是用于使用分析天平称量固体试剂的容器。常用的有高型和低型 2 种（图 2.21）。无论哪种称量瓶都成套配有磨砂盖，以保证被称量物不被散落或污染。

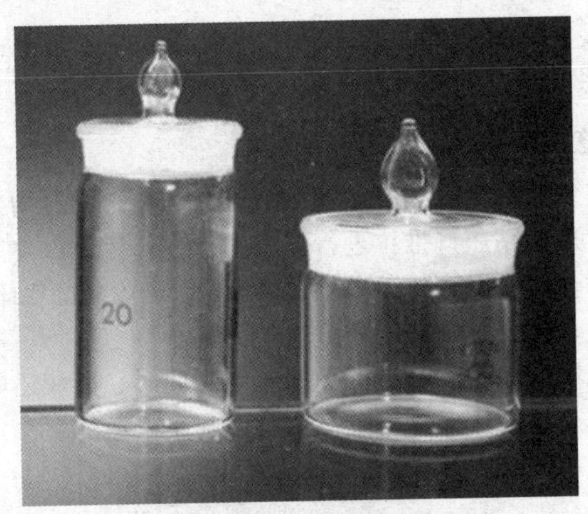

图 2.21　称量瓶

称量瓶的规格以瓶外径与瓶高乘积表示。高型称量瓶常用 25 mm × 40 mm、30 mm × 50 mm、30 mm × 60 mm 3 种，低型称量瓶常用 25 mm × 25 mm、50 mm × 30 mm 和 60 mm × 30 mm 3 种。

使用注意事项

（1）盖子与瓶子务必配套使用，切忌互换。

（2）称量瓶使用前必须洗涤干净，烘干、冷却后方能用于称量。

（3）称量时要用洁净、干燥、结实的纸条围在称量瓶外壁进行夹取，严禁直接用手拿取称量瓶。

（四）集气瓶

集气瓶是专门用于收集气体的容器，一种广口玻璃容器，瓶口平面磨砂，能跟毛玻璃保持严密接触，不易漏气（图 2.22）。用于收集或储存少量气体，气体的燃烧，物质在该气体中的燃烧。也可用做洗气瓶，如加入浓硫酸作为干燥装置。

1. 集气方法

（1）排水集气法：排水集气法用于收集难溶于水、不易溶于水的气体，如 N_2、O_2、NO、CO、CH_4、C_2H_2、C_2H_4、H_2 等。

（2）向上排空气法：用于收集密度比空气大的气体，如 Cl_2、NO_2、SO_2、H_2S、CO_2 等。

（3）向下排空气法：用于收集密度比空气小的气体，如 NH_3、H_2 等。

集气瓶的规格以容积大小表示，常用的为 30 mL、60 mL、125 mL 和 250 mL 几种。

2. 使用注意事项

（1）使用集气瓶收集气体时，磨砂玻璃片与瓶口都应均匀薄抹一层凡士林。磨砂玻璃片应紧贴瓶口推拉进行开、闭操作。

（2）当集满气体待用时，有 2 种放置方式。若收集的气体密度比空气大，瓶口应向上放置；反之，则向下放置。

（3）集气瓶不能加热。当进行某些燃烧实验时，瓶底还应铺一层细砂或盛少量水，以免高温固体生成物溅落瓶底引起集气瓶炸裂。

图 2.22　集气瓶

四、分离物质的仪器

（一）漏　斗

漏斗是过滤实验中不可缺少的仪器。过滤时，漏斗中要装入滤纸。滤纸有许多种，根据过滤的不同要求可选用不同的滤纸。

1. 漏斗的分类

（1）普通漏斗（图 2.23）：用于向细口容器内注入液体或用于过滤装置。要求洁净，其次做过滤实验时漏斗上的滤纸要折叠好，做到“一低两靠”，即滤纸边缘低于漏斗边缘，玻璃棒要紧靠漏斗内壁，漏斗颈要紧靠烧杯内壁。

图 2.23　普通漏斗

（2）长颈漏斗：用于向反应容器内注入液体。若用来制取气体，长颈漏斗下端管口必须伸入液面以下，形成“液封”，以防止气体从长颈斗中逸出。另外，长颈漏斗一般可以用分液漏斗替代。

（3）分液漏斗：主要用于分离两种互不相溶且密度不同的液体，也可用于向反应容器中滴加液体，可控制液体的用量。常用的分液漏斗有圆球形、圆筒形和梨形三种（图 2.24）。一般上面的塞子称为活塞，下面漏斗颈上的塞子称为旋塞。

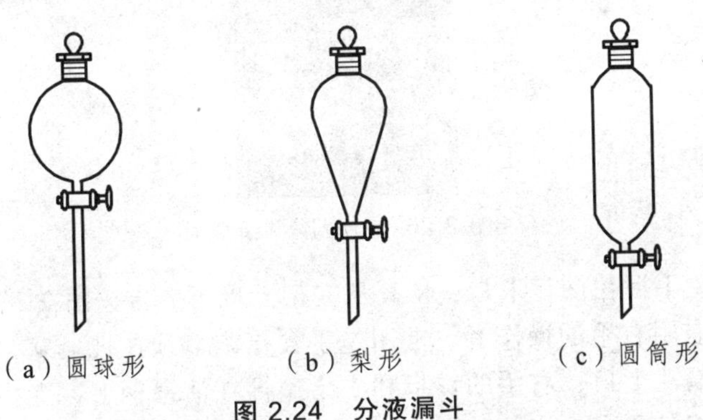

图 2.24　分液漏斗

2. 使用方法

（1）将过滤纸对折，连续两次，叠成 90°圆心角形状。

（2）把叠好的滤纸按一侧三层、另一侧一层打开，成漏斗状。

（3）把漏斗状滤纸装入漏斗内，滤纸边要低于漏斗边，向漏斗口内倒一些清水，使浸湿的滤纸与漏斗内壁贴靠，再把余下的清水倒掉，待用。

（4）将装好滤纸的漏斗安放在过滤用的漏斗架上（如铁架台的圆环上），

在漏斗颈下放接收过滤液的烧杯或试管，并使漏斗颈尖端靠于接收容器的壁上，以防止液体飞溅。

（5）向漏斗里注入需要过滤的液体时，右手持盛液烧杯，左手持玻璃棒，玻璃棒下端靠紧漏斗三层滤纸一面，使杯口紧贴玻璃棒，待滤液体沿杯口流出，再沿玻璃棒倾斜之势，顺势流入漏斗内。流到漏斗里的液体，液面不能超过漏斗中滤纸的高度。

（6）当液体经过滤纸，沿漏斗颈流下时，要检查一下液体是否沿杯壁顺流而下，注到杯底。否则应该移动烧杯或旋转漏斗，使漏斗尖端与烧杯壁贴牢，就可以使液体顺杯壁下流了。

3. 萃取操作方法

（1）在分液漏斗中加入溶液和一定量的萃取溶剂后，塞上玻璃塞（注意：玻璃塞上若有侧槽必须将其与漏斗上端口上的小孔错开！）（图 2.25）。

图 2.25　分液漏斗装置

（2）用左手握住漏斗上口，将其从支架上取下，再按图 2.26 所示的手势握住。对于惯用右手的操作者，常用左手食指末节顶住玻璃塞，再用大拇指和中指夹住漏斗上口；右手的食指和中指蜷握在活塞柄上，食指和拇指握住活塞柄并能将其自由地旋转。

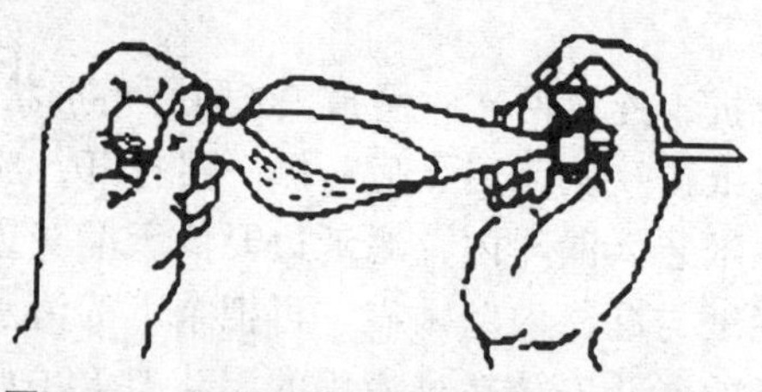

图 2.26　振摇萃取时持分液漏斗的方法

（3）将漏斗由外向里或由里向外旋转振摇 3～5 次，使两种不相混溶的液体尽可能充分混合（也可将漏斗反复倒转进行缓和地振摇）。然后将漏斗倒置，使漏斗口向上，远离自己和别人，慢慢开启活塞，排放可能产生的气体以解除超压（图 2.27）（这对低沸点溶剂或者酸性溶液用碳酸氢钠或碳酸钠水溶液萃取放出 CO_2 来说尤为重要，否则漏斗内压力将大大超过正常值，玻璃塞或活塞可能被冲脱，使漏斗内液体损失甚至造成危险！）。待压力减小后，关闭活塞。振摇和放气应重复几次，至漏斗内超压很小。最后将漏斗直立静置（图 2.25）。

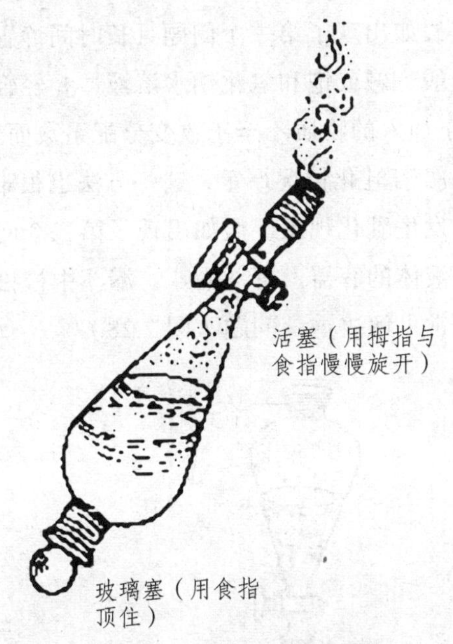

图 2.27　萃取中的放气操作

（4）移开玻璃塞或旋转带侧槽的玻璃塞使侧槽对准上口的小孔。待两相液体分层明显，界面清晰后，开启活塞，放出下层液体，收集在大小适当的小口容器，如锥形瓶中。液层接近放完时要放慢速度，一旦放完则要迅速关闭活塞。

（5）取下漏斗，打开玻璃塞将上层液体由上口倒出，收集起来（一般宜用小口容器，大小也应事先选择好）。

注意：一定不要倒洒了液体！因为它很可能是要保留的有用的液体。

（6）完成萃取后剩下的问题也是最重要的问题为：哪一层液体是所需要的。为防止工作中的失误，一定不要丢弃任何一层的液体。如要确认究竟何层为所需的液体，可参照溶剂的密度，也可将两层液体取出少许，试验其在两种溶剂中的溶解性质，否则让人懊丧的事情就可能发生，这就是："我把需要的液体倒掉了!"

（7）萃取过程中可能会产生两种实际问题：① 可能会生成乳浊液（尤其是加入浓碱溶液剧烈振摇后或加入浓碱溶液再加入稀碱、水后很容易出现乳化的现象），不分层；② 在界面上出现未知组成的泡沫状的固态物质。

解决的方法是：假如出现了第一个问题且长时间静置也不分层，若一相是水，可以加入少量酸、碱或饱和氯化钠水溶液，并轻轻振摇，常能使其分层。这一方法只适用于加入的物质不至于改变分配系数而造成不利的情况（有时 pH 是一重要因素）。若乳化情况严重，这一方法也很难奏效，可考虑选择另一萃取溶剂以防止发生乳化现象。假如出现了第二个问题，可在分层前过滤除去它，即在接受液体的容器上置一漏斗，漏斗中松松地放少量脱脂棉，将液体通过其过滤，常可解决这一问题（图 2.28）。

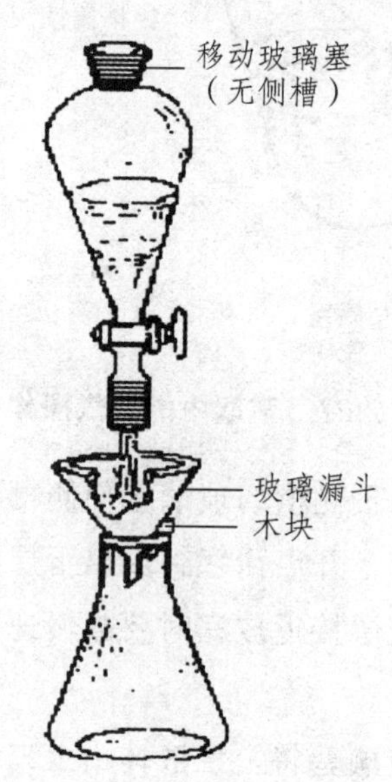

图 2.28　除去泡沫状的固态物质

萃取操作的步骤、可能出现的现象及注意事项汇总于表 2.2 中。

表 2.2 萃取操作及注意事项

操作步骤	操作要点	简要说明	现象	注意事项
准备	选择比萃取剂和被萃取溶液总体积大1倍以上的分液漏斗。检查分液漏斗的活塞和旋塞是否严密	检查分液漏斗是否泄漏的方法：通常先加入一定量的水，振荡，看是否泄漏		① 不可使用有泄漏的分液漏斗，以保证操作安全 ② 活塞不能涂油
加料	将被萃取溶液和萃取剂分别由分液漏斗的上口倒入，盖好活塞	萃取剂的选择要根据被萃取物质在此溶剂中的溶解度而定，同时要易于和溶剂分离开，最好用低沸点溶剂。一般水溶性较小的物质可用石油醚萃取，水溶性较大的可用苯或乙醚，水溶性极大的用乙酸乙酯	液体分为两相	必要时使用玻璃漏斗加料
振荡	振荡分液漏斗，使两相液层充分接触	振荡操作一般是把分液漏斗倾斜，使漏斗的上口略朝下	液体混为乳浊液	振荡时用力要大，同时要注意防止液体泄漏
放气	振荡后，使分液漏斗仍保持倾斜状态，旋开旋塞，放出蒸气或产生的气体，使内外压力平衡		有气体放出	切记放气时分液漏斗的上口要倾斜朝下，而下口处不要有液体
重复振荡	再振荡和放气数次			操作和现象均与振荡和放气相同
静置	将分液漏斗放在铁架台上的铁环中，静置	静置的目的是使不稳定的乳浊液分层。一般情况需静置 10 min 左右，较难分层者需静置更长时间	液体分为清晰的两层	在萃取时，特别是当溶液呈碱性时，常常会产生乳化现象，影响分离。破坏乳化的方法有： ① 较长时间静置。② 轻轻地旋摇漏斗，加速分层。③ 若因两种溶剂（水与有机溶剂）部分互溶而发生乳化，可以加入少量电解质（如氯化钠），利用盐析作用加以破坏；若因两相密度差小发生乳化，也可以加入电解质，以增大水相的密度。④ 若因溶液呈碱性而产生乳化，常可加入少量的稀盐酸或采用过滤等方法消除。根据不同情况，还可以加入乙醇、磺化蓖麻油等消除乳化

续表 2.2

操作步骤	操作要点	简要说明	现象	注意事项
分离	液体分成清晰的两层后，就可进行分离。分离液层时，下层液体应经旋塞放出，上层液体应从上口倒出	如果上层液体也从旋塞放出，则漏斗旋塞下的颈上所附着的残液会玷污上层液体	液体分为上下两层	
合并萃取液	分离出的被萃取溶液再按上述方法进行萃取，一般重复 3~5 次。将所有萃取液合并，加入适量的干燥剂进行干燥	萃取次数多少，取决于分配系数的大小		萃取不可能一次就萃取完全，故须较多次地重复上述操作。第一次萃取时使用溶剂量常比以后几次多一些，主要是为了补足由于它稍溶于水而引起的损失
蒸馏	将干燥后的萃取液加入蒸馏瓶中蒸去溶剂，即得到萃取产物		分别得到萃取溶剂和产物	对易于热分解的产物，应进行减压蒸馏

（二）离心机

离心就是利用离心机转子（图 2.29）高速旋转产生的强大的离心力，加快液体中颗粒的沉降速度，把样品中不同沉降系数和浮力密度的物质分离开。其中高速冷冻离心机（图 2.30）在实验室分离和制备工作中是必不可少的工具，其最高速度可以达到 25 000 r/min，最大离心力可达 89 000 g。这类离心机通常带有冷却离心腔的制冷设备，温度控制是由装在离心腔内的热电偶检测离心腔的温度。高速冰冻离心机有多个内部可变换的角式或甩平式转头，它们大多用于收集微生物菌种细胞碎片、大的细胞器以及一些沉淀物等。

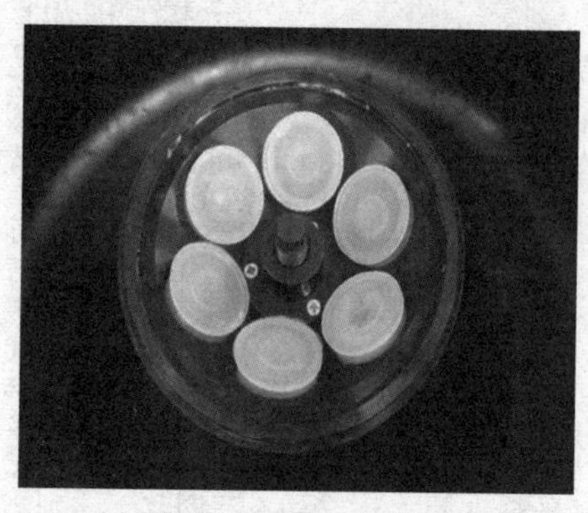

图 2.29 离心机转子

（a）

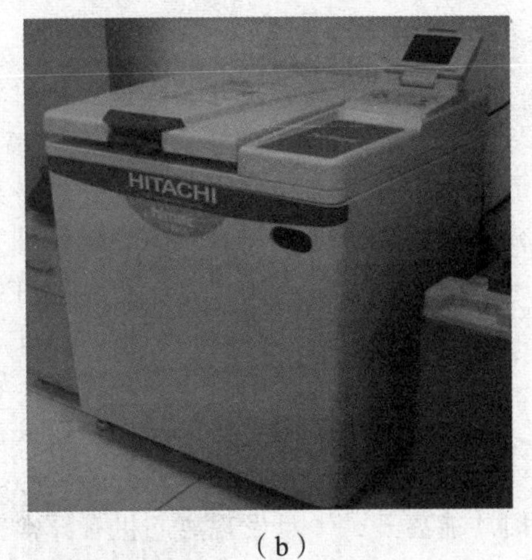

（b）

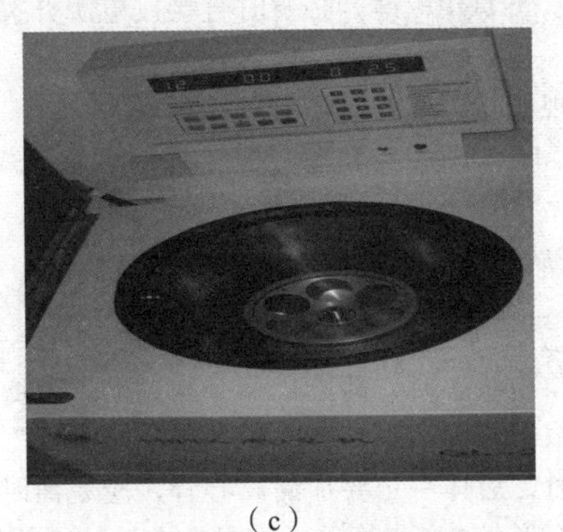

（c）

图 2.30 高速冷冻离心机

1. 分 类

按分离因素 F_r 值是指物料在离心力场中所受的离心力，与物料在重力场中所受到的重力的比值，可将离心机分为以下几种：

（1）常速离心机：$F_r \leqslant 3\,500$（一般为 600 ~ 1 200）。这种离心机的转速较低，直径较大。

（2）高速离心机：$F_r = 3\,500 \sim 50\,000$。这种离心机的转速较高，一般转鼓直径较小，而长度较长。

（3）超高速离心机：$F_r > 50\,000$。由于转速很高（50 000 r/min 以上），所以转鼓做成细长管式。

2. 使用方法

（1）打开离心机开关，进入待机状态。

（2）选择合适的转头：离心时离心管所盛液体不能超过总容量的 2/3，否则液体易溢出；使用前后应注意转头内有无漏出液体残余，应使之保持干燥。转换转头时应注意使离心机转轴和转头的卡口卡牢。

（3）离心管平衡误差应在 0.1 g 以内。

（4）选择离心参数：温度、速度、时间。

（5）将平衡好的离心管对称放入转头内，盖好转头盖子，拧紧螺丝。

（6）按下离心机盖门，如盖门未盖牢，离心机将不能启动。

（7）按“START”键，开始离心。开始后应等离心速度达到所设的速度时才能离开，一旦发现离心机有异常（如不平衡而导致机器明显震动，或噪音很大），应立即按“STOP”键，必要时直接按电源开关切断电源，停止离心，并找出原因。

（8）机器如发现故障，请及时与有关人员联系。

（9）使用结束后请清洁转头和离心机腔，不要关闭离心机盖，利于湿气蒸发。

（10）使用结束后必须登记，注明使用情况。

3. 注意事项

（1）离心机在预冷状态时，离心机盖必须关闭，离心结束后取出转头要倒置于实验台上，擦干腔内余水，离心机盖处于打开状态。

（2）超速离心时，液体一定要加满离心管，应超离时需抽真空，只有加满才能避免离心管变形。如离心管盖子密封性差液体就不能加满，以防外溢，影响感应器正常工作。

（3）转头在预冷时转头盖可摆放在离心机的平台上，或摆放在实验台上，千万不可不拧紧浮放在转头上，因为一旦误启动，转头盖就会飞出，造成事故！

（4）转头盖在拧紧后一定要用手指触摸转头与转盖之间有无缝隙，如有缝隙要拧开重新拧紧，直至确认无缝隙方可启动离心机。

（5）使用时一定要接地线。离心管内所加的物质应相对平衡，如引起两边不平衡，会对离心机成很大的损伤，至少将缩短离心机的使用寿命。

（6）在离心过程中，操作人员不得离开离心机室，一旦发生异常情况操作人员不能关电源（POWER），要按 STOP。在预冷前要填写好离心机使用记录。

五、加热仪器

（一）恒温水浴箱

广泛应用于干燥、浓缩、蒸馏、浸渍化学试剂、浸渍药品和生物制剂，也可用于水浴恒温加热和其他温度试验，是生物、遗传、病毒、水产、环保、医药、卫生、生化实验室、分析实验室教育、科研的必备工具（图 2.31）。

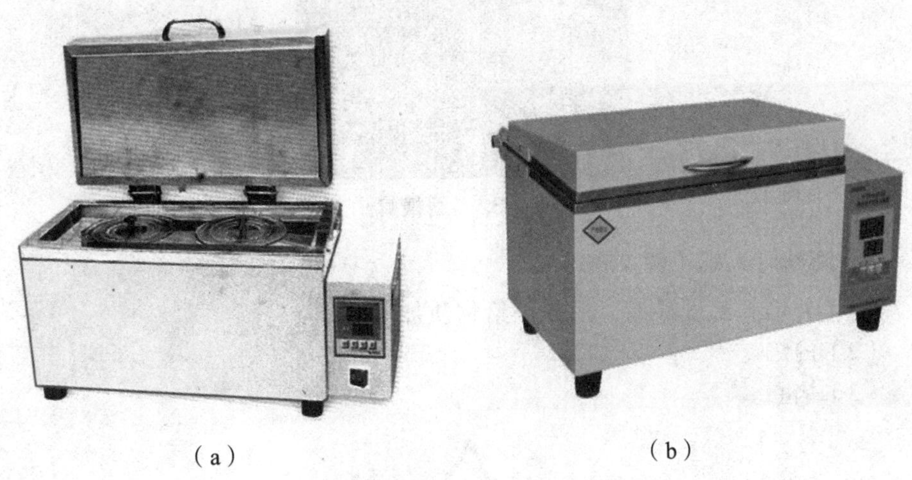

（a）　　（b）

图 2.31　恒温水浴箱

1. 使用方法

（1）电热恒温水浴箱应平放在固定平台上，清洁水浴锅表面，电源电压必须与本箱要求的电压相符，电源插座要采用三孔安全插座，使用前必须安装地线。

（2）先将清水注入箱内，水位必须高于隔板，切勿无水或水位低于隔板加热，以防损坏加热管。

（3）接通电源，打开开关，将控温设定旋扭调至所需要的温度刻度（顺时针为升温，逆时针为降温）。绿灯亮表示升温，红灯亮表示定温。

（4）当温度升到所需工作温度时，绿灯灭、红灯亮。

2. 注意事项

（1）注水时不可将水流入控制箱内，以防发生触电。

（2）不用时最好将水及时放掉，并擦干净，保持清洁，以利于延长使用寿命。

（二）酒精灯

酒精灯由灯体、灯芯、灯芯管和灯帽组成（图 2.32）。

图 2.32　酒精灯

1. 酒精灯火焰（图 2.33）

（1）外焰：温度最高，用外焰给物质加热。

（2）内焰。

（3）焰心。

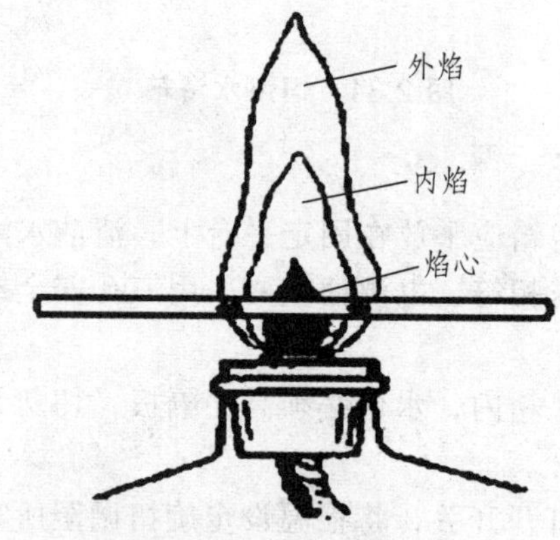

图 2.33　酒精灯火焰

2. 酒精灯使用“两”查

（1）检查灯芯是否平齐。

（2）检查酒精量是否少于容积的 1/4 或超过 2/3。

3. 酒精灯使用“三禁”（图 2.34）

（1）禁止用嘴吹灭酒精灯。

（2）禁止用燃着的酒精灯点另一酒精灯。

（3）禁止向燃着的酒精灯添加酒精。

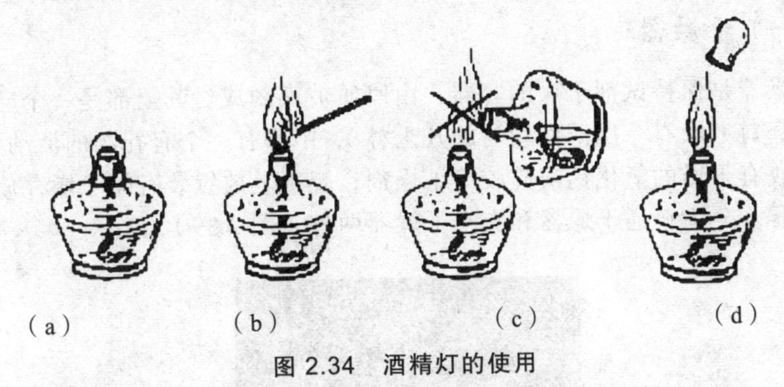

图 2.34 酒精灯的使用

六、固定和支持仪器

固定和支持仪器一般包括铁架台（图 2.35）、试管夹（图 2.36）、试管架（图 2.37）、坩埚钳（图 2.38）等。

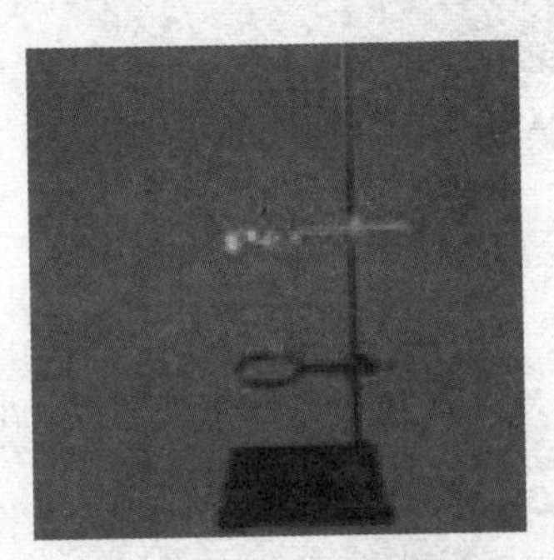

图 2.35 铁架台

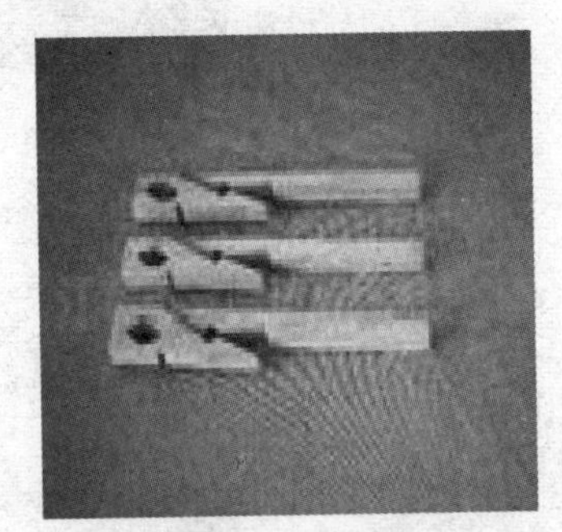

图 2.36 试管夹

图 2.37 试管架

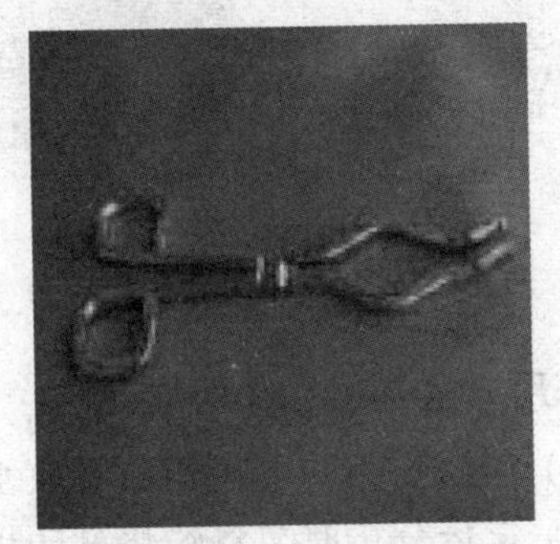

图 2.38 坩埚钳

七、其他仪器

（一）干燥器

干燥器是保持试剂干燥的容器，由厚质玻璃制成。其上部是一个磨口的盖子（磨口上涂有一层薄而均匀的凡士林），中部有一个有孔洞的活动瓷板，瓷板下放有干燥的氯化钙或硅胶等干燥剂，瓷板上放置装有需干燥存放的试剂的容器。分为普通干燥器和真空干燥器两种（图 2.39）。

（a）普通干燥器

（b）真空干燥器

图 2.39　干燥器

1. 用　途

（1）存放物品，以免物品吸收水汽。

（2）定量分析时，将灼烧过的坩埚放在其中冷却。

2. 使用方法及注意事项

（1）开启干燥器时，左手按住下部，右手按住盖子上的圆顶，沿水平方向向左前方推开干燥器盖。盖子取下后应放在桌上安全的地方（注意要磨口向上，圆顶朝下），用左手放入或取出物体，如坩埚或称量瓶，并及时盖好干燥器盖。加盖时，也应拿住盖子圆顶，沿水平方向推移盖好[图 2.40（a）]。

（2）搬动干燥器时，应用两手的大拇指同时将盖子按住，以防盖子滑落而打碎[图 2.40（b）]。

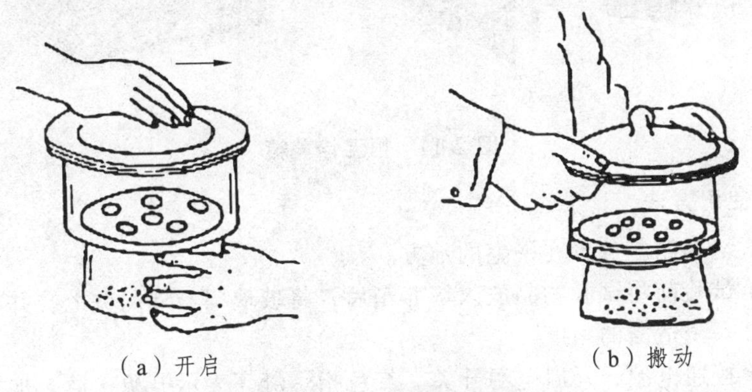

（a）开启　　（b）搬动

图 2.40　干燥器的使用

（3）当坩埚或称量瓶等放入干燥器时，应放在瓷板圆孔内。但称量瓶若比圆孔小，则应放在瓷板上。

（4）温度很高的物体必须冷却至室温或略高于室温，方可放入干燥器内。有时较热的物体放入干燥器中后，空气受热膨胀会把盖子顶起来，为了防止盖子被打翻，应当用手按住，不时把盖子稍微推开（不到 1 s），以放出热空气。

（5）灼烧或烘干后的坩埚和沉淀，在干燥器内不宜放置过久，否则会因吸收一些水分而使质量略有增加。

（6）变色硅胶干燥时为蓝色（无水 Co^{2+}的颜色），受潮后变粉红色（水合 Co^{2+}的颜色）。可以在 120 °C 烘受潮的硅胶，待其变蓝后反复使用，直至破碎不能用为止。

（二）恒温箱

恒温培养箱又称隔水式电热细胞（霉菌）培养箱（图 2.41），供医疗卫生、医药工业、生物化学、工业生产及农业科学等科研部门做细菌培养、育种、发酵及其他恒温试验用。

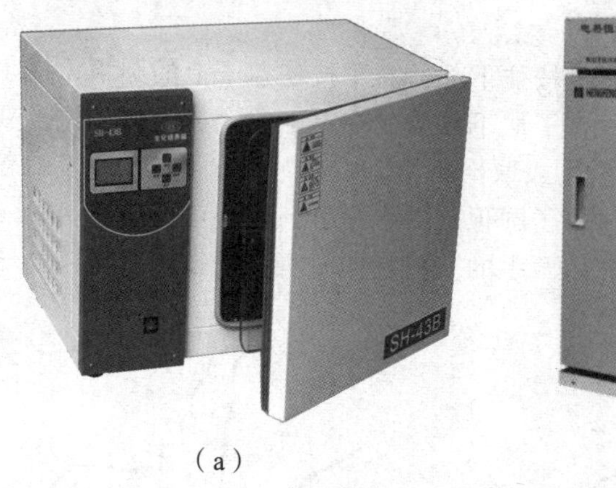

（a）

（b）

图 2.41 恒温培养箱

1. 使用方法

（1）培养箱应放置在平整的地方。

（2）试验前将试验物品放入培养箱后，将玻璃门与外门关上，并将风顶活门旋开一个适当的角度。

（3）接通电源，开启电源开关。红色指示灯亮表示电源接通，加热器开始工作。

（4）将控温设定旋扭调至所需要的温度刻度（顺时针为升温，逆时针为降温）。绿灯亮表示升温，红灯亮表示定温。

（5）当温度升到所需工作温度时，绿灯灭、红灯亮。

2. 注意事项

（1）试验物放置在箱内，不宜过挤，必须留出空气自然对流的空间。内室底板因接近电热器，故不宜放置试验物。在试验时应将风顶活门适当旋开，以利于调节箱内温度。

（2）使用完毕须将电源全部切断，保持箱内外的清洁。

第二节 玻璃仪器的洗涤与干燥

实验中经常要使用各种玻璃仪器，这些仪器是否洁净，将直接影响实验的成败与结果的准确性，所以实验前应先把仪器洗涤干净。干净的玻璃仪器应该透明，其内壁能被水均匀润湿而不挂水珠。应根据实验的要求、污物的性质和沾污的程度等选用不同的洗涤方法。

一、洗涤仪器的一般步骤

一般的玻璃仪器，如烧杯、烧瓶、锥形瓶、试管和量筒等，可以用各种外形的毛刷从外到里用水刷洗，这样可刷洗掉水可溶性物质、部分不溶性物质和灰尘；若有油污等有机物，可用蘸有去污粉、肥皂粉或洗涤剂的毛刷刷洗，然后用自来水冲洗干净，最后用蒸馏水或去离子水润洗内壁 2 ~ 3 次。在有机实验中，常使用磨口的玻璃仪器，洗刷时应注意保护磨口，不宜使用去污剂，而改用洗涤剂。

对不易用毛刷刷洗的或用毛刷刷洗不干净的玻璃仪器，如滴定管、容量瓶、移液管等，通常将洗涤剂倒入或吸入容器内浸泡一段时间后，把容器内的洗涤剂倒入储存瓶中备用，再用自来水冲洗和去离子水润洗。

砂芯玻璃滤器在使用后须立即清洗，针对滤器砂芯中残留的不同沉淀物，采用适当的洗涤剂先溶解砂芯表面沉淀的固体，然后用减压抽洗法反复用洗涤剂把砂芯中残存的沉淀物全部抽洗掉，再用蒸馏水冲洗干净，于 110 °C 烘干，保存在防尘的柜子中。

二、各种洗涤液的使用

针对仪器上沾污物的性质，采用不同洗涤液能有效地洗净仪器。要注意在使用各种性质不同的洗涤液时，一定要把上一种洗涤液除去后再用另一种，以免相互作用生成的产物更难洗净。

几种常用的洗涤液配方及使用方法介绍如下：

1. 铬酸洗液

20 g 重铬酸钾溶于 40 mL 水中，冷却后，慢慢加入 360 mL 工业浓硫酸（切不可将水倒入浓硫酸中）。可用于清除器壁上残留的油污，用少量洗液刷洗或浸泡一夜，洗液可重复使用。洗液废液经处理后方可排放。重铬酸钠或重铬酸钾与硫酸作用后形成铬酸（chro-mic acid），铬酸的氧化能力极强，因而此洗涤液具有极强的去污作用。

（1）使用注意事项。

① 洗涤液中的硫酸具有强腐蚀作用，玻璃器皿浸泡时间太长，会使玻璃变质，因此切忌长时间忘记将器皿取出冲洗。其次，洗涤液若沾污衣服和皮

肤应立即用水洗，再用苏打水或稀氨水洗。如果溅在桌椅上，应立即用水洗去或湿布抹去。

② 玻璃器皿浸泡前，应尽量干燥，避免将洗涤液稀释。

③ 此洗涤液的使用仅限于玻璃和瓷质器皿，不适用于金属和塑料器皿。

④ 有大量有机质的器皿应先行擦洗，然后再用洗涤液浸泡，这是因为有机质过多，会加快洗涤液失效，此外，洗涤液虽为很强的去污剂，但也不是所有的污迹都可清除。

⑤ 盛洗涤液的容器应始终加盖，以防氧化变质。

⑥ 洗涤液可反复使用，但当其变为墨绿色时即已失效，不能再用。

2. 工业盐酸（浓或 1：1）

用于洗去碱性物质及大多数无机物残渣。

3. 碱性洗液

10%氢氧化钠水溶液或乙醇溶液。水溶液加热（可煮沸）使用，去油效果较好。

注意：加热时间太长会腐蚀玻璃；碱-乙醇洗液不可加热。

4. 碱性高锰酸钾洗液

4 g 高锰酸钾溶于水中，加入 10 g 氢氧化钠，用水稀释至 100 mL。可用于洗涤油污或其他有机物，洗后容器沾污处有褐色二氧化锰析出，再用浓盐酸或草酸洗液、硫酸亚铁、亚硫酸钠等还原剂除去。

5. 草酸洗液

5 ~ 10 g 草酸溶于 100 mL 水中，加入少量浓盐酸。可用于除去高锰酸钾洗液洗涤后产生的二氧化锰，必要时加热使用。

6. 碘-碘化钾洗液

1 g 碘和 2 g 碘化钾溶于水中，用水稀释至 100 mL。可用于洗涤用过硝酸银滴定液后留下的黑褐色沾污物，也可用于擦洗沾过硝酸银的白瓷水槽。

7. 有机溶剂苯、乙醚、二氯乙烷等

可洗去油污或可溶于该溶剂的有机物质，使用时要注意其毒性及可燃性。用乙醇配制的指示剂干渣、比色皿，可用盐酸-乙醇（1：2）洗液洗涤。

8. 乙醇-浓硝酸

用一般方法很难洗净的少量残留有机物，可用此法洗涤：向容器内加入不多于 2 mL 的乙醇，加入 10 mL 浓硝酸，静置即发生剧烈反应，放出大量热及二氧化氮，反应停止后再用水冲洗。操作应在通风橱中进行，不可塞住容器，作好防护。

注意：乙醇和浓硝酸不可事先混合！

三、常用玻璃仪器的洗涤

（一）新玻璃器皿的洗涤方法

新购置的玻璃器皿含游离碱较多，应先在酸溶液内浸泡数小时（不少于 4 h），酸溶液一般用 2%的盐酸或洗涤液，浸泡后用自来水冲洗干净至倒置时器壁不挂水珠，用纯化水冲洗 3 次，晾干。

（二）使用过的玻璃器皿的洗涤方法

1. 试管、培养皿、三角烧瓶、烧杯等

可用瓶刷或海绵沾上肥皂、洗衣粉或去污粉等洗涤剂刷洗，然后用自来水充分冲洗干净。热的肥皂水去污能力更强，可有效地洗去器皿上的油污。洗衣粉和去污粉较难冲洗干净而常在器壁上附有一层微小粒子，故要用水多次甚至 10 次以上充分冲洗，或可用稀盐酸摇洗一次，再用水冲洗，然后倒置于铁丝框内或有空心格子的木架上，在室内晾干。急用时可盛于框内或搪瓷盘上，放入烘箱烘干。

玻璃器皿经洗涤后，若内壁的水是均匀分布成一薄层，表示油垢完全洗净；若挂有水珠，则还需用洗涤液浸泡数小时，然后再用自来水充分冲洗。

装有固体培养基的器皿应先将残留固体刮去，然后洗涤。带菌的器皿在洗涤前先浸在 2%煤酚皂溶液（来苏尔）或 0.25%新洁尔灭消毒液内 24 h 或煮沸半小时，再用上述方法洗涤。带病原菌的培养物最好先行高压蒸汽灭菌，然后将培养物倒去，再进行洗涤。

盛放一般培养基用的器皿经上述方法洗涤后，即可使用。若需精确配制化学药品，或做科研用的精确实验，要求用自来水冲洗干净后，再用蒸馏水淋洗 3 次，晾干或烘干后备用。

2. 移液管和刻度吸管

先用自来水冲洗几次，再用去污剂浸泡过夜，接着用自来水清洗多次，至倒置器壁不挂水珠，最后用纯化水荡洗 3 次，常温晾干，备用。若浸泡时

间过长，去污剂难以冲洗干净，则用稀硫酸润洗 2 次，再用自来水冲洗至倒置器壁不挂水珠，最后用纯化水荡洗 3 次。

吸过血液、血清、糖溶液或染料溶液等的玻璃吸管（包括毛细吸管），使用后应立即投入盛有自来水的量筒或标本瓶内，免得干燥后难以冲洗干净。量筒或标本瓶底部应垫以脱脂棉，否则吸管投入时容易破损。待实验完毕，再集中冲洗。若吸管顶部塞有棉花，则冲洗前先将吸管尖端与装在水龙头上的橡皮管连接，用水将棉花冲出，然后再装入吸管自动洗涤器内冲洗，没有吸管自动洗涤器的实验室可用冲出棉花的方法多冲洗片刻，必要时再用蒸馏水淋洗。洗净后，放搪瓷盘中晾干，若要加速干燥，可放入烘箱内烘干。

吸过含有微生物培养物的吸管也应立即投入盛有 2%煤酚皂溶液或 0.25%新洁尔灭消毒液的量筒或标本瓶内，24 h 后方可取出冲洗。

吸管的内壁如果有油垢，同样应先在洗涤液内浸泡数小时，然后再行冲洗。

3. 载玻片与盖玻片

用过的载玻片与盖玻片如滴有香柏油，要先用皱纹纸擦去或浸在二甲苯内摇晃几次，使油垢溶解，再在肥皂水中煮沸 5 ~ 10 min，用软布或脱脂棉擦拭，立即用自来水冲洗，然后在稀洗涤液中浸泡 0.5 ~ 2 h，自来水冲去洗涤液，最后用蒸馏水淋洗数次，待干后浸于 95%酒精中保存备用。使用时在火焰上烧去酒精。用此法洗涤和保存的载玻片和盖玻片清洁透亮，没有水珠。

检查过活菌的载玻片或盖玻片应先在 2%煤酚皂溶液或 0.25%新洁尔灭溶液中浸泡 24 h，然后按上述方法洗涤与保存。

4. 石英和玻璃比色皿

绝不可用强碱清洗，因为强碱会侵蚀抛光的比色皿。一般用去污剂浸泡，必要时使用一支绸布包裹的小棒或棉花球棒刷洗，然后用自来水冲洗，清洗干净的比色皿内外壁不挂水珠。如果遇到难清洗的有机物，可先用无水乙醇浸泡，再用自来水冲洗，然后按上述方法清洗，同时可延长去污剂的浸泡时间。

5. 研磨器具

先用自来水冲洗，去掉肉眼可见异物；然后用 0.5%的去污剂浸泡 2 h 以上，再用软毛刷刷洗，最后用大量自来水冲洗，至倒置不挂水珠，且手用力触摸内壁，无残留粉末，最后用纯化水冲洗 3 次。

当研磨物中含有水不溶性活性成分时，应先用 95%乙醇浸泡半小时，再按上述步骤清洗。

6. 带有微孔的玻璃砂滤器

新的滤器在使用之前要经酸洗（如热的盐酸）抽滤，再用自来水反复抽滤，最后用纯化水抽滤 3 次，再晾干或烘干。使用后的滤器为防止残留物堵塞微孔，应及时清洗。清洗的原则是选用能溶解或分解残留物的洗涤液进行浸泡，抽滤，直到残渣全部溶解或分解，最后用水洗净。

7. 液相样品瓶

先倒干瓶内试液，将其全部浸入 95%乙醇中，超声清洗 2 次，每次 30 min，倒干乙醇，加入超纯水，再超声清洗 2 次，每次 30 min，倒干瓶内洗液，再用超纯水冲洗 2 次，于 80 °C 烘 2 h（绝对不能于高温下烘烤）。冷却，保存。

8. 顶空瓶

倒干瓶内溶液，全部浸入 95%乙醇中，超声清洗 2 次后倒干，再加入超纯水，煮沸 30 min 后倒干，再加入超纯水超声清洗 2 次，倒干瓶内洗液，于 150 °C 烘 2 h，冷却，保存。

9. 玻璃注射器

将活塞从针筒中取出，用自来水冲洗，加适量洗洁精，用合适的毛刷洗刷，接着用自来水冲洗活塞和针筒至无可见残留物，然后用 95%乙醇超声清洗 30 min，用纯化水冲洗 2 次，晾干，保存。

10. 用于有关物质测定的玻璃仪器

将玻璃仪器用自来水冲洗，加适量的洗洁精并清洗，用自来水冲洗至无可见残留物，再按顺序分别用 95%乙醇、纯化水、超纯水各荡洗 3 次，晾干。如无特殊规定，用相应的溶剂至少润洗 1 次。

11. 其他玻璃仪器

自来水冲洗→毛刷沾去污剂（粉）洗刷或 0.5%去污剂浸泡、超声→自来水洗→超纯水洗。

四、常用玻璃仪器的干燥和储存

（一）干　燥

做实验经常要用到的仪器应在每次实验完毕之后洗净、干燥，备用。用于不同实验的仪器对干燥有不同的要求，一般定量分析中的烧杯、锥形瓶等仪器洗净即可使用，而用于有机化学实验或有机分析的仪器很多是要求干燥的，有的要求无水迹，有的要求无水。应根据不同要求来干燥仪器。

1. 晾　干

不急用、要求一般干燥的，可在纯水涮洗后，在无尘处倒置晾干水分，然后自然干燥。可用安有斜木钉的架子和带有透气孔的玻璃柜放置仪器。

2. 烘　干

洗净的仪器控去水分，放在电烘箱中烘干，烘箱温度为 105 ~ 120 °C 烘 1 h 左右。也可放在红外灯干燥箱中烘干。此法适用于一般仪器。称量用的称量瓶等烘干后要放在干燥器中冷却和保存；带实心玻璃塞的及厚壁仪器烘干时要注意慢慢升温并且温度不可过高，以免烘裂；量器不可放于烘箱中烘。硬质试管可用酒精灯烘干，要从底部烘起，把试管口向下，以免水珠倒流把试管炸裂，烘到无水珠时，把试管口向上赶净水汽。

3. 热（冷）风吹干

对于急于干燥的仪器或不适合放入烘箱的较大的仪器可用吹干的办法，通常用少量乙醇、丙酮（或最后再用乙醚）倒入已控去水分的仪器中摇洗，控净溶剂（溶剂要回收），然后用电吹风吹，开始用冷风吹 1 ~ 2 min，当大部分溶剂挥发后吹入热风至完全干燥，再用冷风吹残余的蒸气，使其不再冷凝在容器内。此法要求通风好，防止中毒，不可接触明火，以防有机溶剂爆炸。

（二）保　存

在储藏室内玻璃仪器要分门别类地存放，以便取用。经常使用的玻璃仪器放在实验柜内，要放置稳妥，高的、大的放在里面。

（1）移液管洗净后置于防尘的盒中。

（2）滴定管用后，洗去内装的溶液，洗净后装满纯水，上盖玻璃短试管或塑料套管，也可倒置夹于滴定管架上。

（3）比色皿用毕洗净后，在瓷盘或塑料盘中下垫滤纸，倒置晾干后装入比色皿盒或清洁的器皿中。

（4）带磨口塞的仪器，如容量瓶或比色管最好在洗净前就用橡皮筋或小线绳把塞子和管口拴好，以免打破塞子或互相弄混。需长期保存的磨口仪器要在塞子和瓶口之间垫一张纸片，以免日久粘住。长期不用的滴定管要除掉凡士林后垫纸，用皮筋拴好活塞保存。

（5）成套仪器如索氏萃取器、气体分析器等用完要立即洗净，放在专门的纸盒里保存。

总之，我们要本着对工作负责的精神，对所用的一切玻璃仪器用完后要清洗干净，按要求保管，要养成良好的工作习惯，不要在仪器里遗留油脂、酸液、腐蚀性物质（包括浓碱液）或有毒药品，以免造成后患。

第三节 试剂、药品的取用

一、药品的取用原则

1.“三不”原则

（1）实验室里所用的药品，很多是易燃、易爆、有腐蚀性或有毒的，不能用手接触药品。

（2）不要将鼻子凑近容器口去闻气体的气味。闻气体时把集气瓶放在鼻孔前下方用手轻轻扇动，使少量气体进入鼻孔，闻气体的气味（图 2.42）。

（3）不得用嘴尝任何药品的味道。

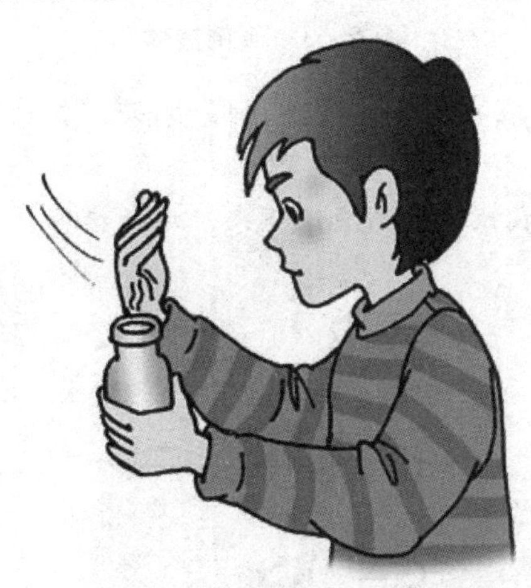

图 2.42 闻气体气味的正确方法

2. 节约原则

（1）严格按实验规定用量取用。

（2）取最少量：① 液体取 1 ~ 2 mL。② 固体盖满试管底部即可。

3. 处理原则

不放回原瓶、不随意丢弃、不带出实验室，应放在指定容器中。

二、药品的取用方法

1. 液体药品

取用较多量液体时可用直接倾倒法：取用细口瓶里的药液时，先拿下瓶塞，倒放在桌上，然后拿起瓶子（标签应对着手心），瓶口要紧挨着容器口，使液体缓缓地倒入容器（图 2.43）。

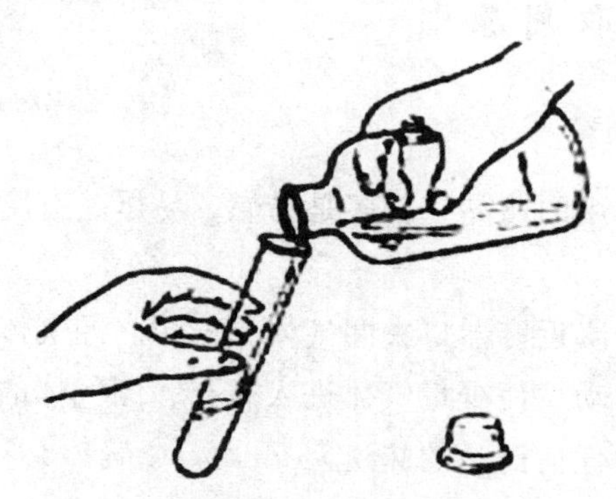

图 2.43 倾倒液体

一般往大口容器或容量瓶、漏斗里倾注液体时，应用玻璃棒引流（图 2.44）。

注意：防止残留在瓶口的药液流下来，腐蚀标签。

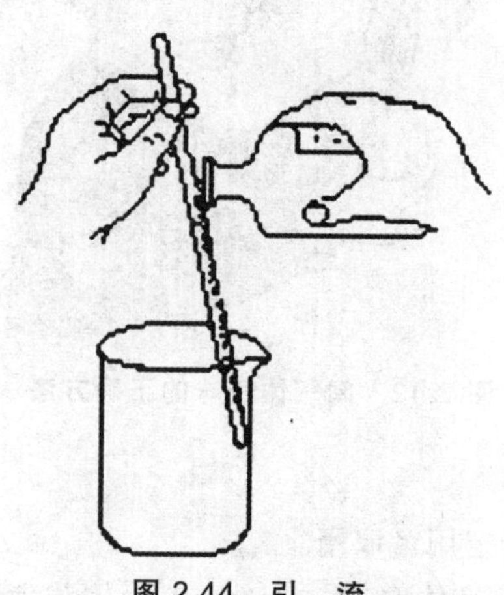

图 2.44 引 流

取用很少量液体时可用胶头滴管吸取。滴加时胶头滴管不伸入、不平放、不倒放，应垂直悬空在容器口上方滴入（图 2.45）。

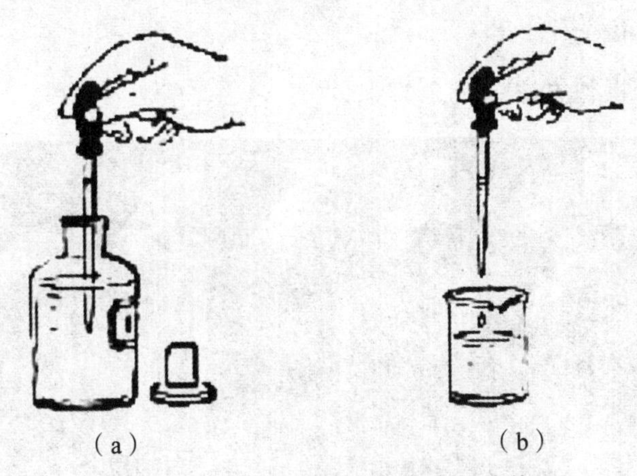

（a）　　（b）

图 2.45　用胶头滴管滴加少量液体

2. 固体药品（图 2.46）

取用固体药品一般用药匙。

（1）粉末状：往试管里装入固体粉末时，为避免药品沾在管口和管壁上，先使试管倾斜，把盛有药品的药匙（或用小纸条折叠成的纸槽）小心地送入试管底部，然后使试管直立起来，让药品全部落到底部。

（2）块状：有些块状的药品可用镊子夹取。

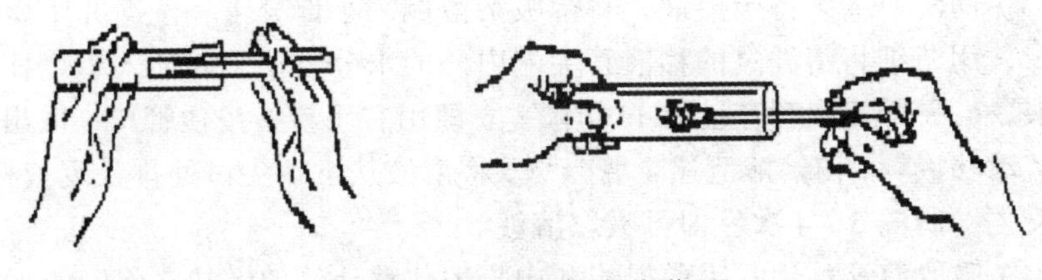

（a）往试管中加粉末状药品

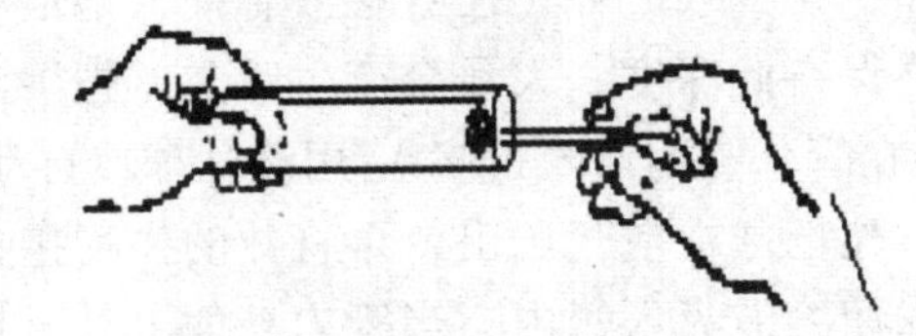

（b）向试管中加入块状固体

图 2.46　固体药品的取用

三、移液的方法

（一）移液管

1. 移液管操作方法（图 2.47）

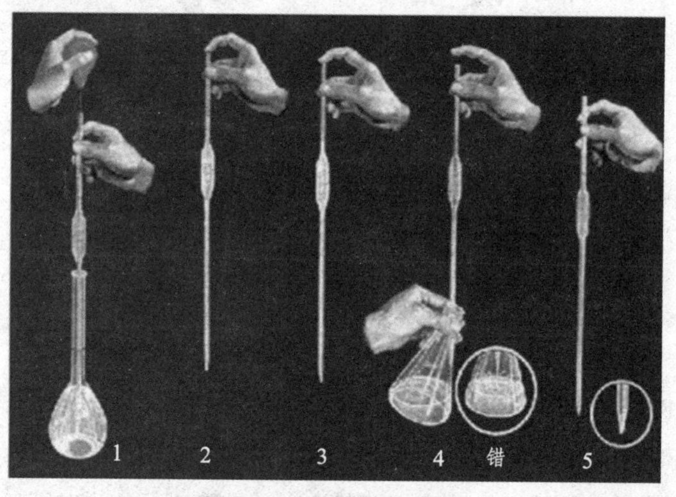

图 2.47 移液管的使用

（1）使用前：使用移液管，首先要看一下移液管标记、准确度等级、刻度标线位置等。

（2）检查移液管的管口和尖嘴有无破损，若有破损则不能使用。

（3）润洗：摇匀待吸溶液，将待吸溶液倒一小部分于一洗净并干燥的小烧杯中，用滤纸将清洗过的移液管尖端内外的水分吸干，并插入小烧杯中吸取溶液，当吸至移液管容量的 1/3 时，立即用右手食指按住管口，取出，横持并转动移液管，使溶液流遍全管内壁，将溶液从下端尖口处排入废液杯内。如此反复，润洗 3 ~ 4 次后即可吸取溶液。

（4）吸取溶液：用右手的拇指和中指捏住移液管的上端，将管的下口插入欲吸取的溶液液面下 1 ~ 2 cm 处（注意移液管插入溶液不能太深，并要边吸边往下插入，始终保持此深度，太浅会产生吸空，把溶液吸到洗耳球内，弄脏溶液，太深又会在管外黏附溶液过多），用洗耳球或自动移液器吸取溶液。一般左手拿洗耳球，先把球中空气压出，再将球的尖嘴接在移液管上口，慢慢松开压扁的洗耳球使溶液吸入管内。当管内液面上升至标线以上 1 ~ 2 cm 处时，迅速用右手食指堵住管口（此时若溶液下落至标线以下，应重新吸取），将移液管提出待吸液面，并使管尖端接触待吸液容器内壁片刻后提起，用滤纸擦干移液管或吸量管下端黏附的少量溶液（在移动移液管或吸量管时，应将移液管或吸量管保持垂直，不能倾斜）。

（5）调节液面；左手另取一干净小烧杯，将移液管下端尖口紧靠小烧杯内壁，使小烧杯保持倾斜，移液管保持垂直，刻度线和视线保持水平（左手不能接触移液管）。稍稍松开食指（可微微转动移液管或吸量管），使管内溶液慢慢从下口流出，液面将至刻度线时，按紧右手食指，停顿片刻，再按上法将溶液的弯月面底线放至与标线上缘相切为止，立即用食指压紧管口。将尖口处紧靠烧杯内壁，向烧杯口移动少许，去掉尖口处的液滴。将移液管或吸量管小心移至承接溶液的容器中。

（6）放出溶液：将移液管或吸量管直立，接收器倾斜，管下端紧靠接收器内壁，放开食指，让溶液沿接收器内壁流下，管内溶液流完后，保持放液状态停留 15 s，将移液管或吸量管尖端在接收器内壁上前后小距离滑动几下（或将移液管尖端靠接收器内壁旋转一周），移走移液管（残留在管尖内壁处的少量溶液，不可用外力强使其流出，因校准移液管或吸量管时，已考虑了尖端内壁处保留溶液的体积；除在管身上标有“吹”字的，可用吸耳球吹出，不允许保留）。

（7）洗净移液管，放置在移液管架上。

2. 移液管使用注意事项

（1）移液管（吸量管）不应在烘箱中烘干。

（2）移液管（吸量管）不能移取太热或太冷的溶液。

（3）同一实验中应尽可能使用同一支移液管。

（4）移液管在使用完毕后，应立即用自来水及蒸馏水冲洗干净，置于移液管架上。

（5）移液管和容量瓶常配合使用，因此在使用前常进行两者的相对体积校准。

（6）在使用吸量管时，为了减少测量误差，每次都应从最上面刻度（零刻线）处为起始点，往下放出所需体积的溶液，而不是需要多少体积就吸取多少体积。

（二）移液器（枪）

1. 移液枪原理

微量加样器（移液枪）最早出现于 1956 年，由德国生理化学研究所的科学家 Schnitger Schnitger 发明。其后，在 1958 年德国 Eppendorf Eppendorf 公司开始生产按钮式微量加样器，成为世界上第一家生产微量加样器的公司。现代常用的移液器如图 2.48 所示。

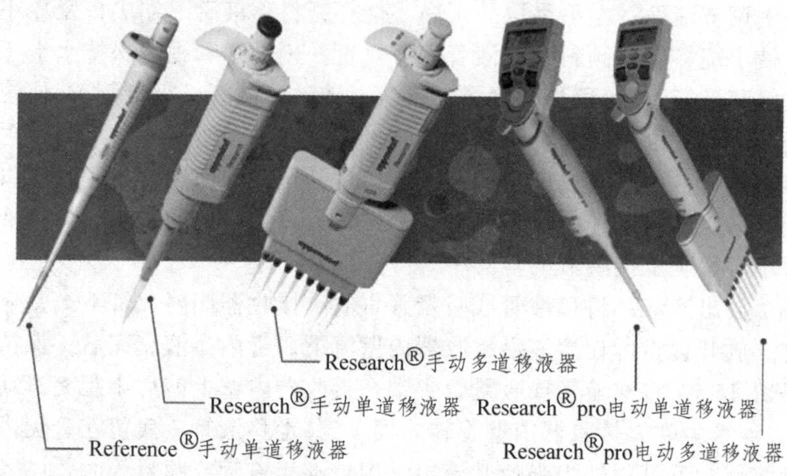

图 2.48 移液器

加样的物理学原理有下面两种：① 使用空气垫（又称活塞冲程）加样；② 使用无空气垫的活塞正移动加样。上述两种不同原理的微量加样器有其不同的特定应用范围。

活塞冲程（空气垫）加样器可很方便地用于固定或可调体积液体的加样，加样体积的范围在 1 μL ~ 10 mL 之间。加样器中空气垫的作用是将吸于塑料吸头内的液体样本与加样器内的活塞分隔开来，空气垫通过加样器活塞的弹簧样运动而移动，进而带动吸头中的液体，死体积和移液吸头中高度的增加决定了加样中这种空气垫的膨胀程度。因此，活塞移动的体积必须比所希望吸取的体积大 2% ~ 4%。温度、气压和空气湿度的影响必须通过对空气垫加样器进行结构上的改良而降低，使得在正常情况下不至于影响加样的准确度。一次性吸头是本加样系统的一个重要组成部分，其形状、材料特性及与加样器的吻合程度均对加样的准确度有很大的影响。

以活塞正移动为原理的加样器和分配器与空气垫加样器所受物理因素的影响不同，因此，在空气垫加样器难以应用的情况下，活塞正移动加样器可以应用，如具有高蒸汽压的、高黏稠度以及密度大于 2.0 g/cm^3 的液体；又如在临床聚合酶链反应（PCR）测定中，为防止气溶胶的产生，最好使用活塞正移动加样器。活塞正移动加样器的吸头与空气垫加样器吸头有所不同，其内含一个可与加样器的活塞耦合的活塞，这种吸头一般由生产活塞正移动加样器的厂家配套生产，不能使用通常的吸头或不同厂家的吸头。

2. 移液枪的操作方法

1）移液枪的放置：移液枪要放在支架上（图 2.49）。

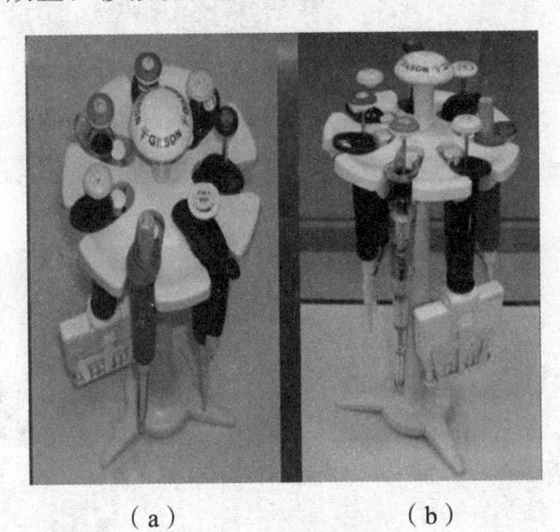

（a） （b）

图 2.49 移液器放置

2）设定容量：在调节量程时，如果要从大体积调为小体积，则按照正常的调节方法，逆时针旋转旋钮即可；但如果要从小体积调为大体积，则可先顺时针旋转刻度旋钮至超过量程的刻度，再回调至设定体积，这样可以保证量取的最高精确度（图 2.50、图 2.51）。在该过程中，千万不要将按钮旋出量程，否则会卡住内部机械装置而损坏移液枪。

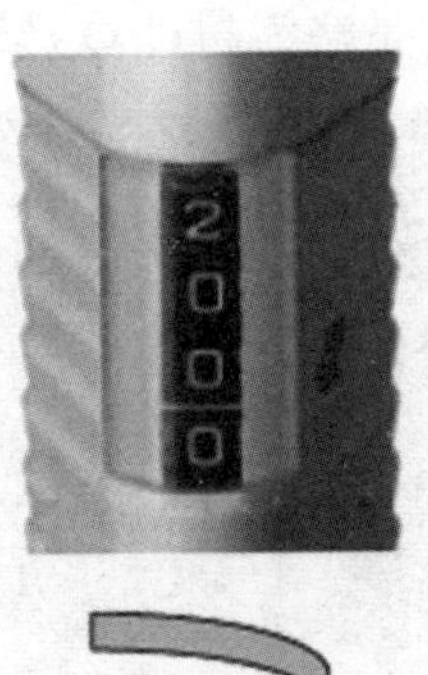

（a）从大到小的调节 （b）从小到大的调节

图 2.50 调节量程

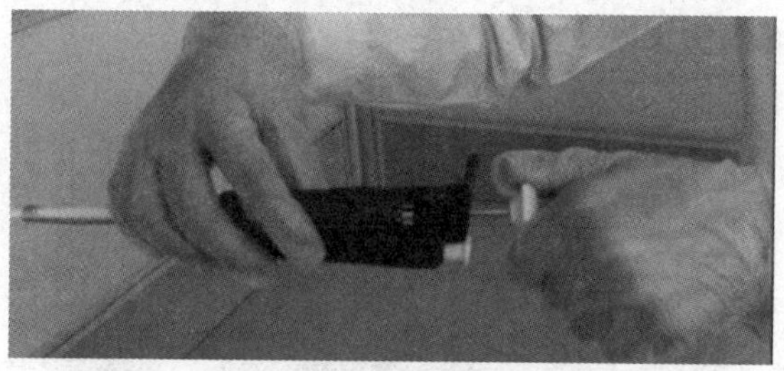

（a）调整按钮为粗调

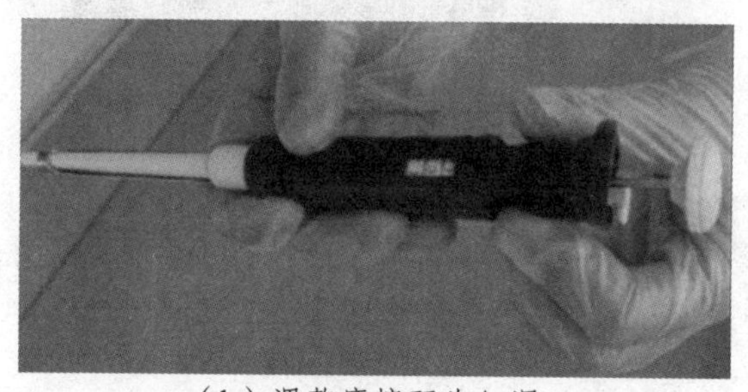

（b）调整摩擦环为细调

图 2.51 设定容量

3）装配枪头（吸液嘴）的：在将枪头套上移液枪时，正确的方法是将移液枪（器）垂直插入枪头中，稍微用力下压，然后左右微微转动即可使其紧密结合。如果是多道（如 8 道或 12 道）移液枪，则可以将移液枪的第一道对准第一个枪头，然后倾斜地插入，往前后方向摇动即可卡紧（图 2.52）。枪头卡紧的标志是略为超过 O 形环，并可以看到连接部分形成清晰的密封圈。

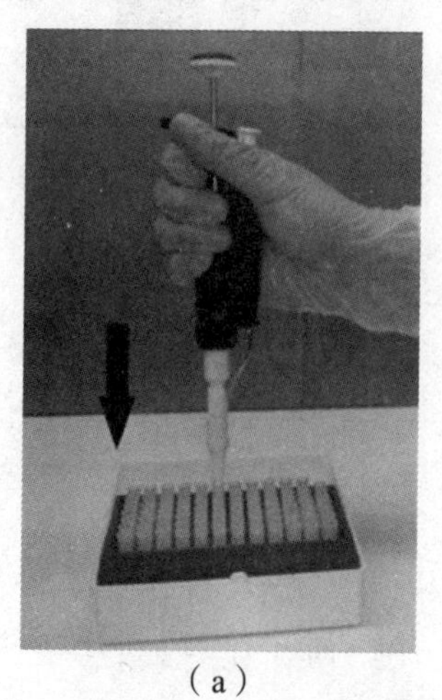

（a）

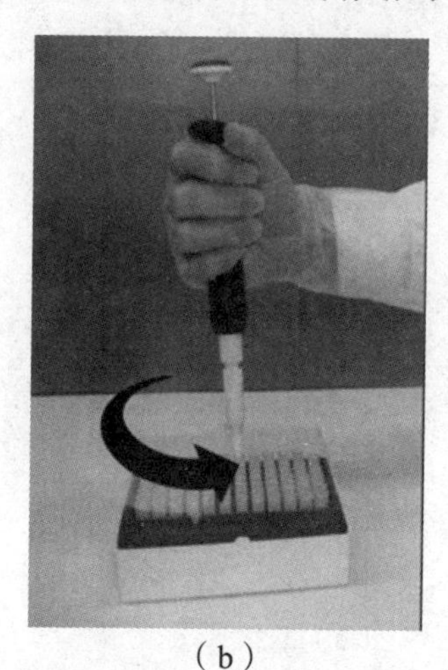

（b）

图 2.52 装配枪头（吸液嘴）

4）移液

（1）吸液：

① 连接恰当的吸嘴；

② 按下控制钮至第一档；

③ 将移液器吸嘴垂直插入液面下 1 ~ 6 mm（视移液器容量大小而定）：0.1 ~ 10 μL 容量的移液器进入液面下 1 ~ 2 mm；2 ~ 200 μL 容量的移液器进入液面下 2 ~ 3 mm；1 ~ 5 mL 容量的移液器进入液面下 3 ~ 6 mm。

注：为使测量准确，可将吸嘴预洗 3 次，即反复吸排液体 3 次。

④ 使控制钮缓慢滑回原位；

⑤ 移液器移出液面前等 1 ~ 3 s：1 000 μL 以下停顿 1 s，5 ~ 10 mL 停顿 2 ~ 3 s。

⑥ 缓慢取出吸嘴，确保吸嘴外壁无液体。

（2）排液：

① 将吸嘴以一定角度抵住容量内壁；

② 缓慢将控制钮按至第一档并等待 1 ~ 3 s；

③ 将控制钮按至第二档过程中，吸嘴将剩余液体排净；

④ 慢放控制钮；

⑤ 按压弹射键弹射出吸嘴。

（3）移液方法：

① 前进移液法。用大拇指将按钮按下至第一停点，然后慢慢松开按钮回原点。接着将按钮按至第一停点排出液体，稍停片刻继续按按钮至第二停点，吹出残余的液体。最后松开按钮。

② 反向移液法。此法一般用于转移高黏度液体、生物活性液体、易起泡液体或极微量的液体。其操作是先按下按钮至第二停点，慢慢松开按钮至原点。接着将按钮按至第一停点排出设置好量程的液体，继续保持按住按钮位于第一停点（千万别再往下按），取下有残留液体的枪头，弃之。

5）使用完毕：移液器长时间不用时建议将刻度调至最大量程，让弹簧恢复原形，延长移液器的使用寿命。

6）移液器的正确放置：使用完毕，可以将其竖直挂在移液枪架上，但要小心别掉下来。当移液器枪头里有液体时，切勿将移液器水平放置或倒置，以免液体倒流腐蚀活塞弹簧（图 2.49）。

3. 常见的错误操作

（1）吸液时，移液器本身倾斜，导致移液不准确（应该垂直吸液，慢吸慢放）。

（2）装配吸头时，用力过猛，导致吸头难以脱卸（无需用力过猛，选择与移液器匹配的吸头）。

（3）平放带有残余液体吸头的移液器（应将移液器挂在移液器架上）。

（4）用大量程的移液器移取小体积样品（应该选择合适量程范围的移液器）。

（5）直接按到第二档吸液（应该按照上述标准方法操作）。

（6）使用丙酮或强腐蚀性的液体清洗移液器（应该参照正确清洗方法操作）。

4. 日常维护及注意事项

（1）当移液器吸嘴有液体时切勿将移液器水平或倒置放置，以防液体流入活塞室腐蚀移液器活塞。

（2）移液器使用完毕后，把移液器量程调至最大值，且将移液器垂直放置在移液器架上。

（3）如液体不小心进入活塞室应及时清除污染物。

（4）平时检查是否漏液的方法：吸液后在液体中停留 1 ~ 3 s，观察吸头内液面是否下降，如果液面下降，首先检查吸头是否有问题，如有问题更换吸头。更换吸头后液面仍下降说明活塞组件有问题，应找专业维修人员修理。

（5）需要高温消毒的移液器应首先查阅所使用的移液器是否适合高温消毒后再行处理。

（6）吸取液体时一定要缓慢平稳地松开拇指，绝不允许突然松开，以防将溶液吸入过快而冲入取液器内腐蚀柱塞而造成漏气。

（7）吸取血清蛋白质溶液或有机溶剂时，吸头内壁会残留一层“液膜”，第二次吸取时的体积会大于第一次的体积。

（8）卸掉的吸头一定不能和新吸头混放，以免产生交叉污染。

（9）定期对移液器进行校准。

（10）不能用移液器移取有腐蚀性的溶液，如强酸、强碱等。

（11）移液器应轻拿轻放。

5. 移液枪的校准

校准应在无通风的房间，移液器和空气温度在 20 ~ 25 °C 之间，相对湿度在 55%以上。特别是当移液量在 50 μL 以下，空气湿度越高越好，以减少蒸发损失的影响。在万分之一级别天平上放置一个小三角烧瓶，用待标定的移液器吸取蒸馏水（隔夜存放或超声 15 min）加入小三角烧瓶内，每次称量后计量，去皮重后再加蒸馏水，连续加蒸馏水 10 次。加蒸馏水的量根据待标定的移液器规格不同而不同，见表 2.3。10 次标定称量在所要求的质量范围之内为合格；不合格移液器需要进行调整。

表 2.3　标准移液器的蒸馏水用量

移液器规格（μL）	标定使用蒸馏水量（μL）	要求质量范围（mg）
0.5 ~ 10	2	1.75 ~ 2.25
5 ~ 40	10	9.8 ~ 10.2
40 ~ 200	70	69.4 ~ 70.6
200 ~ 1 000	300	298 ~ 302.0
1 ~ 5 mL	2 000	1 990.0 ~ 2 010.0
2 ~ 10 mL	3 500	3 485.0 ~ 3 515.0

第四节　溶液的配制

一、溶液浓度的表示方法

溶液浓度可分为质量浓度（如质量分数）、体积浓度（如摩尔浓度、当量浓度）和质量-体积浓度三类。

1. 质量分数

溶液的浓度用溶质的质量占全部溶液质量的百分率表示的叫质量分数，单位：%。例如，25%的葡萄糖注射液就是指 100 g 注射液中含葡萄糖 25 g。

$$质量分数（\%）= 溶质质量/溶液质量 \times 100\%$$

2. 物质的量浓度

溶液的浓度用 1 L 溶液中所含溶质的物质的量（单位：mol）来表示的叫物质的量浓度，单位：mol/L，例如，1 L 浓硫酸中含 18.4 mol 硫酸，则浓度为 18.4 mol/L。

物质的量浓度（mol/L）= 溶质的物质的量（mol）/溶液体积（L）

3. 当量浓度

溶液的浓度用 1 L 溶液中所含溶质的质量（单位：g）来表示的叫当量浓度，单位：N。例如，1 L 浓盐酸中含 12.0 g 盐酸（HCl），则浓度为 12.0 N。

当量浓度（N）= 溶质的质量（g）/溶液体积（L）

二、溶液的配置方法

（一）一般溶液的配制及保存方法

1. 操作步骤

计算、称量、溶解、移液、洗涤、定容、摇匀。

例如，欲配制 100 mL NaCl 溶液，其中溶质的物质的量为 0.4 mol/L（图 2.53）。

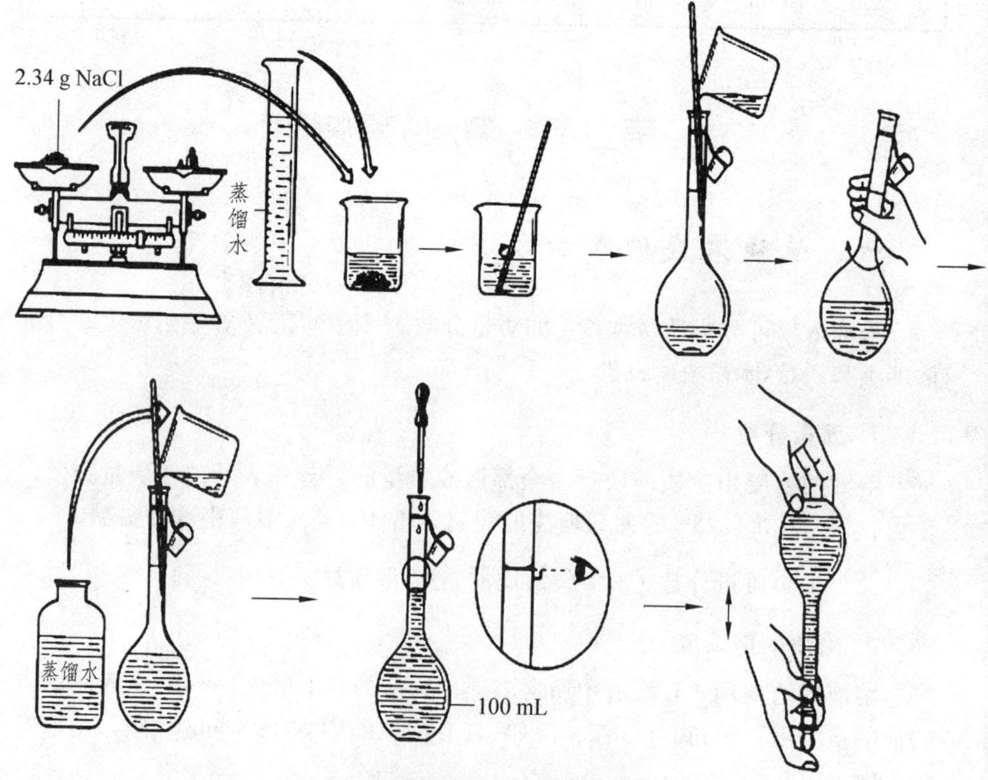

图 2.53 溶液配置操作示意图

仪器：药匙、托盘天平或量筒、烧杯、玻璃棒、(规格)容量瓶、胶头滴管。

(1)计算：$m = nM$

$= cVM$

$= 0.4\ \text{mol/L} \times 0.1\ \text{L} \times 58.5\ \text{g/mol}$

$= 2.34\ \text{g}$

(2)称量：固体用托盘天平，托盘天平只精确到 0.1 g，所以应称量 2.3 g(小数点后第二位四舍五入)，液体用量筒(或滴定管、移液管)移取，量筒精确到 0.1 mL。

注意事项：

① 托盘天平使用前要调零。

② 两个托盘上各放一张大小相同的称量纸。

③ 称量时遵循左物右码的原则。

④ 用镊子夹取砝码应按照从大到小的顺序。

⑤ 称量完毕应将砝码放回盒中，游码归零。

(3)溶解或稀释：将称好的固体放入烧杯，用适量(20 ~ 30 mL)蒸馏水溶解。

注意：应在烧杯中溶解，不能在容量瓶中溶解。因为容量瓶上标有温度和体积，这说明容量瓶的体积受温度影响。而物质的溶解往往伴随着一定的热效应，如果用容量瓶进行此项操作，会因热胀冷缩使它的体积不准确，严重时还可能导致容量瓶炸裂。

(4)移液：待溶液冷却后把烧杯中的液体引流入容量瓶。由于容量瓶的颈较细，为了避免液体洒在外面，用玻璃棒引流，玻璃棒不能紧靠容量瓶瓶口，棒底应靠在容量瓶瓶壁刻度线以下。

(5)洗涤：用少量蒸馏水洗涤烧杯内壁 2 ~ 3 次，洗涤液全部转入容量瓶中。

(6)定容：向容量瓶中注入蒸馏水至距离刻度线 2 ~ 3 cm 处，改用胶头滴管滴蒸馏水至溶液凹液面与刻度线正好相切。

(7)摇匀：盖好瓶塞，反复上下颠倒，摇匀(图 2.54)。

(8)储存：容量瓶中不能存放溶液，因此要把配制好的溶液转移到试剂瓶中，贴好标签，注明溶液的名称和浓度(图 2.55)。

图 2.54 摇 匀

图 2.55 储 存

（二）标准溶液的配制方法

标准溶液是指已知准确浓度的溶液，它是滴定分析中进行定量计算的依据之一。不论采用何种滴定方法，都离不开标准溶液。因此，正确地配制标准溶液，确定其准确浓度，妥善地储存标准溶液，都关系到滴定分析结果的准确性。

1. 标准溶液浓度的表示方法

物质的量浓度（c，简称浓度）：物质的量浓度是指单位体积溶液中含溶质 B 的物质的量，以符号 c_B 表示，单位常用 mol/L。

$$c_B = n_B/V_B \tag{2.1}$$

式中 B——溶质的化学式；

n_B——溶质 B 的物质的量，mol；

V_B——溶液的体积，L。

所以物质的量浓度 c_B 的 SI 单位是 mol/m^3，在分析化学中常用的单位为 mol/L 或 mol/dm^3。

因 $$n_B = m_B/M_B \tag{2.2}$$

所以 $$m_B = c_B V_B M_B \tag{2.3}$$

式中 m_B——物质 B 的质量，g；

M_B——物质 B 的摩尔质量，kg/mol。

在分析化学中常用的单位为 g/mol。以此为单位时，任何原子、分子或离子的摩尔质量在数值上就等于其相对原子质量、相对分子质量或相对离子质量。

2. 标准溶液浓度配置方法

1）直接法：

准确称取基准物质，溶解后定容即成为准确浓度的标准溶液。例如，需配制 500 mL 浓度为 0.010 00 mol/L $K_2Cr_2O_7$ 溶液，在分析天平上准确称取基准物质 $K_2Cr_2O_7$ 1.470 9 g，加少量水使之溶解，定量转入 500 mL 容量瓶中，加水稀释至刻度。

较稀的标准溶液可由较浓的标准溶液稀释而成。例如，光度分析中需用 1.79×10^{-3} mol/L 标准铁溶液。计算得知须准确称取 10 mg 纯金属铁，但在一般分析天平上无法准确称量，因其量太小、称量误差大。因此常常采用先配制储备标准溶液，然后再稀释至所要求的标准溶液浓度的方法。可在分析天平上准确称取高纯（99.99%）金属铁 1.000 0 g，然后在小烧杯中加入约 30 mL 浓盐酸使之溶解，定量转入 1 L 容量瓶中，用 1 mol/L 盐酸稀释至刻度。此标准溶液含铁 1.79×10^{-2} mol/L。移取此标准溶液 10.00 mL 于 100 mL 容量瓶中，用 1 mol/L 盐酸稀释至刻度，摇匀，此标准溶液含铁 1.79×10^{-3} mol/L。由储备液配制成操作溶液时，原则上只稀释一次，必要时可稀释两次。稀释次数太多，会导致累积误差太大，影响分析结果的准确度。

基准物质或基准试剂：能用于直接配制标准溶液的物质，称为基准物质或基准试剂，它也是用来确定某一溶液准确浓度的标准物质。作为基准物质必须符合下列要求：

（1）试剂必须具有足够高的纯度，一般要求其纯度在 99.9%以上，所含的杂质应不影响滴定反应的准确度。

（2）物质的实际组成与它的化学式完全相符，若含有结晶水（如硼砂 $Na_2B_4O_7\cdot10H_2O$），其结晶水的数目也应与化学式完全相符。

（3）试剂应该稳定。例如，不易吸收空气中的水分和二氧化碳，不易被空气氧化，加热干燥时不易分解等。

（4）试剂最好有较大的摩尔质量，这样可以减少称量误差。常用的基准物质有纯金属和某些纯化合物，如 Cu、Zn、Al、Fe 和 $K_2Cr_2O_7$、Na_2CO_3、MgO、$KBrO_3$ 等，它们的含量一般在 99.9%以上，甚至可达 99.99%。

应注意，有些高纯试剂和光谱纯试剂虽然纯度很高，但只能说明其中杂质含量很低。由于可能含有组成不定的水分和气体杂质，使其组成与化学式不一定准确相符，致使主要成分的含量可能达不到 99.9%，这些物质就不能用做基准物质。一些常用的基准物质及其应用范围列于表 2.4 中。

表 2.4 常用基准物质的干燥条件和应用

基准物质		干燥后的组成	干燥条件（°C）	标定对象
名称	化学式			
碳酸氢钠	$NaHCO_3$	Na_2CO_3	270～300	酸
十水合碳酸钠	$Na_2CO_3 \cdot 10H_2O$	$Na_2CO_3 \cdot 10H_2O$	270～300	酸
硼砂	$Na_2B_4O_7 \cdot 10H_2O$	$Na_2B_4O_7 \cdot 10H_2O$	放在装有 NaCl 和蔗糖饱和溶液的密闭器皿中	酸
二水合草酸	$H_2C_2O_4 \cdot 2H_2O$	$H_2C_2O_4 \cdot 2H_2O$	室温，空气干燥	碱或 $KMnO_4$
邻苯二甲酸氢钾	$KHC_8H_4O_4$	$KHC_8H_4O_4$	110～120	碱
重铬酸钾	$K_2Cr_2O_7$	$K_2Cr_2O_7$	140～150	还原剂
溴酸钾	$KBrO_3$	$KBrO_3$	130	还原剂
草酸钠	$Na_2C_2O_4$	$Na_2C_2O_4$	130	$KMnO_4$
碳酸钙	$CaCO_3$	$CaCO_3$	110	EDTA
锌	Zn	Zn	室温，干燥器中保存	EDTA
氯化钠	NaCl	NaCl	500～600	$AgNO_3$
硝酸银	$AgNO_3$	$AgNO_3$	220～250	氯化物

2）间接配制法（标定法）：

许多需要用来配制标准溶液的试剂不完全符合上述基准物质必备的条件，例如，NaOH 极易吸收空气中的二氧化碳和水分，纯度不高；市售盐酸中 HCl 的准确含量难以确定，且易挥发；$KMnO_4$ 和 $Na_2S_2O_3$ 等均不易提纯，且见光分解，在空气中不稳定等。因此，这类试剂不能用直接法配制标准溶液，只能用间接法配制，即先配制成接近于所需浓度的溶液，然后用基准物质（或另一种物质的标准溶液）来测定其准确浓度。这种确定其准确浓度的操作称为标定。一般先配制成约 0.1 mol/L 浓度。由原装的固体酸碱配制溶液时，一般只要求准确到 1～2 位有效数字，故可用量筒量取液体或在台秤上称取固体试剂，加入的溶剂（如水）用量筒或量杯量取即可。但是在标定溶液的整个过程中，一切操作要求严格、准确。称量基准物质要求使用分析天平，称准至小数点后四位有效数字。所要标定溶液的体积，如要参加浓度计算的均要用容量瓶、移液管、滴定管准确操作，不能马虎。

例如，欲配制 0.1 mol/L HCl 标准溶液，先用一定量的浓 HCl 加水稀释，配制成浓度约为 0.1 mol/L 的稀溶液，然后用该溶液滴定经准确称量的无水 Na_2CO_3 基准物质，直至两者定量反应完全，再根据滴定中消耗 HCl 溶液的体积和无水 Na_2CO_3 的质量，计算出 HCl 溶液的准确浓度。大多数标准溶液的准确浓度是通过标定的方法确定的。例如：盐酸标准溶液。

c(HCl) = 1 mol/L（1 N）

c(HCl) = 0.5 mol/L（0.5 N）

c(HCl) = 0.1 mol/L（0.1 N）

（1）配制：量取表 2.5 规定体积的盐酸，注入 1 000 mL 水中，摇匀。

表 2.5 配制盐酸标准溶液

c(HCl)（mol/L）	V(盐酸)（mL）
1	90
0.5	45
0.1	9

（2）标定：

① 测定方法：称取表 2.6 规定量的于 270 ~ 300 °C 灼烧至质量恒定的基准无水碳酸钠，称准至 0.000 1 g。溶于 50 mL 水中，加 10 滴溴甲酚绿-甲基红混合指示剂，用配制好的盐酸溶液滴定至溶液由绿色变为暗红色，煮沸 2 min，冷却后继续滴定至溶液再呈暗红色。同时作空白试验。

表 2.6 标定盐酸标准溶液所用 Na_2CO_3 的量

c(HCl)（mol/l）	M(基准无水碳酸钠)（g）
1	1.6
0.5	0.8
0.1	0.2

② 计算：盐酸标准溶液浓度按下式计算：

$$c(\text{HCl}) = m/(V_1 - V_2) \times 0.052\ 99$$

式中 c(HCl)——盐酸标准溶液的物质的量浓度，mol/L；

m——无水碳酸钠的质量，g；

V_1——盐酸溶液的用量，mL；

V_2——空白试验中盐酸溶液的用量，mL；

0.052 99——与 1.00 mL 盐酸标准溶液[c(HCl) = 1.000 mol/L]相当的无水碳酸钠的质量（单位：g）。

（3）比较。

① 测定方法：量取 30.00 ~ 35.00 mL 表 2.7 所列配制好的盐酸溶液，加 50 mL 无二氧化碳的水及 2 滴酚酞指示液（10 g/L），用表 2.7 规定浓度的氢氧化钠标准溶液滴定，近终点时加热至 80 °C，继续滴定至溶液呈粉红色。

表 2.7　盐酸与氢氧化钠的标定

c(HCl)（mol/L）	c(NaOH)（mol/L）
1	1
0.5	0.5
0.1	0.1

② 计算：盐酸标准溶液浓度按下式计算：

$$c(\mathrm{HCl}) = V_1 \times c_1 / V$$

式中　c(HCl)——盐酸标准溶液的物质的量浓度，mol/L；

V_1——氢氧化钠标准溶液的用量，mL；

c_1——氢氧化钠标准溶液的物质的量浓度，mol/L；

V——盐酸溶液的用量，mL。

3. 注意事项

（1）经常并大量使用的溶液，可先配制浓度约大 10 倍的储备液，使用时取储备液稀释至 1/10 即可。

（2）易侵蚀或腐蚀玻璃的溶液，不能盛放在玻璃瓶内，如含氟的盐类（如 NaF、NH_4F、NH_4HF_2）、苛性碱等应保存在聚乙烯塑料瓶中。

（3）易挥发、易分解的试剂及溶液，如 I_2、$KMnO_4$、H_2O_2、$AgNO_3$、$H_2C_2O_4$、$Na_2S_2O_3$、$TiCl_3$、氨水、Br_2 水、CCl_4、$CHCl_3$、丙酮、乙醚、乙醇等溶液及有机溶剂等均应存放在棕色瓶中，密封好放在暗处阴凉地方，避免光的照射。

（4）配制溶液时，要合理选择试剂的级别，不许超规格使用试剂，以免造成浪费

（5）配好的溶液盛装在试剂瓶中，应贴好标签，注明溶液的浓度、名称以及配制日期。

（6）为了提高标定的准确度，标定时应注意以下几点：

① 标定应平行测定 3 ~ 4 次，至少重复 3 次，并要求测定结果的相对偏差不大于 0.2%。

② 为了减少测量误差，称取基准物质的量不应太少，最少应称取 0.2 g；同样滴定到终点时消耗标准溶液的体积也不能太小，最好在 20 mL 以上。

③ 配制和标定溶液时使用的量器，如滴定管、容量瓶和移液管等，在必要时应校正其体积，并考虑温度的影响。

④ 标定好的标准溶液应该妥善保存，避免因水分蒸发而使溶液浓度发生变化；有些不够稳定，如见光易分解的 $AgNO_3$ 和 $KMnO_4$ 等标准溶液应储存于棕色瓶中，并置于暗处保存；能吸收空气中二氧化碳并对玻璃有腐蚀作用的强碱溶液，最好装在塑料瓶中，并在瓶口处装一碱石灰管，以吸收空气中的二氧化碳和水。对不稳定的标准溶液，久置后，在使用前还需重新标定其浓度。

（三）缓冲溶液的配置

缓冲溶液（buffer solution）是一种能在加入少量酸、碱或水时大大降低 pH 变动幅度的溶液。缓冲溶液的组成：如果在弱酸溶液中同时存在该弱酸的共轭碱，或弱碱溶液中同时存在该弱碱的共轭酸，就构成缓冲溶液，能使溶液的 pH 控制在一定的范围内。缓冲溶液一般可以分为三种类型：① 弱酸及其对应的盐，如 HAc-NaAc；② 弱碱及其对应的盐，如 NH_3-NH_4Cl；③ 多元弱酸的酸式盐及其对应的次级盐，如 NaH_2PO_4-Na_2HPO_4。另外还有一类是标准缓冲溶液：0.05 mol/L 邻苯二甲酸氢钾（pH = 4.01）和 0.01 mol/L 硼砂（pH = 9.18）。

1. 配置方法（表 2.8 至表 2.21）

表 2.8　甘氨酸-盐酸缓冲液（0.05 mol/L）

x mL 0.2 mol/L 甘氨酸 + y mL 0.2 mol/L HCl，再加水稀释至 200 mL

pH	x	y	pH	x	y
2.2	50	44.0	3.0	50	11.4
2.4	50	32.4	3.2	50	8.2
2.6	50	24.2	3.4	50	6.4
2.8	50	16.8	3.6	50	5.0

注：① 甘氨酸的相对分子质量 = 75.07。
② 0.2 mol/L 甘氨酸溶液为 15.01 g/L。

表 2.9 邻苯二甲酸-盐酸缓冲液（0.05 mol/L）

x mL 0.2 mol/L 邻苯二甲酸氢钾 + *y* mL 0.2 mol/L HCl，再加水稀释至 20 mL

pH（20 °C）	*x*	*y*	pH（20 °C）	*x*	*y*
2.2	5	4.670	3.2	5	1.470
2.4	5	3.960	3.4	5	0.990
2.6	5	3.295	2.6	5	0.597
2.8	5	2.642	3.8	5	0.263
3.0	5	2.032			

注：① 邻苯二甲酸氢钾的相对分子质量 = 204.23。
② 0.2 mol/L 邻苯二甲酸氢钾溶液为 40.85 g/L。

表 2.10 磷酸氢二钠-柠檬酸缓冲液

x mL 0.2 mol/L Na_2HPO_4 + *y* mL 0.1 mol/L 柠檬酸

pH	*x*	*y*	pH	*x*	*y*
2.2	0.40	19.60	5.2	10.72	9.28
2.4	1.24	18.76	5.4	11.15	8.85
2.6	2.18	17.82	5.6	11.60	8.40
2.8	3.17	16.83	5.8	12.09	7.91
3.0	4.11	15.89	6.0	12.63	7.37
3.2	4.94	15.06	6.2	13.22	6.78
3.4	5.70	14.30	6.4	13.85	6.15
3.6	6.44	13.56	6.6	14.55	5.45
3.8	7.10	12.90	6.8	15.45	4.55
4.0	7.71	12.29	7.0	16.47	3.53
4.2	8.28	11.72	7.2	17.39	2.61
4.4	8.82	11.18	7.4	18.17	1.83
4.6	9.35	10.65	7.6	18.73	1.27
4.8	9.86	10.14	7.8	19.15	0.85
5.0	10.30	9.70	8.0	19.45	0.55

注：① Na_2HPO_4 的相对分子质量 = 141.98；0.2 mol/L 溶液为 28.40 g/L。
② $Na_2HPO_4 \cdot 2H_2O$ 的相对分子质量 = 178.05；0.2 mol/L 溶液为 35.61 g/L。
③ $Na_2HPO_4 \cdot 12H_2O$ 的相对分子质量 = 358.22；0.2 mol/L 溶液为 71.64 g/L。
④ $C_6H_8O_7 \cdot H_2O$ 的相对分子质量 = 210.14；0.1 mol/L 溶液为 21.01 g/L。

表 2.11 柠檬酸-氢氧化钠-盐酸缓冲液

x g 柠檬酸 $C_6H_8O_7 \cdot H_2O$ + y g 氢氧化钠（NaOH，97%）+ z mL 盐酸（HCl，浓）

pH	$c(Na^+)$（mol/L）	x	y	z
2.2	0.20	210	84	160
3.1	0.20	210	83	116
3.3	0.20	210	83	106
4.3	0.20	210	83	45
5.3	0.35	245	144	68
5.8	0.45	285	186	105
6.5	0.38	266	156	126

注：使用时可以每升中加入 1 g 酚，若最后 pH 有变化，再用少量 50%氢氧化钠溶液或浓盐酸调节，置于冰箱中保存。

表 2.12 柠檬酸-柠檬酸钠缓冲液（0.1 mol/L）

x mL 0.1 mol/L 柠檬酸 + y mL 0.1 mol/L 柠檬酸钠

pH	x	y	pH	x	y
3.0	18.6	1.4	5.0	8.2	11.8
3.2	17.2	2.8	5.2	7.3	12.7
3.4	16.0	4.0	5.4	6.4	13.6
3.6	14.9	5.1	5.6	5.5	14.5
3.8	14.0	6.0	5.8	4.7	15.3
4.0	13.1	6.9	6.0	3.8	16.2
4.2	12.3	7.7	6.2	2.8	17.2
4.4	11.4	8.6	6.4	2.0	18.0
4.6	10.3	9.7	6.6	1.4	18.6
4.8	9.2	10.8			

注：① 柠檬酸：$C_6H_8O_7 \cdot H_2O$，相对分子质量 = 210.14；0.1 mol/L 溶液为 21.01 g/L。

② 柠檬酸钠：$Na_3C_6H_5O_7 \cdot 2H_2O$，相对分子质量 = 294.12；0.1 mol/L 溶液为 29.41 g/L。

表 2.13 醋酸-醋酸钠缓冲液（0.2 mol/L）

x mL 0.2 mol/L NaAc + y mL 0.2 mol/L HAc

pH（18 °C）	x	y	pH（18 °C）	x	y
3.6	0.75	9.35	4.8	5.90	4.10
3.8	1.20	8.80	5.0	7.00	3.00
4.0	1.80	8.20	5.2	7.90	2.10
4.2	2.65	7.35	5.4	8.60	1.40
4.4	3.70	6.30	5.6	9.10	0.90
4.6	4.90	5.10	5.8	6.40	0.60

注：① NaAc·$3H_2O$ 的相对分子质量 = 136.09；0.2 mol/L 溶液为 27.22 g/L。
② 冰乙酸 11.8 mL 稀释至 1 L（需标定）。

表 2.14 磷酸二氢钾-氢氧化钠缓冲液（0.05 mol/L）

x mL 0.2 mol/L KH_2PO_4 + y mL 0.2 mol/L NaOH，加水稀释至 20 mL

pH（20 °C）	x	y	pH（20 °C）	x	y
5.8	5	0.372	7.0	5	2.963
6.0	5	0.570	7.2	5	3.500
6.2	5	0.860	7.4	5	3.950
6.4	5	1.260	7.6	5	4.280
6.6	5	1.780	7.8	5	4.520
6.8	5	2.365	8.0	5	4.680

表 2.15 磷酸盐（磷酸氢二钠-磷酸二氢钠）缓冲液（0.2 mol/L）

x mL 0.2 mol/L Na_2HPO_4 + y mL 0.2 mol/L NaH_2PO_4

pH	x	y	pH	x	y
5.8	8.0	92.0	6.7	43.5	56.5
5.9	10.0	90.0	6.8	49.0	51.0
6.0	12.3	87.7	6.9	55.0	45.0
6.1	15.0	85.0	7.0	61.0	39.0
6.2	18.5	81.5	7.1	67.0	33.0
6.3	22.5	77.5	7.2	72.0	28.0
6.4	26.5	73.5	7.3	77.0	23.0
6.5	31.5	68.5	7.4	81.0	19.0
6.6	37.5	62.5	7.5	84.0	16.0

续表 2.15

pH	x	y	pH	x	y
7.6	87.0	13.0	7.9	93.0	7.0
7.7	89.5	10.5	8.0	94.7	5.3
7.8	91.5	8.5			

注：① $Na_2HPO_4 \cdot 2H_2O$ 的相对分子质量＝178.05；0.2 mol/L 溶液为 35.61 g/L。
② $Na_2HPO_4 \cdot 12H_2O$ 的相对分子质量＝358.22；0.2 mol/L 溶液为 71.64 g/L。
③ $NaH_2PO_4 \cdot H_2O$ 的相对分子质量＝138.01；0.2 mol/L 溶液为 27.6 g/L。
④ $NaH_2PO_4 \cdot 2H_2O$ 的相对分子质量＝156.03；0.2 mol/L 溶液为 31.21 g/L。

表 2.16 巴比妥钠-盐酸缓冲液

x mL 0.04 mol/L 巴比妥钠 ＋y mL 0.2 mol/L HCl

pH（18 °C）	x	y	pH（18 °C）	x	y
6.8	100	18.4	8.4	100	5.21
7.0	100	17.8	8.6	100	3.82
7.2	100	16.7	8.8	100	2.52
7.4	100	15.3	9.0	100	1.65
7.6	100	13.4	9.2	100	1.13
7.8	100	11.47	9.4	100	0.70
8.0	100	9.39	9.6	100	0.35
8.2	100	7.21			

注：巴比妥钠的相对分子质量＝206.18；0.04 mol/L 溶液为 8.25 g/L。

表 2.17 Tris-HCl 缓冲液（0.05 mol/L）

50 mL 0.1 mol/L 三羟甲基氨基甲烷（Tris）溶液与 x mL 0.1 mol/L 盐酸混匀并稀释至 100 mL

pH（25 °C）	x	pH（25 °C）	x
7.10	45.7	8.10	26.2
7.20	44.7	8.20	22.9
7.30	43.4	8.30	19.9
7.40	42.0	8.40	17.2
7.50	40.3	8.50	14.7
7.60	38.5	8.60	12.4
7.70	36.6	8.70	10.3
7.80	34.5	8.80	8.5
7.90	32.0	8.90	7.0
8.00	29.2		

注：① Tris 的相对分子质量＝121.14；0.1 mol/L 溶液为 12.114 g/L。
② Tris 溶液可从空气中吸收二氧化碳，使用时注意将瓶盖严。

表 2.18 硼酸-硼砂缓冲液（0.2 mol/L 硼酸根）

x mL 0.05 mol/L 硼砂 +y mL 0.2 mol/L 硼酸

pH	x	y	pH	x	y
7.4	1.0	9.0	8.2	3.5	6.5
7.6	1.5	8.5	8.4	4.5	5.5
7.8	2.0	8.0	8.7	6.0	4.0
8.0	3.0	7.0	9.0	8.0	2.0

注：① 硼砂：$Na_2B_4O_7 \cdot 10H_2O$ 的相对分子质量 = 381.43；0.05 mol/L 溶液（等于 0.2 mol/L 硼酸根）为 19.07 g/L。

② 硼酸：H_3BO_3 的相对分子质量 = 61.84；0.2 mol/L 溶液为 12.37 g/L。

③ 硼砂易失去结晶水，必须在带塞的瓶中保存。

表 2.19 甘氨酸-氢氧化钠缓冲液（0.05 mol/L）

x mL 0.2 mol/L 甘氨酸 + y mL 0.2 mol/L NaOH，加水稀释至 200 mL

pH	x	y	pH	x	y
8.6	50	4.0	9.6	50	22.4
8.8	50	6.0	9.8	50	27.2
9.0	50	8.8	10	50	32.0
9.2	50	12.0	10.4	50	38.6
9.4	50	16.8	10.6	50	45.5

注：甘氨酸的相对分子质量 = 75.07；0.2 mol/L 溶液为 15.01 g/L。

表 2.20 硼砂-氢氧化钠缓冲液（0.05 mol/L 硼酸根）

x mL 0.05 mol/L 硼砂 + y mL 0.2 mol/L NaOH，加水稀释至 200 mL

pH	x	y	pH	x	y
9.3	50	6.0	9.8	50	34.0
9.4	50	11.0	10.0	50	43.0
9.6	50	23.0	10.1	50	46.0

注：硼砂 $Na_2B_4O_7 \cdot 10H_2O$ 的相对分子质量 = 381.43；0.05 mol/L 硼砂溶液（等于 0.2 mol/L 硼酸根）为 19.07 g/L。

表 2.21　碳酸钠-碳酸氢钠缓冲液（0.1 mol/L）

x mL 0.1 mol/L Na_2CO_3 + *y* mL 0.1 mol/L $NaHCO_3$

pH		*x*	*y*
20 °C	37 °C		
9.16	8.77	1	9
9.40	9.22	2	8
9.51	9.40	3	7
9.78	9.50	4	6
9.90	9.72	5	5
10.14	9.90	6	4
10.28	10.08	7	3
10.53	10.28	8	2
10.83	10.57	9	1

注：① $Na_2CO_3 \cdot 10H_2O$ 的相对分子质量 = 286.2；0.1 mol/L 溶液为 28.62 g/L。

② $NaHCO_3$ 的相对分子质量 = 84.0；0.1 mol/L 溶液为 8.40 g/L。

③ 此缓冲液在 Ca^{2+}、Mg^{2+} 存在时不得使用。

第五节　实验室安全知识

在兽药检验工作中常接触到有腐蚀性、毒性或易燃易爆的化学药品和试剂，在实验室中也有各种电器设备，如操作不当易发生危险。为了避免事故的发生，分析人员对各种药品和仪器应充分了解，并且熟悉一般安全知识。实验室应制订安全操作制度，工作人员应严格遵守。下面介绍一般实验室中可能发生的危险和防止方法。

一、防　火

实验室中失火的原因：使用或蒸馏易燃液体不谨慎或电器、电线电路故障。下面是预防失火的措施：

（1）易燃物质不宜大量存放于实验室中，应储存在密闭容器内并存放于阴凉处。

（2）加热低沸点或中沸点易燃液体（如乙醚、二硫化碳、丙酮、苯、乙醇等）最好用水蒸气加热，至少用水浴加热，并时时查看、检查，操作人员不得离开。切不能用明火或油浴加热，因为它们的蒸气是极易着火的。

（3）在工作中使用或倾倒易燃物质时，注意要远离灯火。

（4）身上或手上沾有易燃物质时，应立即清洗干净，不得靠近火源，以免着火。

（5）易燃液体的废液应设置专用储存器收集，不得倒入下水道，以免引起燃爆事故。

（6）磷与空气接触易自燃，应存放在水中。金属钠暴露于空气中能自发着火，与水能发生猛烈反应、着火，应储存于煤油中。

（7）定期检查电路是否完好。

（8）实验室的所有工作人员应熟悉灭火器的使用方法。

二、防　爆

（1）乙醚在室温时的蒸气压很高，乙醚和空气或氧气混合时能产生爆炸性极强的过氧化物，因此在蒸馏乙醚时应特别小心。

（2）无水过氯酸与还原剂和有机化合物（如纸、炭、木屑等）接触能引起爆炸，也能自发爆炸。常用的 60% ~ 70%过氯酸的水溶液则没有危险。

（3）下列物质混合，都可能发生爆炸：

① 过氯酸与乙醇。

② 金属钠或钾与水。

③ 高锰酸钾与浓硫酸、硫黄或甘油。

④ 硝酸钾与醋酸钠。

⑤ 过氯酸盐或氯酸盐与浓硫酸。

⑥ 磷与硝酸、硝酸盐、氯酸盐。

⑦ 氧化汞与硫黄。

（4）当抽滤或真空操作时所用抽滤瓶壁要较厚，以免抽滤瓶受压过大而炸碎伤人。

（5）易发生爆炸的操作不得对着人进行，必要时操作人员应戴面具或防护板。

（6）使用可燃性气体（如氢气、乙炔等）作为仪器的气源时，气瓶及仪器管道的接头处不能漏气，以免泄漏而发生爆炸。

三、正确使用有腐蚀性、毒性的药品

（1）硫酸、盐酸、硝酸、冰醋酸、氢氟酸等酸类物质皆有很强的腐蚀性，能烫伤皮肤，导致剧烈的疼痛，甚至糜烂。应特别注意，勿使酸溅入眼中，否则严重的能使眼睛失明。酸也能损坏衣物。盐酸，硝酸、氢氟酸的蒸气对呼吸道黏膜及眼睛有强烈的刺激作用，能使其发炎、溃疡，因此，在倾倒上述酸类时应在毒气橱柜中进行，或戴上经水或苏打溶液浸泡的口罩和防护镜。稀释硫酸时，应谨慎地将浓酸渐渐倾注在水中，切不可把水倾注在浓酸中；被硫酸烫伤时可用大量水冲洗，然后用 20%苏打溶液洗拭。被氢氟酸烫伤时，先用大量冷水冲洗，后用 5%苏打溶液洗拭，再用甘油与氧化镁糊（2∶1）的纱布包扎。

（2）氢氧化钠、氢氧化钾等碱类物质，均能腐蚀皮肤及衣服；浓氨水的蒸气能严重刺激黏膜，伤及眼睛，使流泪或患各种眼疾。被碱类烫伤时，应立即用大量水冲洗，然后用 2%硼酸或醋酸溶液冲洗。

（3）浓过氧化氢能引起烫伤，可用热水或硫代硫酸钠溶液敷治。

（4）苯酚有腐蚀性，使皮肤呈白色烫伤，若皮肤上不慎沾上苯酚，应立即将其除去，否则会起局部糜烂，治愈极慢。治疗方法：可用大量水冲洗，然后用 4 体积乙醇（70%）与 1 体积氯化铁（1 mol/L）混合液冲洗。

（5）溴能严重刺激呼吸道、眼睛及烧伤皮肤。烧伤处用 1 体积氨水（25%）+ 1 体积松节油 + 10 体积乙醇（95%）的混合液处理。

（6）氰化钾、三氧化二砷、升汞、黄磷或白磷皆有剧毒，应专人专柜保管。切勿误入口中，使用后应洗手。

（7）苯、汞、乙醚、氯仿、二硫化碳等试剂应储存在密闭容器中，放于低温处。因为人长期吸入其蒸气会引起慢性中毒。硫化氢气体具有恶臭及毒性，应在毒气橱中使用。

四、安全用电

实验室中由于电线、电器设备损坏，或线路安装不妥，或使用不慎，或工作人员缺少用电常识，均易发生触电事故或火灾。实验室中应重视安全用电，一般应注意：

（1）定期检查电线、电器设备有无损坏，绝缘是否良好，电线和接头有无损坏等。

（2）实验室的电器设备应装有地线和保险开关，选用三脚插座。禁止将电线直接插入插座内使用。

（3）使用电器设备时，先应搞清楚使用方法，不可盲目接入电源。

（4）使用烘箱和高温炉时，必须确认自动控制温度装置可靠，同时还需人工定时监测温度，以免温度过高。

（5）不要将电器设备放在潮湿处，禁止用湿手或沾有食盐溶液、无机酸的手去使用电器，也不宜站在潮湿的地方使用电器设备。

（6）修理或更换电器设备前，必须关闭总开关，断开保险丝。

（7）正确操作闸刀开关，使闸刀处于完全合上或完全拉断的位置，不能若即若离，以防接触不良打火花。

（8）电源或电路的保险丝烧断时，应先查明原因，排除故障后再按原负荷换上保险丝。

（9）对电气知识不熟悉者，切不可修理、安装电器设备。

五、安全使用高压气瓶

（一）气瓶内装气体的分类

（1）压缩气体：临界温度低于 – 10 °C 的气体，经高压压缩，仍处于气态者称压缩气体，如氧、氢、氮、空气、氩、氦等。这类气体钢瓶若设计压力大于或等于 12 MPa，称高压气瓶。

（2）液化气体：临界温度≥ – 10 °C 的气体，经高压压缩，转为液态并与其蒸气处于平衡状态者称为液化气体。临界温度在 – 10 ~ 70 °C 的，称高压液化气体。

（3）溶解气体：单纯加高压压缩可产生分解、爆炸等危险性的气体，必须在加高压的同时将其溶解于适当的溶剂中，并由多孔性固体充盛。在 15 °C 以下、压力达 0.2 MPa 以上，称为溶解气体（或称气体溶液），如乙炔。

以上气体按性质又分为剧毒气体，如氟、氯等；易燃气体，如氢、乙炔；助燃气体，如氧、氧化亚氮等；不燃气体，如氮、二氧化氮等。

（二）气瓶的存放与安全使用

（1）气瓶存放在阴凉、干燥、严禁明火、远离热源的房间。除不燃气体外，一律不得进入实验楼内。使用中的气瓶要直立固定。

（2）搬运气瓶要轻拿轻放，防止摔掷、敲击、滚滑或剧烈振动。搬前要戴上安全帽，以防发生事故。钢瓶必须具有 2 个防振圈。乙炔瓶严禁横卧滚动。

（3）气瓶应作技术检验、耐压试验。

（4）易起聚合反应的气体（如乙炔、乙烯等）钢瓶，应在储存期内使用。

（5）高压瓶的减压器要专用，安装时螺扣要上紧，不得漏气。启动高压瓶时操作者应站在气瓶口的侧面，动作要慢，以减少气流摩擦而产生静电。

（6）气瓶内气体不得全部用尽，一般应保持 0.2 ~ 1 MPa 的余压，备充气单位检验时取样及防止其他气体倒灌。

第三章 药物的一般检查技术

第一节 药物的杂质检查技术

一、基本概念

1. 杂　质

杂质是指药物中存在的无治疗作用或影响药物的稳定性和疗效，甚至对人体健康有害的物质。

2.药物的纯度

纯度是指药物的纯净程度。在药物的研究、生产、供应和临床使用等方面，必须保证药物的纯度，才能保证药物的有效和安全。通常可将药物的结构、外观性状、理化常数、杂质检查和含量测定等方面作为一个有联系的整体来表明和评定药物的纯度，所以在药物的质量标准中就规定了药物的纯度要求。药物中含有杂质是影响纯度的主要因素，如药物中含有超过限量的杂质，就有可能使理化常数变动，外观性状产生变异，并影响药物的稳定性；杂质增多也使含量明显偏低或活性降低，毒副作用显著增加。因此，药物的杂质检查是控制药物纯度的一个非常重要的方面，药物的杂质检查也可称为纯度检查。

一般化学试剂不考虑杂质的生理作用，其杂质限量只是从可能引起的化学变化上的影响来规定。故一般情况下不能与临床用药的纯度互相代替。

随着分离检测技术的提高，通过对药物纯度的考察，能进一步发现药物中存在的某些杂质对疗效的影响或其具有的毒副作用。且随着生产原料的改变及生产方法与工艺的改进，对于药物中杂质检查项目或限量要求也有相应的改变或提高。

3. 杂质的来源

药物中的杂质来源主要有两个：一是由生产过程中引入；二是在储藏过

程中受外界条件的影响，引起药物理化性质变化而产生。

由于所用原料不纯或所用原料中有一部分未反应完全，以及反应中间产物与反应副产物的存在，在精制时未能完全除去，都会使产品中存在杂质。储藏过程中在温度、湿度、日光、空气等外界条件影响下，或因微生物的作用，引起药物发生水解、氧化、分解、异构化、晶型转变、聚合、潮解和发霉等变化，也会使药物中产生有关的杂质。杂质的存在不仅使药物的外观性状发生改变，更重要的是降低了药物的稳定性和质量，甚至失去疗效或对人体产生毒害。

药物中的杂质按来源可分为一般杂质和特殊杂质。一般杂质是指在自然界中分布较广，在多种药物的生产和储藏过程中容易引入的杂质，如酸、碱、水分、氯化物、硫酸盐、砷盐、重金属等。特殊杂质是指在个别药物的生产和储藏过程中引入的杂质。

药物中所含杂质按其结构又可分为无机杂质和有机杂质。按其性质还可分为信号杂质和有害杂质，信号杂质本身一般无害，但其含量的多少可反映出药物的纯度水平；有害杂质对人体有害，在质量标准中要加以严格控制。

《药典》中规定的各种杂质检查项目，是指该药品在按既定工艺进行生产和正常储藏过程中可能含有或产生并需要控制的杂质。凡药典未规定检查的杂质，一般不需要检查。对危害人体健康、影响药物稳定性的杂质，必须严格控制其限量。

二、杂质的检查方法

1. 对照法

对照法又叫限量检查法，指取限度量的待检杂质的对照物质配成对照液，另取一定量供试品配成供试品溶液，在相同条件下处理，比较反应结果（比色或比浊）。由于杂质不可能完全除尽，所以在不影响疗效和不产生毒性的原则下，既保证药物质量，又便于制造、储藏和制剂生产，对于药物中可能存在的杂质，允许有一定限量，通常不要求测定其准确含量。

《药典》中规定的杂质检查均为限量（或限度）检查（Limit Test）。杂质限量是指药物中所含杂质的最大容许量。通常用百分之几或百万分之几（ppm，parts per million）来表示。对危害人体健康、影响药物稳定性的杂质，必须严格控制其限量。检查时可用杂质的纯品或对照品在相同条件下来比较。

$$杂质限量 = 杂质最大允许量/供试品量 \times 100\%$$
$$= 标准溶液体积 \times 标准溶液浓度/供试品量 \times 100\%$$

或 $$L = V \times c/S \times 100\%$$

也有部分杂质的检查不用标准液对比，只在一定条件下观察有无正反应出现。

对于一些保持药物稳定性的保存剂或稳定剂，不认为是杂质，但需检查含量是否在允许范围内。

在《药典》检查项下除杂质检查外，还包括有效性、安全性两个方面。有效性试验是指针对某些药物的药效需进行的特定项目检查，如药物的制酸力、吸着力、疏松度、凝冻度、粒度、结晶度等。安全试验是指某些药物需进行异常毒性、热原、降压物质和无菌等项目的检查。

2. 灵敏度法

它是指在供试品溶液中加入试剂，在一定反应条件下，不得有正反应出现，从而判断供试品中所含杂质是否符合限量规定。

3. 比较法

它是指取一定量供试品依法检查，测得待检杂质的吸收度等与规定的限量比较，不得更大。

三、一般杂质及其检查方法

1. 利用物理性质上的差异

臭、味及挥发性、颜色、溶解行为、旋光性质、对光的选择性吸收、吸附或分配。

2. 利用化学性质上的差异

酸碱性、氧化还原性、沉淀反应、颜色反应、产生气体反应、经有机破坏后测定。

（一）氯化物检查法

药物的生产过程中，常用到盐酸或制成盐酸盐形式。氯离子对人体无害，但它能反映药物的纯度及生产过程是否正常，因此氯化物常作为信号杂质检查。

药物中的微量氯化物在硝酸酸性条件下与硝酸银反应，生成氯化银胶体微粒而显白色浑浊，与一定量的标准氯化钠溶液在相同条件下产生的氯化银浑浊程度比较，判定供试品中氯化物是否符合限量规定。

$$Cl^- + Ag^+ = AgCl\downarrow（白）$$

《药典》的检查方法为：除另有规定外，取各药品项下规定量的供试品，加水溶解，定容至 25 mL（溶液如显碱性，可滴加硝酸使成中性），再加稀硝酸 10 mL；溶液如不澄清，应过滤；置 50 mL 纳氏比色管中，加水至 40 mL，摇匀，即得供试液。另取各药品项下规定量的标准氯化钠溶液，置 50 mL 纳氏比色管中，加稀硝酸 10 mL，加水使成 40 mL，摇匀，即得对照溶液。在供试溶液与对照溶液中，分别加入硝酸银试液 1.0 mL，用水稀释至 50 mL，摇匀，在暗处放置 5 min，同置黑色背景上，从比色管上方往下观察，比较，即得。

以上检查方法中，使用的标准氯化钠溶液每 1 mL 相当于 10 μg 的 Cl^-。测定条件下，氯化物浓度以 50 mL 中含 50 ~ 80 μg 的 Cl^-为宜，相当于标准氯化钠溶液 5 ~ 8 mL。此范围内氯化物所显浑浊度明显，便于比较。加硝酸可避免弱酸的银盐如碳酸银、磷酸银及氧化银沉淀的干扰，且可加速氯化银沉淀的生成并产生较好的乳浊。酸度以 50 mL 供试溶液中含稀硝酸 10 mL 为宜。

（二）硫酸盐检查法

微量的硫酸盐杂质，也是一种信号杂质。药物中微量的硫酸盐在稀盐酸酸性条件下与氯化钡反应，生成硫酸钡微粒，显白色浑浊，与一定量标准硫酸钾溶液在相同条件下产生的硫酸钡浑浊程度比较，判定供试品中硫酸盐含量是否符合限量规定。

$$SO_4^{2-} + Ba^{2+} = BaSO_4\downarrow（白）$$

检查方法：取供试品，加水溶解成约 40 mL，置 50 mL 纳氏比色管中，加稀盐酸 2 mL，摇匀即得供试溶液；另取标准硫酸钾溶液，置 50 mL 纳氏比色管中，加水使成约 40 mL，加稀盐酸 2 mL，摇匀即得对照溶液；于供试溶液与对照溶液中分别加入 25%氯化钡溶液 5 mL，用水稀释成 50 mL，摇匀，放置 10 min，比浊。

每 1 mL 标准硫酸钾溶液相当于 100 μg 的 SO_4^{2-}。盐酸可防止碳酸钡或磷酸钡等沉淀的生成，影响比浊。但酸度过大可使硫酸钡溶解，降低检查灵敏度。50 mL 供试液中含 2 mL 稀盐酸为宜。

（三）铁盐检查法

微量铁盐的存在可能会加速药物的氧化和降解。

1. 硫氰酸盐法

铁盐在盐酸酸性溶液中与硫氰酸盐作用生成红色可溶性的硫氰酸铁配离子，与一定量标准铁溶液用同法处理后进行比色。

$$Fe^{3+} + nSCN^- \longrightarrow [Fe(SCN)_n]^{+3-n} \quad (n = 1 \sim 6)$$

2. 巯基醋酸法

英国药典采用巯基醋酸（Mercaptoacetic Acid）法检查药物中的铁盐。巯基醋酸还原 Fe^{3+} 为 Fe^{2+}，在氨碱性溶液中生成红色配离子，与一定量标准铁溶液经同法处理后产生的颜色进行比较。

$$2Fe^{3+} + 2HSCH_2COOH \longrightarrow 2Fe^{2+} + HOOCH_2SSCH_2COOH + 2H^+$$

$$Fe^{2+} + 2HSCH_2COOH \longrightarrow Fe(SCH_2COO)_2 + 2H^+$$

$$Fe(SCH_2COO)_2 + 2OH^- \longrightarrow [Fe(SCH_2COO)_2]^{2-}\text{（红色）} + 2H_2O$$

本法灵敏度较高，但试剂较贵。

（四）重金属检查法

重金属是指在实验条件下能与硫代乙酰胺或硫化钠作用显色的金属杂质。生产中遇到铅的机会较多，且铅又易在人体内积蓄，使其中毒，所以检查时以铅为代表。重金属影响药物的稳定性及安全性。《中国药典（1995 版）》附录中规定了 4 种检查方法：

（1）$Pb^{2+} + H_2S == PbS\downarrow + 2H^+$：适用于溶于水、稀酸和乙醇的药物，为最常用的方法。原理：硫代乙酰胺在弱酸性条件下水解，产生硫化氢，与重金属离子生成黄色到棕黑色的硫化物混悬液，与一定量标准铅溶液经同法处理后所呈颜色比较。适宜比色的范围为 10 ~ 20 μg Pb/35 mL，pH 对显色影响较大。

（2）适用于含芳环、杂环以及不溶于水、稀酸及乙醇的有机药物。重金属可与芳环、杂环形成较牢固的价键，可先炽灼破坏，使重金属游离，再按（1）中方法检查。采用硫酸为有机破坏剂，温度在 500 ~ 600 °C 使完全灰化。所得残渣加硝酸进一步破坏，蒸干。加盐酸转化为易溶于水的氯化物，与对照试验比较。

（3）适用于溶于碱而不溶于稀酸或在稀酸中即生成沉淀的药物。以硫化钠为显色剂，Pb^{2+}与S^{2-}作用生成PbS微粒混悬液，与一定量标准铅溶液经同法处理后所呈颜色比较。硫化钠对玻璃有一定腐蚀性，应临用新制。

（4）微孔滤膜法。适用于含 2～5 μg 重金属杂质及有色供试液的检查。重金属限量低时，用纳氏比色管难以观察，用微孔滤膜过滤，重金属硫化物沉积于滤膜形成色斑，与标准铅斑比较，可提高检查灵敏度。

（五）砷盐检查法

砷为毒性杂质，须严格控制其限量。

1. 古蔡氏法（Gutzeit）

金属锌与酸作用产生新生态氢，与药物中微量砷盐反应生成具有挥发性的砷化氢，遇溴化汞试纸产生黄色至棕色的砷斑，与同条件下一定量标准砷溶液所生成的砷斑比较。

$$AsH_3 + 3HgBr_2 == 3HBr + As(HgBr)_3 \text{（黄色）}$$

2. 二乙基二硫代氨基甲酸银法（Ag-DDC）

不仅可用于限量检查，也可用于微量砷盐的含量测定。金属锌与酸作用产生新生态氢，与微量砷盐反应生成具有挥发性的砷化氢，还原二乙基二硫代氨基甲酸银，产生红色胶态银，与同条件下一定量标准砷溶液所呈色用目视比色法或在 510 nm 波长处测定吸收度，进行比较。本反应为可逆反应。

3. 白田道夫法

本法作为有锑干扰时的补充方法。本法反应灵敏度 20 μg As_2O_3/10 mL，加少量氯化汞可提高到 2 μg As_2O_3/10 mL。氯化亚锡溶液应新鲜配制。

$$2As^{3+} + 3SnCl_2 + 6HCl == 2As\downarrow + 3SnCl_4 + 6H^+$$

（六）硒、氟及硫化物检查法

1. 氧瓶燃烧法（Oxygen Flask Combustion Method）

将有机物放入充满氧气的密闭燃烧瓶中燃烧，产生的组分用吸收液吸收后再选用合适的方法进行鉴别、检查或含量测定。适用于可与环状结构中碳原子以共价键相结合的含卤素、硫、硒等的有机药物，特点是简便、快速、破坏完全，尤其适用于微量样品的分析。

2. 硒检查法

元素状态的硒无毒，但硒化物有剧毒。有机药物用氧瓶燃烧法进行有机破坏，硒成为高价氧化物（SeO_3），被硝酸溶液吸收，再用盐酸羟胺将 Se^{6+} 还原为 Se^{4+}，在 pH 2.0 ± 2 的条件下，加二氨基萘试液反应 100 min，生成 4, 5-苯并硒二唑（4, 5-Benzopiazselenol），用环己烷提取后在 378 nm 波长处测定吸收度，应不得大于对照液的吸收度。

3. 氟检查法

用于检查有机氟化物中氟的含量。有机氟经氧瓶燃烧分解产生氟化氢，用水吸收，另在 pH 4.3 时茜素氟蓝与硝酸亚铈以 1∶1 结合成红色配位化合物，当有 F^- 存在时，三者以 1∶1∶1 结合成蓝紫色配位化合物，在暗处放置 1 h，置 2 cm 吸收池中，于 610 nm 波长处测定吸收度，并用空白试验进行校正。根据氟对照液在相同显色条件下所得吸收度，计算有机氟化物中氟的含量。

4. 硫化物检查法

硫化物与盐酸作用产生硫化氢气体,遇醋酸铅试纸产生棕色的硫化铅“硫斑”，与一定量标准硫化钠溶液在相同条件下生成的硫斑比较。

（七）酸碱度检查法

1. 酸碱滴定法

在一定指示剂下，用酸或碱滴定供试品溶液中的碱性或酸性杂质，以消耗酸或碱滴定液的体积（单位：mL）作为限度指标。

2. 指示液法

将一定量指示液的变色 pH 范围作为供试液中酸碱性杂质的限度指标。

3. pH 测定法

用电位法测定供试品溶液的 pH，衡量其酸碱性杂质是否符合限量规定。

（八）澄清度检查法

检查药品溶液中的微量不溶性杂质。可利用硫酸肼与乌洛托品（六次甲基四胺）反应制备浊度标准液。多数澄清度检查以水为溶剂，有时也用酸、碱或有机溶剂作为溶剂。

此外,《药典》规定了“注射液中不溶性微粒检查法”，采用微孔滤膜-

显微镜计数法检查供静脉滴注用的注射液中的不溶性微粒。此微粒指注射液中可移动的不溶性外来物质，进入血管能引起血管肉芽肿、静脉炎、血栓及血小板减少，对心肌、肝、肾也有损害。

（九）溶液颜色检查法

1. 目视比色法

取一定量供试品，加水溶解，置纳氏比色管中，加水稀释至 10 mL，溶液呈现的颜色与规定色调色号的标准比色液比较，不得更深。色泽较浅时，在白背景上自上而下透视；色泽较深时，白背景前平视观察。

2. 分光光度法

测定吸收度更能反映溶液颜色的变化。一般制成水溶液于规定波长处测定吸收度，不得超过规定值。

供制备注射用的原料药物往往既检查澄清度又检查溶液颜色。

（十）易炭化物检查法

易炭化物指药品中夹杂的遇硫酸易炭化或易氧化而呈色的有机杂质。于比色管中将一定量供试品分次缓缓加入 5 mL 硫酸中，振摇溶解后，静置 15 min，溶液呈现的颜色与规定的对照液比较，不得更深。

（十一）炽灼残渣检查法

有机药物经炭化或无机药物加热分解后，加硫酸湿润，先低温再高温至 700 ~ 800 °C 炽灼，使完全灰化，有机物分解挥发，残留的非挥发性无机杂质成为硫酸盐，称为炽灼残渣（BP 称硫酸灰分），称量，判断是否符合限量规定。

（十二）干燥失重测定法

干燥失重是指药品在规定的条件下，经干燥后所减少的质量，以百分率表示。主要指水分，也包括其他挥发性物质。

1. 常压恒温干燥法

适用于受热较稳定的药物。将供试品置相同条件下已干燥、质量恒定的扁形称瓶中，于烘箱内在规定温度下干燥至质量恒定（两次干燥或炽灼后的质量差在 0.3 mg 以下），从减少的质量和取样量计算供试品的干燥失重。干燥温度一般为 105 °C。

2. 干燥剂干燥法

适用于受热分解且易挥发的供试品。将供试品置干燥器中，利用干燥器内的干燥剂吸收水分质量至恒定。常用的干燥剂有硅胶、硫酸和五氧化二磷。

3. 减压干燥法

适用于熔点低、受热不稳定及难赶除水分的药物。在减压条件下，可降低干燥温度和缩短干燥时间。减压后的压力在 2.67 kPa（20 mmHg）以下。

（十三）水分测定法

药品中的水包括结晶水和吸附水。《中国药典》采用费休氏法和甲苯法测定。费休氏水分测定法又叫卡尔-费休氏（Karl Fischer）水分滴定法，操作简便、专属性强、准确度高，适用于受热易被破坏的药物，属非水氧化还原滴定反应。采用的标准滴定液称费休氏试液，是由碘、二氧化硫、吡啶和甲醇按一定比例组成。反应需一定量水分参加。

$$I_2 + SO_2 + H_2O == 2HI + SO_3$$

上述反应可逆，加无水吡啶能定量吸收 HI 和 SO_3，形成氢碘酸吡啶和硫酸酐吡啶。硫酸酐吡啶不稳定，加入无水甲醇使其转变成稳定的甲基硫酸吡啶。

四、特殊杂质检查

特殊杂质是指在该药物的生产和储存过程中，根据药物的性质、生产方式和工艺条件，有可能引入的杂质。这类杂质随药物的不同而异。由于特殊杂质多种多样，检查方法各异，故一般将其分成四大类。

（一）物理法

利用药物与杂质在嗅、味、挥发性、颜色、溶解及旋光性等上的差异，检查所含杂质是否符合限量规定。

（二）化学反应法

利用化学性质上的差异，酸碱性、氧化还原性、沉淀反应、颜色反应、产生气体反应、经有机破坏后测定。

1. 容量分析方法

利用药物与杂质在酸碱性及氧化还原性等方面的差异，用标准溶液滴定来测定杂质含量。

2. 质量分析方法

在一定实验条件下测定遗留物质量。

3. 比色法和比浊法

利用杂质特有的呈色反应（比色法）和沉淀反应（比浊法）与标准对照。

（三）色谱法

1. 纸色谱法（Paper Chromatography，PC）

取一定量供试品溶液、杂质限量对照品溶液，于同一色谱滤纸上点样，展开，检出后，比较杂质斑点的个数、颜色深浅或荧光强度等。通常用于极性较大的药物或放射性药物的检查。该法的缺点是展开时间长、斑点较为扩散、不能用强酸等腐蚀性显色剂。

2、薄层色谱法（Thin Layer Chromatography，TLC）

薄层色谱，或称薄层层析，是以涂布于支持板上的支持物作为固定相，以合适的溶剂为流动相，对混合样品进行分离、鉴定和定量分析的一种层析分离技术（图 3.1）。这是一种快速分离诸如脂肪酸、类固醇、氨基酸、核苷酸、生物碱及其他多种物质的特别有效的层析方法，从 20 世纪 50 年代发展起来至今，仍被广泛采用。

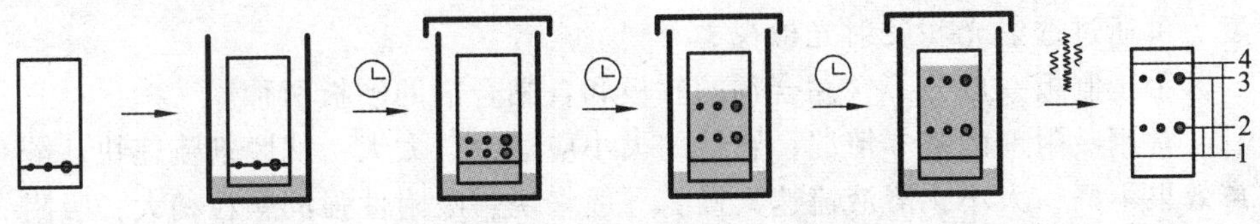

图 3.1　薄层色谱法的一般流程

（1）仪器与材料。

① 载板：用以涂布薄层用的载板有玻璃板、铝箔及塑料板。对薄层板的要求是：需要有一定的机械强度及化学惰性，且厚度均匀、表面平整，因此玻璃板是最常用的。载板可以有不同规格，但最大不得超过 20 cm × 20 cm，

玻璃板在使用前必须洗净、干燥备用。玻璃板除另有规定外，用 5 cm × 20 cm，10 cm × 20 cm 或 20 cm × 20 cm 的规格，要求光滑、平整，洗净后不附水珠，晾干。

② 固定相（吸附剂）或载体：一般用薄层层析硅胶。薄层层析硅胶最常用的有硅胶 G、硅胶 GF、硅胶 H，其次有硅藻土、硅藻土 G、氧化铝、氧化铝 G、微晶纤维素、微晶纤维素 F 等。其颗粒大小，一般要求直径为 10 ~ 40 μm。薄层涂布，一般可分无黏合剂和含黏合剂两种，前者是将固定相直接涂布于玻璃板上，后者是在固定相中加入一定量的黏合剂。一般常用 10% ~ 15% 煅石膏（$CaSO_4 \cdot 2H_2O$ 在 140 °C 烘 4 h），混匀后加适量水使用；或用适量的羧甲基纤维素钠水溶液（0.5% ~ 0.7%）调成糊状，均匀涂布于玻璃板上。也有含一定固定相或缓冲液的薄层。

③ 涂布器：应能使固定相或载体在玻璃板上涂成一层符合厚度要求的均匀薄层。

④ 点样器：定性：内径为 0.5 mm、管口平整的普通毛细管。定量：微量注射器。

点样直径不超过 5 mm，点样距离一般为 1 ~ 1.5 cm 即可。

⑤ 展开室：应使用适合载板大小的玻璃制薄层色谱展开缸，并有严密的盖子。除另有规定外，底部应平整光滑，便于观察。

（2）操作。

① 薄层板制备。

除另有规定外，将 1 份固定相和 3 份水在研钵中向一方向研磨混合，去除表面的气泡后，倒入涂布器中，在玻璃板上平稳地移动涂布器进行涂布（厚度为 0.2 ~ 0.3 mm），取下涂好薄层的玻璃板，置水平台上于室温下晾干，后在 110 °C 烘 30 min，即存放于有干燥剂的干燥箱中备用。使用前检查其均匀度（可通过透射光和反射光检视）。

手工制板一般分不含黏合剂的软板和含黏合剂的硬板两种。

常用吸附剂的基本情况：颗粒的大小应适中，太大，洗脱剂流速快，分离效果不好，太小，溶液流速太慢。一般来说，吸附性强的颗粒稍大，吸附性弱的颗粒稍小。氧化铝一般在 100 ~ 150 目。氧化铝分为碱性氧化铝，适用于碳氢化合物、生物碱及碱性化合物的分离，一般适用于 pH 为 9 ~ 10 的环境；中性氧化铝适用于醛、酮、醌、酯等 pH 约为 7.5 的中性物质的分离，酸性氧化铝适用于 pH4 ~ 4.5 的酸性有机酸类的分离。氧化铝、硅胶根据活性可分为五个级，一级活性最高，五级最低。

黏合剂及添加剂：为了使固定相（吸附剂）牢固地附着在载板上以增加薄层的机械强度，有利于操作，需要时在吸附剂中加入合适的黏合剂：有时为了特殊的分离或检出需要，要在固定相中加入某些添加剂。

薄层板的活化：硅胶板于 105 ~ 116 °C 烘 30 min，氧化铝板于 150 ~ 160 °C 烘 4 h，可得活性的薄层板。

② 点样（图 3.2）。

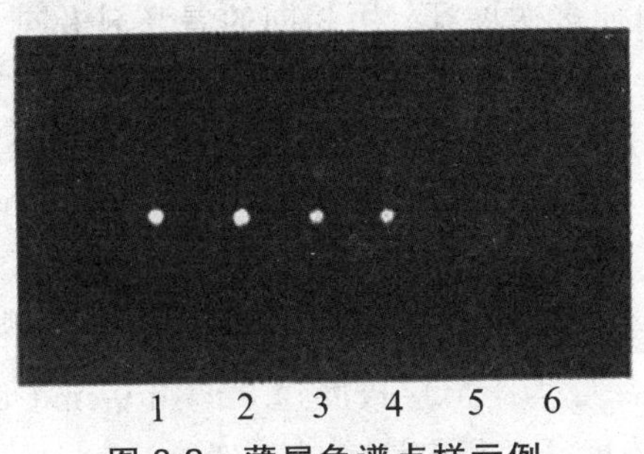

图 3.2　薄层色谱点样示例

除另有规定外，用点样器点样于薄层板上，一般为圆点，点样基线距底边 2.0 cm，点样直径不超过 5 mm，点间距离可视斑点扩散情况以不影响检出为宜。一般为 1 ~ 1.5 cm 即可。点样时必须注意勿损伤薄层表面。点样方式有点状点样和带状点样。

若样品在溶剂中的溶解度很大，原点将呈空心环——环形色谱效应。因此，配制样品溶液时应选择对组分溶解度相对较小的溶剂。

③ 展开（图 3.3）。

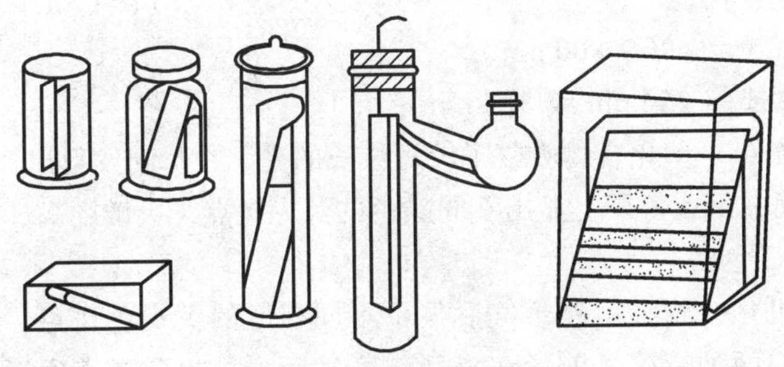

图 3.3　薄层色谱的展开

展开剂也称溶剂系统，流动剂或洗脱剂，是在平面色谱中用作流动相的液体。展开剂的主要任务是溶解被分离的物质，在吸附剂薄层上转移被分离物质，使各组分的 R_f 值在 0.2 ~ 0.8 之间，并对被分离物质要有适当的选择性。

作为展开剂的溶剂应满足以下要求：适当的纯度、适当的稳定性、低黏度、线性分配等温线、很低或很高的蒸气压以及尽可能低的毒性。

展开方式：总的来讲平面色谱的展开有线性、环形及向心 3 种几何形式。

a. 单次展开：用同一种展开剂一个方向展开一次，这种方式在平面色谱中应用最为广泛（垂直上行展开、垂直下行展开、一向水平展开、对向水平展开）。

b. 多次展开：单向多次展开，用相同的展开剂沿同一方向进行相同距离的重复展开，直至分离满意。此法广泛应用于薄层色谱。

c. 双向展开：用于成分较多、性质比较接近的难分离组分的分离。

薄层展开的展开室如需预先用展开剂饱和，可在室中加入足够量的展开剂，并在壁上贴两条与室一样高、宽的滤纸条，一端浸入展开剂中，密封室顶的盖，使系统平衡或按规定操作。将点好样品的薄层板放入展开室的展开剂中，浸入展开剂的深度为距薄层板底边 0.5 ~ 1.0 cm（切勿将样点浸入展开剂中），密封室盖，待展开至规定距离（一般为 10 ~ 15 cm），取出薄层板，晾干，按各品种项下的规定检测。

影响展开的因素有如下几种：

a. 相对湿度。

b. 溶剂蒸气（展开室的饱和；预吸附）。

c. 温度。

d. 展距的影响：分离度正比与展距的平方根。

④ 显色。

a. 光学检出法。

（a）自然光（400 ~ 800 nm）；

（b）紫外光（254 nm 或 365 nm）；

（c）荧光：一些化合物吸收了较短波长的光，在瞬间发射出比照射光波长更长的光，而在纸或薄层上显出不同颜色的荧光斑点（灵敏度高、专属性高）。

b. 蒸气显色法。

多数有机化合物吸附碘蒸气后显示不同程度的黄褐色斑点，这种反应有可逆及不可逆两种情况，前者在离开碘蒸气后，黄褐色斑点逐渐消褪，并且不会改变化合物的性质，且灵敏度也很高，故是定位时常用的方法；后者是由于化合物被碘蒸气氧化、脱氢增强了共轭体系，因此在紫外光下可以发出强烈而稳定的荧光，对定性及定量分析都非常有利，但是制备薄层色谱时要注意被分离的化合物是否改变了原来的性质。

c. 物理显色法。

用紫外光照射分离后的纸色谱或薄层色谱，使化合物产生光加成、光分解、光氧化还原及光异构等光化学反应，导致物质结构发生某些变化，如形成荧光发射功能团，发生荧光增强或淬灭及荧光物质的激发或发射波长发生移动等现象，从而提高分析的灵敏度和选择性。

d. 试剂显色法。

这是一种广泛应用的定位方法。用于纸色谱的显色剂一般都适用于薄层色谱，含有防腐剂的显色剂不适合用于纸色谱及含有有机黏合剂薄层色谱的显色，喷显色剂后继续加热，也不适合用于纸色谱。

显色方法：（a）喷雾显色：显色剂溶液以气溶胶的形式均匀地喷洒在纸色谱或薄层色谱上。（b）浸渍显色：挥发除去展开剂的薄层板，垂直插入盛有展开剂的浸渍槽中，设定浸板及抽出速度和规定在显色剂中浸渍的时间。

显色试剂：

（a）通用显色剂：硫酸溶液（硫酸与水或硫酸与乙醇 1∶1）、0.5%碘的氯仿溶液、0.05%中性高锰酸钾溶液、碱性高锰酸钾溶液（还原性化合物在淡红色背景上显黄色斑点）。

（b）专属显色剂。

⑤ 测定比移值。

在一定的色谱条件下，特定化合物的 R_f 值是一个常数，因此有可能根据化合物的 R_f 值鉴定化合物。

⑥ 薄层扫描。

薄层扫描法指用一定波长的光照射在经薄层层析后的层析板上，对具有吸收或能产生荧光的层析斑点进行扫描，用反射法或透射法测定吸收的强度，以检测层析谱。对于中成药复方制剂，也可用相应的原药材按需要组合作阴、阳对照，然后比较其薄层扫描图谱，加以鉴别。使用仪器为薄层扫描仪。

如需用薄层扫描仪对色谱斑点进行扫描检出，或直接在薄层上对色谱斑点进行扫描定量，则可用薄层扫描法。薄层扫描的方法，除另有规定外，可根据各种薄层扫描仪的结构特点及使用说明，结合具体情况，选择吸收法或荧光法，用双波长或单波长扫描。由于影响薄层扫描结果的因素很多，故应在保证供试品的斑点在一定浓度范围内呈线性的情况下，将供试品与对照品在同一块薄层板上展开后扫描，进行比较并计算定量，以减少误差。各种供试品，只有得到分离度和重现性好的薄层色谱，才能获得满意的结果。

第二节　药物物理常数的测定

一、相对密度的测定

相对密度指在相同的温度、压力条件下，某物质的密度与水的密度之比。除另有规定外，温度为 20 °C。纯物质的相对密度在特定的条件下为不变的常数。但如果物质的纯度不够，则其相对密度的测定值会随着纯度的变化而改变。因此，测定药品的相对密度，可用以检查药品的纯度。液体药品的相对密度，一般用比重瓶测定；测定易挥发液体的相对密度，可用韦氏比重秤。用比重瓶测定时，环境（指比重瓶和天平的放置环境）温度应略低于 20 °C或各品种项下规定的温度。

1. 比重瓶法

（1）取洁净、干燥并精密称定质量的比重瓶，装满供试品（温度应低于 20 °C 或各品种项下规定的温度）后，装上温度计（瓶中应无气泡），置 20 °C（或各品种项下规定的温度）的水浴中放置若干分钟，使内容物的温度达到 20 °C（或各品种项下规定的温度），用滤纸除去溢出侧管的液体，立即盖上罩。然后将比重瓶自水浴中取出，再用滤纸将比重瓶的外壁擦净，精密称定，减去比重瓶的质量，求得供试品的质量后，将供试品倾去，洗净比重瓶，装满新沸过的冷水，再照上法测得同一温度时水的质量，按下式计算：

供试品的相对密度 = 供试品质量/水质量

（2）取洁净、干燥并精密称定质量的比重瓶，装满供试品（温度应低于 20 °C 或各品种项下规定的温度）后，插入中心有毛细孔的瓶塞，用滤纸将从塞孔溢出的液体擦干，置 20 °C（或各品种项下规定的温度）恒温水浴中，放置若干分钟，随着供试液温度的上升，过多的液体将不断从塞孔溢出，随时用滤纸将瓶塞顶端擦干，待液体不再由塞孔溢出，迅速将比重瓶自水浴中取出，照上述方法（1），自“再用滤纸将比重瓶的外壁擦净”起，依法测定，即得。

2. 韦氏比重秤法

取 20 °C 时相对密度为 1 的韦氏比重秤，用新沸过的冷水将所附玻璃圆筒装至八分满，置 20 °C（或各品种项下规定的温度）的水浴中，搅动玻璃圆筒内的水，调节温度至 20 °C（或各品种项下规定的温度），将悬于秤端的玻璃锤浸入圆筒内的水中，秤臂右端悬挂游码于 1.000 0 处，调节秤臂左端平衡用的螺旋使之平衡，然后将玻璃圆筒内的水倾去，拭干，装入供试液至相同的高度，并用同法调节温度后，再把拭干的玻璃锤浸入供试液中，调节秤臂上游码的数量与位置使之平衡，读取数值，即得供试品的相对密度。如，该比重秤在 4 °C 时相对密度为 1，则用水校准时游码应悬挂于 0.998 2 处，并应将在 20 °C 时测得的供试品相对密度除以 0.998 2。

二、熔点的测定

熔点——纯品从固态转化为液态的温度。

熔程——样品初熔到全熔的温度范围。

熔点的测定方法：根据物质性质不同，《中国药典》（2000 版）规定测定熔点的方法有 3 种：① 易粉碎固体药品的测定方法；② 不易粉碎固体药品的测定方法；③ 半固体药品的测定方法。

1. 测定易粉碎的固体药品

取供试品适量，研成细粉，除另有规定外，应按照各药品项下干燥失重的条件进行干燥。若该药品为不检查干燥失重、熔点范围低限在 135 °C 以上、受热不分解的供试品，可采用 105 °C 干燥；熔点在 135 °C 以下或受热分解的供试品，可在五氧化二磷干燥器中干燥过夜或用其他适宜的干燥方法干燥，如恒温减压干燥。分取供试品适量，置于熔点测定用毛细管（简称毛细管，由中性硬质玻璃管制成，长 9 cm 以上，内径 0.9 ~ 1.1 mm，壁厚 0.10 ~ 0.15 mm，一端熔封；当所用温度计浸入传温液在 6 cm 以上时，管长应适当增加，使露出液面 3 cm 以上）中，轻击管壁或借助长短适宜的洁净玻璃管，垂直放在表面皿或其他适宜的硬质物体上，将毛细管自上口放入使其自由下落，反复数次，使粉末紧密集结在毛细管的熔封端。装入供试品的高度为 3 mm。另将温度计（分浸型，具有 0.5 °C 刻度，经熔点测定用对照品校正）放入盛装传温液（熔点在 80 °C 以下者，用水；熔点在 80 °C 以上者，用硅油或液状石蜡）的容器中，使温度计汞球部的底端与容器底部距离 2.5 cm 以上（用内加热的容器，温度计汞球与加热器上表面距离 2.5 cm 以上）；加入传温液以使传温液受热后的液面处在温度计的分浸线处。将传温液加热，待温度上升至比规定的熔点低限约低 10 °C 时，将装有供试品的毛细管浸入传温液，贴附在温度计上（可用橡皮圈或毛细管夹固定），位置须使毛细管的内容物部分处在温度计汞球中部；继续加热，调节升温速率为 1.0 ~ 1.5 °C/min，加热时须不断搅拌使传温液温度保持均匀，记录供试品在初熔至全熔时的温度。重复测定 3 次，取其平均值，即得。

2. 测定不易粉碎的固体药品（如脂肪、脂肪酸、石蜡、羊毛脂等）

取供试品，注意用尽可能低的温度熔融后，吸入两端开口的毛细管（同第一法，但管端不熔封）中，使高达约 10 mm。在 10 °C 或 10 °C 以下的冷处静置 24 h，或置冰上放冷不少于 2 h，凝固后用橡皮圈将毛细管紧缚在温度计（同第一法）上，使毛细管的内容物部分处在温度计汞球中部。照第一法将毛细管连同温度计浸入传温液中，供试品的上端应处在传温液液面下约 10 mm 处；小心加热，待温度上升至比规定的熔点低限低约 5 °C 时，调节升温速率使其不超过 0.5 °C/min，至供试品在毛细管中开始上升时，检读温度计上显示的温度，即得。

3. 测定凡士林或其他类似物质

取供试品适量，缓缓搅拌并加热至温度达 90 ~ 92 °C 时，放入一平底耐热容器中，使供试品厚度达到（12 ± 1）mm，放冷至比规定的熔点上限高 8 ~ 10 °C；取刻度为 0.2 °C、水银球长 18 ~ 28 mm、直径 5 ~ 6 mm 的温度计（其上部预先套上软木塞，在塞子边缘开一小槽），使冷至 5 °C 后，擦干并小心地将温度计汞球部垂直插入上述熔融的供试品中，直至碰到容器的底部（浸没 12 mm），随即取出，直立悬置，待黏附在温度计球部的供试品表面浑浊，将温度计浸入 16 °C 以下的水中 5 min，取出，再将温度计插入一外径约 25 mm、长 150 mm 的试管中，塞紧，使温度计悬于其中，并使温度计球部的底端距试管底部约为 15 mm；将试管浸入约 16 °C 的水浴中，调节试管的高度使温度计上分浸线同水面相平；加热使水浴温度以 2 °C/min 的速率升至 38 °C，再以 1 °C/min 的速率升温至供试品的第一滴脱离温度计为止；检读温度计上显示的温度，即可作为供试品的近似熔点。再取供试品，照前法反复测定数次：如前后 3 次测得的熔点相差不超过 1 °C，可取 3 次的平均值作为供试品的熔点；如 3 次测得的熔点相差超过 1 °C 时，可再测定 2 次，并取 5 次的平均值作为供试品的熔点。

注意事项：“初熔”指供试品在毛细管内开始局部液化，出现明显液滴时的温度。“全熔”指供试品全部液化时的温度。

测定熔融同时分解的供试品时，方法如上述，但调节升温速率使其为

2.5 ~ 3.0 °C/min；供试品开始局部液化（或开始产生气泡）时的温度作为初熔温度；供试品固相消失全部液化时的温度作为全熔温度。遇有固相消失不明显时，应以供试品分解物开始膨胀上升时的温度作为全熔温度。某些药品无法分辨其初熔、全熔时，可以其发生突变时的温度作为熔点。

其中，需注意的是：

（1）毛细管内径及装样应符合要求；

（2）温度计应经过校正；

（3）按《药典》的规定选择传热介质。

三、旋光度测定法

旋光度测定法，是利用平面偏振光通过含有某些光学活性物质（如具有不对称碳原子的化合物）的液体或溶液时发生的旋光现象来测量药物或检查药物的纯杂程度的方法，也可用来测定含量。主要用于：药物鉴别、杂质检查和含量测定。

（一）定　义

偏振光透过长 1 dm、每 1 mL 中含有旋光性物质 1 g 的溶液，在一定波长与温度下测得的旋光度称为比旋光度。测定比旋光度（或旋光度）可以区别或检查某些药品的纯杂程度，也可用以测定含量。

（二）原　理

当一单色光（钠光谱的 D 线，即 589.3 nm）通过起偏镜产生直线偏振光向前进行，当通过装有含有某些光学活性（即旋光性）化合物液体的测定管时，偏振光的平面（偏振面）就会向左或向右旋转一定的角度，即该旋光性物质的旋光度。其值可以从自动示数盘上直接读出。

对液体供试品　$[\alpha]_t^{\mathrm{D}} = \dfrac{A}{Ld}$

对固体供试品　$[\alpha]_t^{\mathrm{D}} = \dfrac{100\alpha}{Lc}$

式中　$[\alpha]_t^{\mathrm{D}}$——比旋度；

D——钠光谱的 D 线；

t——测定时的温度；

l——测定管长度，dm；

α——测得的旋光度；

d——液体的相对密度；

c——每 100 mL 溶液中含有被测物质的质量，g（按干燥品或无水物计算）。

（三）测定方法

（1）打开稳压电源开关，稍等片刻，待电压表指针稳定地指示在 220 V 处。

（2）打开旋光仪电源开关，经 5 min 钠光灯发光稳定后再工作。

（3）合上直流开关，若直流开关合上后，灯熄灭，则再将直流开关上下重复扳动 1～2 次，使钠灯在直流下点亮为正常。

（4）将测定管用供试品所用的溶剂冲洗 3～4 次，缓缓注入适量溶剂。

（5）测定管中若有气泡，应先将气泡浮在凸颈处，通光面两端的雾状液滴应用擦镜纸揩干。

（6）测定管螺帽不宜旋得过紧，以免产生应力，影响读数。

（7）将测定管放入样品室，测定管安放时，应注意标记的位置和方向，盖上箱盖。

（8）打开“示数”开关，调节零位手轮，使旋光示值为零。

（9）取出测定管，将空白溶液倒出，用供试品溶液冲洗 3～4 次，将供试品溶液缓缓注入测定管，用擦镜纸擦净测定管，特别要擦净两端的通光面，按相同的位置和方向正确地放入样品室内，盖好箱盖。

（10）示数盘将转出该样品的旋光度。示数盘上红色示值为左旋（－），黑色示值为右旋（＋）。

（11）逐次按下复测按钮，重复读取旋光度 3 次，取 3 次的平均值作为测定结果。

（12）如果样品的旋光度值超过测量范围，仪器在 ±45°处自动停止，此时取出测定管，按一下复测按钮开关，仪器即转回零位。

（13）钠灯在直流供电系统出现故障不能使用时，仪器也可在钠灯交流供电的情况下测试，但仪器的性能可能略有降低。

（14）测定完毕后，取出测定管，将测定管用纯化水洗净、晾干，防尘保存。

（15）关闭“示数”开关，示数盘复原。

（16）关闭“直流”及“电源”开关。

（17）关闭稳压电源开关，关闭总电源开关。

（18）罩好防尘罩，填写操作记录。

（四）注意事项

（1）用钠光谱的 D 线（589.3 nm）测定旋光度，除另有规定外，测定管长度为 1 dm（如使用其他管长，应进行换算），测定温度为 20 °C。

（2）配制溶液及测定时，均应调节温度至（20 ± 0.5）°C（或各药品项下规定的温度）。

（3）供试的液体或固体物质的溶液应不显浑浊或含有混悬的小粒。如有上述情况，应预先过滤，并弃去初滤液。

（4）每次测定前应以溶剂作空白校正，测定后再校正 1 次，以确定在测定时零点有无变动，如第 2 次校正时发现零点有变动，则应重新测定旋光度。

（5）测定供试品与空白校正，应按相同的位置和方向放置测定管于仪器样品室，并注意测定管内不应有气泡，否则会影响测定的准确度。

（6）测定管使用后，尤其在盛放有机溶剂后，必须立即洗净，以免橡皮圈受损发黏。测定管每次洗涤后，切不可置烘箱中干燥，以免发生变形，橡皮圈发黏。

（7）测定管两端的通光面，使用时须特别小心，避免碰撞和触摸，只能以擦镜纸揩拭，以防磨损。应保护其光亮、清洁，否则影响测定结果。

（8）测定管螺帽不宜旋得过紧，以免产生应力，影响读数。

（9）钠灯使用时间一般勿连续使用超过 2 h，并不宜经常开关。当关熄钠灯后，如果要继续使用，应等钠灯冷后再开。

（10）仪器应放置在干燥通风处，防止潮气侵蚀，镇流器应注意散热。搬动仪器应小心轻放，避免震动。

（11）光源积灰或损坏，可打开机壳擦净或更换。

（12）机械部分摩擦阻力增大，可以打开后门板，在伞形齿轮、蜗轮蜗杆处加稍许钟油。

（13）如果发现仪器停转或其他元件损坏的故障，应按电原理图详细检查。

（五）旋光度测定法的应用

旋光度测定法的应用主要包括以下几个方面：

1. 药物鉴别

具有旋光性的药物，在“性状”项下，一般都收载有“比旋度”的检验项目。测定比旋度值可用来鉴别药物或判断药物的纯杂程度。《中国药典》要求测定比旋度的药物很多，如肾上腺素、硫酸奎宁、葡萄糖、丁溴东莨菪碱、头孢噻吩钠等。

2. 杂质检查

具有光学异构体的药物，一般具有相同的理化性质，但其旋光性能不同，一般有左旋体、右旋体和消旋体之分，通过测定药物中杂质的旋光度，可以对药物的纯度进行检查。

3. 含量测定

具有旋光性的药物，特别是在无其他更好的方法测定其含量时，可采用旋光度法测定。《中国药典》采用旋光度法测定含量的药物有葡萄糖注射液、葡萄糖氯化钠注射液、右旋糖酐氯化钠注射液、右旋糖酐葡萄糖注射液等。

四、折光率测定法

仪器：阿贝折光仪。

测定方法：测定折光率使用折光仪，常用阿贝折光仪。由于折光率与温度有关，故阿贝折光仪还装有保温层，可通入一定温度的水以保持温度恒定。阿贝折光仪的读数范围为 1.3 ~ 1.7，能读数至 0.000 1。

五、黏度测定法

黏度定义：流体对流体的阻抗能力，根据流体的性质不同，《中国药典》中有关黏度的测定涉及以下 3 种。

动力黏度：① 仪器：旋转黏度计；② 测定：直接读数；③ 单位：厘泊，Pa · s。

运动黏度：① 仪器：平氏黏度计；② 测定：样品在黏度计通过时间，s（秒）；③ 计算：$\eta = k \cdot s$。

特性黏度：① 仪器：乌氏黏度计；② 测定：溶剂和样品溶液在黏度计中的流出时间 T_0 和 T_η。

第四章 兽药制剂的常规检查技术

第一节 片剂质量差异检查

一、仪器设备

分析天平：感量 0.1 mg（适用于平均片重 0.30 g 以下的片剂）或感量 1 mg（适用于平均片重 0.30 g 或 0.30 g 以上的片剂），扁形称量瓶、弯头和平头手术镊。

二、检查方法

（1）取空称量瓶，精密称定质量；再取供试品 20 片，置此称量瓶中，精密称定。两次称量值之差即为 20 片供试品的总质量，除以 20，得平均片重（*m*）。

（2）从已称定总质量的 20 片供试品中，依次用镊子取出 1 片，分别精密称定质量，得各片质量（凡无含量测定的片剂，每片质量应与标示片重相比较）。

（3）质量差异限度规定（表 4.1）

表 4.1 片剂质量差异限度

片剂平均质量	质量差异限度（%）
0.3 g 以下	± 7.5
0.3 g 以上，1.0 g 以下	± 5.0
1.0 g 或 1.0 g 以上	± 2.0

三、记录与计算

（1）记录分析天平的型号，记录称量室的温度与湿度。

（2）记录 20 片的总质量，记录每片的质量，记录超出限度的数据。

（3）求出平均片重（m），保留 3 位有效数字。

（4）计算 20 片的平均片重，根据平均片重和质量差异限度规定，计算出允许差异的限度范围（$m \pm m \times$ 质量差异限度）。

（5）计算超出限度范围的片数及超出数据。遇有超出允许片重范围并处于边缘者，应再与平均片重相比较，计算出该片质量差异的百分率，再根据表 4.1 规定的质量差异限度作为判定依据（避免在计算允许装量范围时受数值修约的影响）。

四、结果判断

（1）20 片中超出质量差异限度的不多于 2 片，但均未超出限度 1 倍的，判为符合规定。

（2）20 片中超出质量差异限度的多于 2 片，判为不符合规定。

（3）20 片中有 1 片超出质量差异限度且超出限度 1 倍的，判为不符合规定。

生产过程中在压片车间里往往采用表 4.2 所述严格的质量差异控制法，即在压片时每隔一定时间抽样检查 1 次，检查抽取片数的总量应在规定限度以内。

表 4.2　不同质量片剂抽取的片数和误差限度

片重（g）	抽取片数	误差限度（mg）
0.1 以下	40	±60
0.1～0.29	20	±40
0.3～0.49	10	±50
0.5 以上	10	±100

第二节　崩解时限检查

崩解是指口服固体制剂在检查时限内全部崩解溶散，并通过筛网（不溶性包衣材料或破碎的胶囊壳除外）。本法用于检查固体制剂在规定条件下的崩解情况。凡规定检查溶出度、释放度或融变时限的制剂，不再进行崩解时限检查。

一、仪器设备

采用升降式崩解仪，主要结构包括一能升降的金属支架与下端镶有筛网的吊篮，并附有挡板。

升降的金属支架：上下移动距离为（55 ± 2）mm，往返频率为每分钟30 ~ 32 次。

吊篮：玻璃管 6 根，管长（77.5 ± 2.5）mm；内径 21.5 mm，壁厚 2 mm；透明塑料板 2 块，直径 90 mm，厚 6 mm，板面有 6 个孔，孔径 26 mm；不锈钢板 1 块（放在上面一块塑料板上），直径 90 mm，厚 1 mm，板面有 6 个孔，孔径 22 mm；不锈钢丝筛网 1 张（放在下面一块塑料板下），直径 90 mm，筛孔内径 2.0 mm；不锈钢轴 1 根（固定在上面一块塑料板与不锈钢板上），长 80 mm。

将上述玻璃管 6 根垂直于 2 块塑料板的孔中，并用 3 只螺丝将不锈钢板、塑料板和不锈钢丝筛网固定，即得。

挡板：一平整光滑的透明塑料块，相对密度 1.18 ~ 1.20，直径（20.7 ± 0.15）mm，厚（9.5 ± 0.15）mm；挡板共有 5 个孔，孔径 2 mm，中央 1 个孔，其余 4 个孔距中心 6 mm，各孔间距相等；挡板侧边有 4 个等距离的 V 形槽，V 形槽上端宽 9.5 mm，深 2.55 mm，底部开口处的宽与深度均为 1.6 mm。

二、检查方法

将吊篮通过上端的不锈钢轴悬挂于金属支架上，浸入 1 000 mL 烧杯中，并调节吊篮位置使其下降时筛网距烧杯底部 25 mm，烧杯内盛有温度为（37 ± 1）°C 的水，调节水位高度使吊篮上升时筛网在水面下 15 mm 处。

三、结果判断

除另有规定外，取药片 6 片，分别置上述吊篮的玻璃管中，加挡板，启动崩解仪进行检查，药材原粉片各片均应在 30 min 内全部崩解；浸膏（半浸膏）片、糖衣片各片均应在 1 h 内全部崩解。如有 1 片不能完全崩解，应另取 6 片复试，均应符合规定。

如果供试品黏附挡板，应另取 6 片，不加挡板按上述方法检查，应符合规定。

四、检查规定

（一）薄膜衣片

按上述装置与方法检查，并可改在盐酸（9→1 000）中进行检查，应在 30 min 内全部崩解。如有 1 片不能完全崩解，应另取 6 片复试，均应符合规定。

（二）肠溶衣片

按上述装置与方法不加挡板进行检查，先在盐酸（9→1 000）中检查 2 h，每片均不得有裂缝、崩解或软化现象；继将吊篮取出，用少量水洗涤后，每管各加入挡板，再按上述方法在磷酸盐缓冲液（pH 6.8）中进行检查，1 h 内应全部崩解。如有 1 片不能完全崩解，应另取 6 片复试，均应符合规定。

（三）泡腾片

取 6 片，置 250 mL 烧杯中，烧杯内盛有 200 mL 水，水温为 15 ~ 25 °C，有许多气泡放出，当片剂或碎片周围的气体停止逸出时，片剂应溶解或分散在水中，无聚集的颗粒剩留。除另有规定外，各片均应在 5 min 内崩解。如有 1 片不能完全崩解，应另取 6 片复试，均应符合规定。

凡含有药材浸膏、树脂、油脂或大量糊化淀粉的片剂，如有小部分颗粒状未通过筛网，但已软化无硬心者，可认为符合规定。

（四）其他剂型

1. 胶囊剂

硬胶囊剂或软胶囊剂，除另有规定外，取供试品 6 粒，按上述装置与方法加挡板进行检查。硬胶囊应在 30 min 内全部崩解，软胶囊应在 1 h 内全部崩解，软胶囊可改在人工胃液中进行检查。如有 1 粒不能完全崩解，应另取 6 粒复试，均应符合规定。

肠溶胶囊剂，除另有规定外，取供试品 6 粒，按上述装置与方法不加挡板进行检查。先在盐酸（9→1000）中检查 2 h，每粒的囊壳均不得有裂缝或崩解现象；继将吊篮取出，用少量水洗涤后，每管加入挡板，再按上述方法，在人工肠液[即磷酸盐缓冲液（含胰酶）（pH 6.8）]中进行检查，1 h 内应全部崩解。如有 1 粒不能完全崩解，应另取 6 粒复试，均应符合规定。如有部分颗粒状物不能通过筛网，但已软化无硬心者，可认为符合规定。

2. 滴丸剂

按上述装置，但不锈钢丝网的筛孔内径应为 0.42 mm。除另有规定外，取供试品 6 粒，按上述方法不加挡板进行检查，应在 30 min 内全部溶散，包衣滴丸应在 1 h 内全部溶散。如有 1 粒不能全部溶散，应另取 6 粒复试，均应符合规定。

以明胶为基质的滴丸，可改在人工胃液（取稀盐酸 16.4 mL，加水约 800 mL 与胃蛋白酶 10 g，摇匀后，加水稀释成 1 000 mL，即得）中进行检查。

第三节　片剂脆碎度检查

片剂脆碎度（Breakage，Bk），片剂受到震动或摩擦之后容易引起碎片、顶裂、破裂等。脆碎度反映片剂的抗磨损振动能力，也是片剂质量标准检查的重要项目。常用 Roche 脆碎度测定仪。

片剂脆碎度检查法[《中国药典》（2010 年版）附录 XG]是指片剂在规定的脆碎度检查仪圆筒中滚动 100 次后减失质量的百分数，用于检查非包衣片剂的脆碎情况及其物理强度，如压碎强度等。

一、仪器设备

脆碎度检查仪：主要由电动机、转轴及圆筒（轮鼓）组成。

分析天平（感量 1 mg）；

吹风机。

二、检查方法

1. 仪器的调试

试验前应调节仪器的转数为（25±1）转/min，设定试验时间为 4 min 以上，即圆筒片转动的总次数为 100 次。

2. 供试品的取用量

每次试验取供试品若干片使供其总质量约为 6.5 g；平均片重 0.65 g 的供试品，取样品 10 片进行试验。

3. 检查法

（1）取空称量瓶，精密称定质量；再按上述取用量取供试品，用吹风机吹去表面的粉末，置称量瓶中，精密称定。两次称量之差即为供试品的质量。

（2）将上述称定质量后的供试品置圆筒中，开动电动机转动 100 次进行试验。

（3）试验结束后，将供试品取出检查，供试片不得出现断裂、龟裂或粉碎现象。

（4）取试验后的供试品，再用吹风机吹去粉末后，置上述已称定质量的称量瓶中，精密称定，两次量之差值即为试验后供试品的质量。

4. 记录与计算

（1）记录。

记录所用仪器型号。

记录每次称量数据。

记录试验后检出断裂、龟裂或粉碎的片数。

（2）计算。

分别求出试验前后供试品的质量。

求出供试品试验后与试验前比较减失的质量。

求出减失的质量占试验前供试品质量的百分率。

5. 结果判断

（1）未检出断裂、龟裂或粉碎片，且其减失质量未超过总质量：1%时，判为符合规定。

（2）减失质量超过 1%，但未检出断裂、龟裂或粉碎片的供试品，应另取供试品复检 2 次。3 次试验的平均减失重量未超过 1%时，且未检出断裂、龟裂或粉碎片时，判为符合规定；3 次试验的平均减失重量超过 1%时，判为不符合规定。

（3）如检出断裂、龟裂及粉碎片的供试品，即判为不符合规定。

三、注意事项

（1）由于供试品的形状或大小的影响，片剂在圆筒中开成不规则滚动时，可调节仪器的基部，使与水平面（左、右）约成 10°的角，以保证试验时片剂不再聚集，能顺利落下。

（2）对易吸湿的片剂，操作时实验室的相对湿度应控制在 40%以下。

（3）对于形状或大小在圆筒中形成严重有规则滚动或特殊工艺生产的片剂，不适于本法检查，可不进行脆碎度检查。

（4）每次测试后，应用软布将圆筒内残存的颗粒及粉末擦净，以保证圆筒内壁光滑。

第四节　溶出度检查

大多数口服固体制剂在给药后必须经吸收进入血液循环，达到一定血药浓度后方能奏效，从而药物从制剂内释放出并溶解于体液是被吸收的前提，这一过程在生物药剂学中称为溶出，而溶出的速度和程度称溶出度。从药品检验的角度讲，溶出度指药物从片剂、胶囊或颗粒剂等固体制剂在规定的溶剂中溶出的速度和程度。

一、计算方法

$$溶出度（\%）=\frac{A_i \times M_r \times X_r \times n}{A_r \times 0.1}$$

【举例一】 头孢拉定片的溶出度测定。

【方法】 取本品 10 片，以 0.12 mol/L 盐酸 900 mL 为溶出介质，转速为 75 r/min，依法操作，60 min 时，取溶液适量，过滤，精密量取续滤液适量，用溶出介质稀释成每 1 mL 中约含头孢拉定 25 μg 溶液，在 255 nm 波长处分别测定吸光度。另取本品 10 片，研细，精密称取适量（约相当于平均片重），按标示量加溶出介质溶解并定量制成每 1 mL 约含头孢拉定 25 μg 的溶液，过滤，同法测定。计算每片的溶出量。限度为 90%，应符合规定。

计算公式一：

$$溶出度（\%）=\frac{A_i \times M_r \times X_r \times n}{A_r \times 0.25}\times 100\%$$

计算公式二：

$$溶出度（\%）=\frac{A_r \times M_r \times n}{A_r \times 平均片重}\times 100\%$$

式中 A_i——样品吸光度；

X_r——对照品含量，可通过含量测定求得，%；

0.25——规格；

M_r——对照品质量，g；

A_r——对照品吸光度。

【举例二】 诺氟沙星胶囊溶出度测定。

【方法】 取本品 10 片，以盐酸（9→1000）1 000 mL 为溶出介质，转速为 50 r/min，依法操作，经 45 min 时，取溶液 10 mL，过滤，精密量取续滤液 5 mL，置 100 mL 容量瓶中，加盐酸（9→1000）稀释至刻度，摇匀，作为供试品溶液，在 277 nm 波长处分别测定吸光度；另取诺氟沙星对照品适量，精密称定，加盐酸（9→1000）制成每 1 mL 中含 5 μg 诺氟沙星的溶液。同法测定，计算每粒的溶出量。限度为标示量的 85%，应符合规定。

计算公式：

$$溶出度（\%）=\frac{A_i \times M_r \times X_r \times n}{A_r \times 0.1}$$

某些药品如乙酰螺旋霉素、红霉素、吉他霉素、庆大霉素等多组分抗生素仅有微生物效价标准品，而无化学对照品，采用自身对照法可以有效地对这类多组分药物进行溶出度检查。具体操作为：取供试品 10 片（粒、袋），精密称定，研细，精密称取适量（约相当于平均片重或平均装量），按各品种项下规定的浓度直接溶解稀释，过滤，作为溶出度测定的自身对照溶液，自身对照溶液主药的含量从所称取供试品的量及稀释倍数计算得到，其中平均片重或平均装量的供试品的主药含量以 100%标示量计。

$$溶出度（\%）= \frac{A \times W_t \times S}{A_t \times W \times S_t} \times 100\%$$

式中 A——供试品溶液的吸光度或峰面积；

W_t——自身对照的取用量（即约相当于平均片重或平均装量的供试品的量），g；

S——供试品溶液的稀释倍数；

A_t——自身对照溶液的吸光度或峰面积；

W——供试品的平均片重或平均装量，g；

S_t——自身对照溶液的稀释倍数。

二、第一检查法

（一）仪器装置

1. 转　篮

转篮分篮体与篮轴两部分，均为不锈钢金属材料（所用材料不应有吸附反应或干扰试验中供试品有效成分的测定）制成。篮体由不锈钢丝编织的方孔筛网（丝径 0.25 mm，网孔 0.40 mm）焊接而成，呈圆柱形，转篮内径为（20.2 ± 1.0）mm，上下两端都有金属封边。篮轴的直径为（9.75 ± 0.35）mm，轴的末端连一金属片，作为转篮的盖；盖上有一通气孔（孔径 2.0 mm）；盖边系两层，上层直径与转篮外径相同，下层直径与转篮内径相同；盖上的三个弹簧片与中心呈 120°角。

2. 溶出杯

溶出杯是由玻璃或其他惰性材料制成的、透明或棕色的、底部为半球形的 1 000 mL 杯状容器，内径为（102 ± 4）mm，高为（168 ± 8）mm。溶出杯配有适宜的盖子，防止溶液蒸发；盖上有适当的孔，中心孔为篮轴的位置，其他孔供取样或测温度用。溶出杯置适当的恒温水浴中。

3. 电动机

篮轴与电动机相连，由速度调节装置控制电动机的转速，使篮轴的转速在品种各论相关项下规定转速的 ± 4%范围之内。运转时，整套装置应保持平稳，均不能产生明显的晃动或振动（包括装置所在的环境）。转篮旋转时与溶出杯的垂直轴在任一点的偏离均不得大于 2 mm，且摆动幅度不得偏离轴心 ± 1.0 mm。

仪器一般配有 6 套测定装置，可一次测定供试品 6 片（粒、袋）。

（二）测　定

测定前，应对仪器装置进行必要的调试，使转篮底部距溶出杯的内底部（25±2）mm。除另有规定外，量取经脱气处理的溶出介质 900 mL，分别置各溶出杯内，升温，待溶出液温度恒定在（37±0.5）°C 后，取供试品 6 片（粒、袋），分别投入 6 个干燥的转篮内，按照品种各论中的规定调节电动机转速，待其平稳后，将转篮降入溶出杯中，自药品接触溶出介质起，立即计时；至规定的取样时间，吸取溶出液适量（取样位置应在转篮顶端至液面的中点，距溶出杯内壁 10 mm 处；所量取溶出液的体积允许误差应在±1%之内，另在多次取样时，若每次取样量超过总体积的 1%，应补足或计算时加以校正），用不大于 0.8 μm 的微孔滤膜（应使用惰性材料制成的滤器，以免吸附活性成分或干扰分析测定。必要时，应采用离心操作，取上清液测定）过滤，自取样至过滤应在 30 s 内完成。取澄清滤液或上清液，照品种各论中规定的方法测定，计算出每片（粒、袋）的溶出度。

（三）结果判断

符合下述条件之一者，可判为符合规定：

（1）6 片（粒、袋）中，每片（粒、袋）的溶出度按标示量计算，均不低于规定限度（Q）；

（2）6 片（粒、袋）中，有 1～2 片（粒、袋）低于规定限度，但不低于 $Q-10\%$，且其平均溶出度不低于规定限度；

（3）6 片（粒、袋）中，有 1～2 片（粒、袋）低于规定限度，其中仅有 1 片（粒、袋）低于 $Q-10\%$，且不低于 $Q-20\%$，且其平均溶出度不低于规定限度时，应另取 6 片（粒、袋）复试；初、复试的 12 片（粒、袋）中有 3 片（粒、袋）低于规定限度，其中仅有 1 片（粒、袋）低于 $Q-10\%$，且不低于 $Q-20\%$，且其平均溶出量不低于规定限度。

有下述条件之一者，可判为不符合规定：

（1）6 片（粒、袋）中有 1 片（粒、袋）低于 $Q-20\%$；

（2）6 片（粒、袋）中有 2 片（粒、袋）低于 $Q-10\%$；

（3）6 片（粒、袋）中有 3 片（粒、袋）低于规定限度；

（4）6 片（粒、袋）的平均溶出量低于规定限度；

（5）初、复试的 12 片（粒、袋）中有 4 片（粒、袋）低于规定限度；

（6）初、复试的12片（粒、袋）的平均溶出度低于规定限度。

以上结果判断中所示的10%、20%是指相对于标示量的百分率（%）。

三、第二检查法

（一）仪器装置

除将转篮换成搅拌桨外，其他装置和要求与第一法相同。搅拌桨由不锈钢金属材料（同第一法）制成，搅拌桨的下端及桨叶部分可使用涂有合适的惰性物质的材料（如聚四氟乙烯）。桨杆旋转时与溶出杯的垂直轴在任一点的偏差均不得大于2 mm；搅拌桨旋转时摆动幅度不得大于0.5 mm。

（二）测　定

测定前，应对仪器装置进行必要的调试，使桨叶底部距溶出杯的内底部（25±2）mm。除另有规定外，分别量取经脱气处理的溶出介质900 mL，注入每个溶出杯内，加温，待溶出介质温度恒定在（37±0.5）°C 后，取出温度计，按规定调节电动机转速，待其平稳后，取供试品6片（袋、粒），分别投入6个溶出杯或沉降篮内（如片剂或胶囊剂在品种各论中要求使用沉降篮），自药品接触溶出介质起，立即计时，至规定的取样时间，吸取溶出液适量（取样位置应在桨叶顶端至液面的中点、距溶出杯内壁10 mm处），用不大于0.8 μm的微孔滤膜（同第一法）过滤，自取样至过滤应在30 s内完成。取澄清滤液，照品种各论中规定的方法测定，计算出每片（袋、粒）的溶出度。

（三）结果判断

同第一检查法。

四、第三检查法

（一）仪器装置

1. 搅拌桨

搅拌桨由不锈钢金属材料（同第一法）制成；桨杆上部直径为（9.75±0.35）mm，桨杆下部直径为（6.0±0.2）mm，桨杆旋转时与溶出杯的垂直轴在任一点的偏差均不得大于 2 mm；搅拌桨旋转时摆动幅度不得大于 0.5 mm。

2. 溶出杯

底部为半球形的 250 mL 杯状容器，内径为（62 ± 3）mm，高为（126 ± 6）mm，其他要求同第一法。

3. 电动机

桨杆与电动机相连，转速应在品种各论中规定转速的 ± 1 范围内。其他要求同第二法。

（二）测　定

测定前，应对仪器装置进行必要的调试，使桨叶底部距溶出杯的内底部（15 ± 2）mm。除另有规定外，分别量取经脱气处理的溶出介质 100 ~ 250 mL，注入每个溶出杯内（用于胶囊剂测定时，如胶囊上浮，可用一小段耐腐蚀的细金属线轻绕于胶囊外壳）。以下操作同第二法。取样位置应在桨叶顶端至液面的中点，距溶出杯内壁 6 mm 处。

（三）结果判断

同第一检查法。

五、溶出条件和注意事项

（1）溶出度仪的校正：除仪器的各项机械性能应符合上述规定外，还应用校正片校正仪器，按照校正片说明书操作，试验结果应符合校正片的规定。

（2）溶出介质：使用在品种各论中规定的溶出介质，并应新鲜制备、经脱气处理（溶解的气体在试验过程中形成气泡，可能改变试验结果，在此情况下，溶解的气体应在试验之前除去。脱气方法：按品种各论中溶出度的要求制备溶出介质，取溶出介质，在缓慢搅拌下加热至约 41 °C，并在真空条件下不断搅拌 5 min 以上；或煮沸 15 min（约 5 000 mL）；或用超声、抽滤等其他有效的除气方法）；如果溶出介质为缓冲液，调节 pH 至规定 pH ± 0.05 范围内。

（3）取样时间：应按照品种各论中规定的取样时间取样，自 6 杯中完成取样的时间应在 1 min 内。

（4）如胶囊壳对分析有干扰，应取不少于 6 粒胶囊，尽可能完全地除尽内容物，置同一容器内，用品种各论中规定体积的溶出介质溶解空胶囊壳，并按品种各论项下的分析方法求出每个空胶囊的空白读数，作必要的校正。如校正值大于标示量的 25%，试验无效；如校正值不大于标示量的 2%，可忽略不计。

（5）除另有规定外，取样时间为 45 min，限度（Q）为标示量的 70%。

（6）测定时，除另有规定外，每个溶出杯中只允许投入供试品一片（粒、袋），不得多投。

第五节　含量均匀度检查

含量均匀度指小剂量口服固体制剂、粉雾剂或注射用无菌粉末中的每片（个）含量偏离标示量的程度。

一、检查方法

除另有规定外，取供试品 10 片（个），照各药品项下规定的方法，分别测定每片以标示量为 100 的相对含量 X，求其均值 $\bar{X}$ 和标准差 S 以及标示量与均值之差的绝对值 A（$A=|100-\bar{X}|$）；如 $A+1.80S\leqslant 15.0$，即供试品的含量均匀度符合规定；若 $A+S>15.0$，则不符合规定；若 $A+1.80S>15.0$，且 $A+S\leqslant 15.0$，则应另取 20 片（个）复试。根据初、复试结果，计算 30 片（个）的均值 $\bar{X}$、标准差 S 和标示量与均值之差的绝对值 A；如 $A+1.45S\leqslant 15.0$，即供试品的含量均匀度符合规定；若 $A+1.45S>15.0$，则不符合规定。

如该药品项下规定含量均匀度的限度为 ±20%或其他值，应将上述各判断式中的 15.0 改为 20.0 或其他相应的数值，但各判断式中的系数不变。

在含量测定与含量均匀度检查所用方法不同时，而且含量均匀度未能从响应值求出每片含量的情况下，可取供试品 10 片（个），照该药品含量均匀度项下规定的方法，分别测定，得仪器测定法的响应值 Y（可为吸收度、峰面积等），求其均值 $\bar{Y}$；另由含量测定法测得以标示量为 100 的含量 X_A，由 X_A 除以响应值的均值 $\bar{Y}$，得比例系数 K（$K=X_A/\bar{Y}$）。将上述诸响应值 Y 与 K 相乘，求得每片标示量为 100 的相对含量 X（%）（$X=KY$），同上法求 X 和 S 以及 A，计算，判定结果，即得。

二、结果判断

除另有规定外，片剂、胶囊剂或注射用无菌粉末，每片（个）标示量小于 10 mg 或主药含量小于每片（个）质量 5%者；其他制剂，每个标示量小于 2 mg 或主药含量小于每个质量 2%者，均应检查含量均匀度。复方制剂仅检查符合上述条件的组分。凡检查含量均匀度的制剂，不再检查质（装）量差异。

第六节　可见异物检查

可见异物是指存在于注射剂、滴眼剂中，在规定条件下目视可以观测到的不溶性物质，其粒径或长度通常大于 50 μm。注射剂、滴眼剂应在符合药品生产质量管理规范（GMP）的条件下生产，产品在出厂前应采用适宜的方法进行检查并同时剔除不合格产品。临用前，也在自然光下目视检查（避免阳光直射），如有可见异物，不得使用。

可见异物检查法有灯检法和光散射法。一般常用灯检法，也可采用光散射法。灯检法不适用的品种，如用深色透明容器包装或液体色泽较深（一般深于各标准比色液 7 号）的品种可选用光散射法。

一、灯检法

灯检法应在暗室中进行。

（一）检查装置（图 4.1）

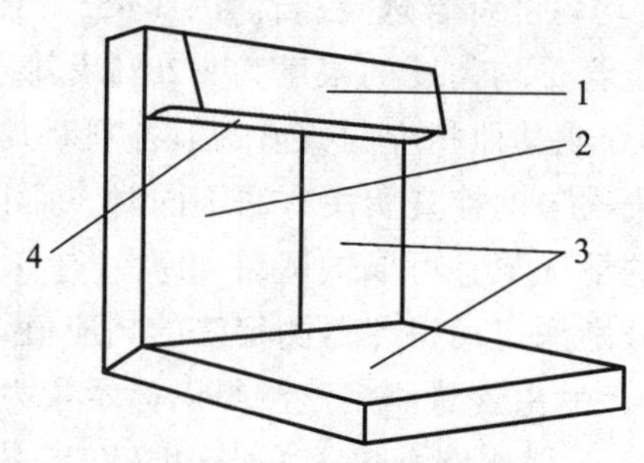

图 4.1　灯检法示意图

1—带有遮光板的日光灯光源：光照度可在 1 000～4 000 lx 范围内调节；2—不反光的黑色背景；
3—不反光的白色背景和底部（供检查有色异物）；
4—反光的白色背景（指遮光板内侧）

（二）检查人员条件

远距离和近距离视力测验，均应为 4.9 或 4.9 以上（矫正后视力应为 5.0 或 5.0 以上）；应无色盲。

（三）检查方法

1. 溶液型、乳状液及混悬型制剂

除另有规定外，取供试品 20 支（瓶），除去容器标签，擦净容器外壁，必要时将药液转移至洁净透明的适宜容器内；置供试品于遮光板边缘处，在明视距离（指供试品至人眼的清晰观测距离，通常为 25 cm），分别在黑色和白色背景下，手持供试品颈部轻轻旋转和翻转容器使药液中存在的可见异物悬浮（注意不使药液产生气泡），用目检视查。

2. 注射用无菌粉末

除另有规定外，取供试品 5 支（瓶），用适宜的溶剂及适当的方法使药粉全部溶解后，按上述方法检查。配有专用溶剂的注射用无菌粉末，应先将专用溶剂按溶液型制剂检查合格后，再用以溶解注射用无菌粉末。

3. 无菌原料药

除另有规定外，按抽样要求称取各品种制剂项下的最大规格量 5 份，分别置洁净透明的适宜容器内，用适宜的溶剂及适当的方法使药物全部溶解后，按上述方法检查。

注射用无菌粉末及无菌原料药所选用的适宜溶剂应无可见异物。如为水溶性药物，一般使用不溶性微粒检查用水[参见《药典》（2010 版）附录Ⅸ C 不溶性微粒检查法]进行溶解制备；如为其他溶剂，则应在各正文品种中作出规定。溶剂量应确保药物溶解完全（但一般不超过制剂容器体积）并便于观察。注射用无菌粉末及无菌原料药溶解所用的适当方法应与其制剂使用说明书中注明的临床使用前处理的方式相同。如除振摇外还需辅助其他条件，则应在各正文品种中作出规定。

用无色透明容器包装的无色供试品溶液，检查时被观察样品放置处的光照度应为 1 000 ~ 1 500 lx；用透明塑料容器包装或用棕色透明容器包装的供试品溶液或有色供试品溶液，被观察样品放置处的光照度应为 2 000 ~ 3 000 lx；混悬型供试品或乳状液仅检查色块、纤毛等明显可见异物，被观察样品放置处的光照度为 4 000 lx。

（四）结果判定

各类注射剂、滴眼剂在静置一定时间后轻轻旋转时均不得检出烟雾状微粒柱，且不得检出金属屑、玻璃屑、长度或最大粒径超过 2 mm 的纤维和块状物等明显可见异物。微细可见异物（如点状物、2 mm 以下的短纤维和块状物等）如有检出，除另有规定外，应分别符合下列规定：

（1）溶液型静脉用注射液、注射用浓溶液 20 支（瓶）检查的供试品中，均不得检出明显可见异物。如检出其他微细可见异物的供试品仅有 1 支（瓶），应另取 20 支（瓶）同法复试，均不得检出。

（2）溶液型非静脉用注射液 20 支（瓶）检查的供试品中，均不得检出明显可见异物。如检出有微细可见异物，应另取 20 支（瓶）同法复试，初、复试的供试品中，检出微细可见异物的供试品不得超过 2 支（瓶）。

（3）溶液型滴眼液 20 支（瓶）检查的供试品中，均不得检出明显可见异物。如检出有微细可见异物，应另取 20 支（瓶）同法复试，初、复试的供试品中，检出微细可见异物的供试品不得超过 3 支（瓶）。

（4）混悬型、乳状液型注射液及滴眼液 20 支（瓶）检查的供试品中，均不得检出金属屑、玻璃屑、色块、纤维等明显可见异物。

（5）临用前配制的溶液型和混悬型滴眼液，除另有规定外，应符合相应的可见异物规定。

（6）注射用无菌粉末 5 支（瓶）检查的供试品中，均不得检出明显可见异物。如检出微细可见异物，每支（瓶）供试品中检出微细可见异物的数量应符合表 4.3 的规定；如有 1 支（瓶）不符合规定，另取 10 支（瓶）同法复试，均应符合规定。

表 4.3 注射用无菌粉末可见异物检查标准

化学药		≤4 个
生化药、抗生素药和中药	≥2 g	≤10 个
	<2 g	≤8 个

配备专用溶剂的注射用无菌粉末，专用溶剂应符合相应的溶液型注射液的规定。无菌原料药 5 份检查的供试品中，均不得检出明显可见异物。如检出微细可见异物，每份供试品中检出微细可见异物的数量应符合表 4.4 的规定；如有 1 份不符合规定，另取 10 份同法复试，均应符合规定。

表 4.4　配备专用溶剂的注射用无菌粉末可见异物检查标准

化学药	≤2 个
生化药、抗生素药和中药	≤5 个

既可静脉用也可非静脉用的注射剂应执行静脉用注射剂的标准。

二、光散射法

当一束单色激光照射溶液时，溶液中存在的不溶性物质使入射光发生散射，散射的能量与不溶性物质的大小有关。本方法通过对溶液中不溶性物质引起的光散射能量的测量，并与规定的阈值比较，以检查可见异物。

不溶性物质的光散射能量可通过被采集的图像进行分析。设不溶性物质的光散射能量为 E，经过光电信号转换，即可用摄像机采集到一个锥体高度为 H、直径为 D 的相应立体图像。散射能量 E 为 D 和 H 的一个单调函数，即 $E=f(D, H)$。同时，假设不溶性物质的光散射强度为 q，摄像曝光时间为 T，则又有 $E=g(q, T)$。由此可以得出图像中的 D 与 q、T 之间的关系为 $D=w(q, T)$，也为一个单调函数关系。在测定图像中的 D 值后，即可根据函数曲线计算出不溶性物质的光散射能量。

（一）仪器装置和检测原理

仪器由旋瓶装置、激光光源、图像采集器、数据处理系统和终端显示系统组成，并配有自动上瓶和下瓶装置。供试品通过上瓶装置被送至旋瓶装置，旋瓶装置应能使供试品沿垂直中轴线高速旋转一定时间后迅速停止，同时激光光源发出的均匀激光束照射在供试品上；当药液涡流基本消失，瓶内药液因惯性继续旋转，图像采集器在特定角度对旋转药液中悬浮的不溶性物质引起的散射光能量进行连续摄像，采集图像不少于 75 幅；数据处理系统对采集的序列图像进行处理，然后根据预先设定的阈值自动判定超过一定大小的不溶性物质的有无，或在终端显示器上显示图像供人工判定，同时记录检测结果，指令下瓶装置自动分检合格与不合格供试品。

（二）仪器校准

仪器应具备自动校准功能，在检测供试品前需采用标准粒子进行校准。

除另有规定外，分别用粒径为 40 μm 和 60 μm 的标准粒子对仪器进行标定。根据标定结果得到曲线方程并计算出与粒径 50 μm 相对应的检测像素值。

当把检测像素参数设定为与粒径 50 μm 相对应的数值时，对 60 μm 的标准粒子溶液测定 3 次，应均能检出。

（三）检查方法

1. 溶液型注射液

除另有规定外，取供试品 20 支（瓶），除去不透明标签，擦净容器外壁，置仪器上瓶装置上，根据仪器的使用说明书选择适宜的测定参数，启动仪器，将供试品检测 3 次并记录检测结果。凡仪器判定有 1 次不合格者，须用灯检法作进一步确认。用有色透明容器包装或液体色泽较深等灯检法检查困难的品种不用灯检法确认。

2. 注射用无菌粉末

除另有规定外，取供试品 5 支（瓶），用适宜的溶剂及适当的方法使药粉全部溶解后，按上述方法检查。

3. 无菌原料药

除另有规定外，称取各品种制剂项下的最大规格量 5 份，分别置洁净透明的专用玻璃容器内，用适宜的溶剂及适当的方法使药粉全部溶解后，按上述方法检查。

设置检测参数时，一般情况下取样视窗的左右边线和底线应与瓶体重合，上边线与液面的弯月面成切线；旋转时间的设置应能使液面漩涡到底，以能带动固体物质悬浮并消除气泡；静置时间的设置应尽可能短，但不能短于液面漩涡消失的时间，以避免气泡干扰并保证摄像启动时固体物质仍在转动；嵌瓶松紧度参数与瓶底直径（mm）基本相同，可根据安瓿质量调整，如瓶体不平正，转动时瓶体摇动幅度较大，易产生气泡，则应将嵌瓶松紧度调大以减小摇动，但同时应延长旋转时间，使漩涡仍能到底。

（四）结果判定

同灯检法。

第七节　不溶性微粒检查

不溶性微粒检查法（《中国药典》（2010 年版）二部附录Ⅸ C）是在可见异物检查符合规定后，用以检查静脉注射剂（溶液型注射液、注射用无菌粉末、注射用浓溶液）及供静脉注射用无菌原料药中不溶性微粒的大小及数量。

《中国药典》规定了两种检查方法，即光阻法和显微计数法。当光阻法测定结果不符合规定或供试品不适于用光阻法测定时，应采用显微计数法进行测定，并以显微计数法的测定结果作为判定依据。

一、第一法：光阻法

光阻法是当一定体积的供试液通过一窄小的检测区时，与液体流向垂直的入射光，由于被供试液中的微粒阻挡而减弱，因此由传感器输出的信号降低，这种信号变化与微粒的截面积大小相关，再根据通过检测区供试液的体积，计算出每 1 mL 供试液中含 10 μm 以上（≥10 μm）及含 25 μm 以上（≥25μm）的不溶性微粒数。

（一）实验环境

实验操作所处环境应不得导入明显的微粒，测定前的操作在层流净化台中进行。玻璃仪器和其他所需的用品都应洁净，无微粒。本法所用微粒检查用水（或其他适宜溶剂），使用前须经孔径不大于 1.0 μm 的微孔滤膜过滤。

（二）仪器装置

光阻法不溶性微粒测定仪通常包括定量取样器、传感器和数据处理器三部分。测量粒度范围为 2 ~ 100 μm，检测微粒浓度为 0 ~ 10 000 个/mL。测定仪应定期校正与检定（至少每 6 个月校正一次），并符合规定。

（三）操作程序

1. 检查前准备

使用适宜的清洁仪器，取 50 mL 微粒检查用水（或其他溶剂）经微孔滤膜（一般孔径为 0.45 μm）滤过，置于洁净的适宜容器中，旋转使可能存在的微粒均匀，静置待气泡消失。按光阻法项下的检查法检查，每 10 mL 中含 10 μm 以上（≥10 μm）的不溶性微粒应在 10 粒以下，含 25 μm 以上（≥25 μm）的不溶性微粒应在 2 粒以下。否则表明微粒检查用水（或其他溶剂）、玻璃仪器和实验环境不适于进行微粒检查，应重新进行处理，待检测符合规定后方可进行供试品检查。

待检样品应事先除去外包装，并用水将容器外壁冲洗干净，置于适宜的实验环境中备用。

2. 检查法

（1）标示装量为 25 mL 或 25 mL 以上的静脉注射液：

除另有规定外，取供试品 1 瓶（支），用水将容器外壁洗净，小心翻转 20 次，使混合均匀，立即小心开启容器，先倒出部分供试品溶液冲洗开启口及取样杯后，再将供试品溶液倒入取样杯中，静置 2 min 或适当时间脱气后，置于取样器上，开启搅拌器，缓慢搅拌使溶液均匀（避免气泡产生），依法测定不少于 3 次，每次取样应不少于 5 mL。记录数据。另取至少 2 个供试品同法测定。每个供试品第一次数据不计，取后续测定结果的平均值计算。

（2）标示装量为 25 mL 以下的静脉注射液或注射用浓溶液：

除另有规定外，取供试品，用水将容器外壁洗净，小心翻转 20 次，使混合均匀，静置 2 min 或适当时间脱气，小心开启容器，直接将供试品容器置于取样器上，开启搅拌或用手缓缓转动，使溶液混匀（避免产生气泡），由仪器直接抽取适量溶液（以不吸入气泡为限），测定并记录数据。另取至少 3 个供试品同法测定。第一个供试品的数据不计，取后续供试品测定结果的平均值计算。

也可以采用适当的方法，在净化台上小心合并至少 3 个供试品的内容物，使总体积不少于 25 mL，静置 2 min 或适当时间脱气，置于取样器上，开启搅拌器，缓缓搅拌使溶液混匀（避免气泡产生），依法测定至少 4 次，每次取样体积应不少于 5 mL。第一次数据不计，取后续测定结果的平均值，根据取样体积与每个容器的标示装量，计算每个容器所含的微粒数。

（1）和（2）项下的注射用浓溶液如黏度太大，不便直接测定，可经适当稀释，依法测定。

（3）静脉注射用无菌粉末：

除另有规定外，取供试品，用水将容器外壁洗净，小心开启瓶盖，精密加入适量微粒检查用水（或适宜溶剂），小心盖上瓶盖，缓缓振摇使内容物溶解，静置 2 min 或适当时间脱气，小心开启容器，直接将供试品容器置于取样器上，开启搅拌或用手缓缓转动，使溶液混匀（避免产生气泡），由仪器直接抽取适量溶液（以不吸入气泡为限），测定并记录数据。另取至少 3 个供试品同法测定。第一个供试品的数据不计，取后续供试品测定结果的平均值计算。

也可以采用适宜的方法，取供试品（不少于 3 个容器）在净化台上，用水将容器外壁洗净，小心开启瓶盖，分别精密加入适量微粒检查用水（或适量溶剂）缓缓振摇使内容物溶解（注射用浓溶液直接操作），小心合并数个供试品的内容物（使总体积不少于 25 mL），置于取样杯中，静置 2 min 或适当时间脱气，置于取样器上，开启搅拌器，缓缓搅拌使溶液混匀（避免产生气泡），依法测定至少 4 次，每次取样体积应不少于 5 mL。第一次数据不计，取后续测定结果的平均值，计算每个容器所含的微粒数。

3. 记录与计算

记录应包括所用仪器型号、样品包装情况、检验数量以及注射用无菌粉末的溶解情况等，根据微粒测定仪器处理器打印出相应的数据，计算出供试品每 1 mL（或每个容器或每份样品）中所含 10 μm 以上（≥10 μm）及 25 μm 以上（≥25 μm）的不溶性微粒数。

4. 结果与判定

（1）标示装量为 100 mL 或 100 mL 以上的静脉注射液：除另有规定外，每 1 mL 中含 10 μm 以上的微粒数不超过 25 粒，含 25 μm 以上的微粒数不超过 3 粒，判为符合规定。

如果每 1 mL 中含 10 μm 以上的微粒数超过 25 粒；或虽未超过 25 粒，但其中含 25 μm 以上的微粒数超过 3 粒，均判为不符合规定。

（2）标示装量为 100 mL 以下的静脉注射液、静脉注射用无菌粉末及注射用浓溶液：除另有规定外，每个供试品容器中含 10 μm 以上的微粒数不得超过 6 000 粒，含 25 μm 以上的微粒数不得超过 600 粒，判为符合规定。

如果每个容器中含 10 μm 以上的微粒数超过 6 000 粒，或虽未超过 6 000 粒，但其中含 25 μm 以上的微粒超过 600 粒，均判为不符合规定。

二、第二法：显微计数法

（一）实验环境

同光阻法实验环境。

（二）仪器与用具

（1）显微镜：双筒大视野显微镜，目镜内附标定的测微尺（每格 0.05～0.1 mL）。坐标轴前后、左右移动范围均应大于 30 mm，显微镜装置内附有光线投射角度、光强度均可调节的照明装置。检测时放大 100 倍。

（2）镜台测微尺：用于目镜测微尺的标定。

（3）微孔滤膜：白色，孔径 0.45 μm、直径 25 mm（或 13 mm），一面印有间隔 3 mm 的格栅；膜上如有 10 μm 以上的不溶性微粒，应在 5 粒以下，并不得有 25 μm 以上的微粒。必要时，可用微粒检查用水冲洗使符合要求。

（4）直径 25 mm（或 13 mm）夹式定量滤器。

（5）平皿、平头无齿镊子、计数码器。

（三）操作程序

1. 检查前准备

使用适宜的清洁仪器，取 50 mL 微粒检查用水（或其他溶剂）经微孔滤膜（一般孔径为 0.45 μm）滤过，置于洁净的适宜容器中，旋转使可能存在的微粒均匀，静置待气泡消失。按显微计数法项下的检查法检查，每 50 mL 中含 10 μm 以上的不溶性微粒应在 20 粒以下，含 25 μm 以上的不溶性微粒应在 5 粒以下。否则表明微粒检查用水（或其他溶剂）、玻璃仪器和实验环境不适于进行微粒检查，应重新进行处理，待检测符合规定后方可进行供试品检查。

用水洗净平皿，再用水反复冲洗，沥干，置实验环境中备用。

在净化台上，将滤器用水冲洗至洁净，用平头无齿镊子夹取符合要求的测定用微控滤膜置滤器托架上，用滤器夹固定滤器，倒置，反复用水冲洗滤器内壁，沥干后安装在抽滤瓶上备用。

待检样品应事先除去外包装，并用水将容器外壁冲洗干净，置适宜环境中备用。

2. 检查法

（1）标示装量为 25 mL 或 25 mL 以上的静脉注射液：

除另有规定外，取供试品，用水将容器外壁洗净，在净化台上小心翻转 20 次，使混合均匀，立即小心开启容器，用适宜的方法抽取或量取供试品溶液 25 mL，沿滤器内壁缓缓注入经预处理的滤器（滤膜直径为 25 mm）中，静置 1 min，缓缓抽滤至滤膜近干，再用微粒检查用水 25 mL 沿滤器内壁缓缓注入，洗涤并抽滤至滤膜近干，然后用平头无齿镊子将滤膜移至平皿上（必要时，可涂抹极薄层的甘油使滤膜平整），微启盖子使滤膜干燥后，将平皿闭合；另将显微镜按规定组合 100 倍的物、目镜，将平皿置于显微镜载物台上，用移动尺夹子固定，调好入射光（保持灯光的入射角为 10°~20°），调节显微镜至滤膜格栅清晰。移动坐标轴，分别检测有效过滤面积上最长粒径大于 10 μm 的微粒数以及大于 25 μm 的微粒数。边缘清晰可见、具有立体感的微粒方可计数。

（2）标示量为 25 mL 以下的静脉注射液：

除另有规定外，取供试品，用水将容器外壁洗净，在净化台上小心翻转 20 次，使混合均匀。立即小心开启容器，用适宜的方法直接抽取容器中的全部溶液，沿滤器内壁缓缓注入滤器（滤膜直径 13 mm）中，静置 1 min，照（1）中方法测定。

（3）静脉注射液用无菌粉末及注射用浓溶液：

除另有规定外，照光阻法检查法（三）2.（3）项下的方法制备供试品溶液，取供试品溶液，照（三）2.（1）同法测定。

3. 记　录

记录应包括所用仪器型号、样品包装情况、检验数量、测定用滤膜直径及处理前后微粒数、净化水来源或制备情况与含微粒数。

4. 计　算

用手揿计数码器分别统计滤膜上直径大于 10 μm 的微粒数以及大于 25 μm 的微粒数，计算即得每 1 mL 供试品溶液（或每个容器）中 10 μm 以上和 25 μm 以上的微粒数。

5. 结果与判定

（1）标示装量为 100 mL 或 100 mL 以上的静脉注射液：除另有规定外，每 1 mL 中含 10 μm 以上的微粒数不超过 12 粒，含 25 μm 以上的微粒数不超过 2 粒，均判为符合规定。

如果每 1 mL 中含 10 μm 以上的微粒数超过 12 粒；或虽未超过 12 粒，但其中含 25 μm 以上的微粒数超过 2 粒，均判为不符合规定。

（2）标示装量为 100 mL 以下的静脉注射液、静脉注射用无菌粉末及注射用浓溶液：除另有规定外，每个供试品容器中含 10 μm 以上的微粒数不超过 3 000 粒，含 25 μm 以上的微粒数不超过 300 粒，判为符合规定。

如果每个容器中含 10 μm 以上的微粒数超过 3 000 粒；或虽未超过 3 000 粒，但其中含 25 μm 以上的微粒数超过 300 粒，均判为不符合规定。

第五章 化学分析技术

第一节 滴定分析

滴定分析是将已知准确浓度的标准溶液滴加到被测物质的溶液中直至所加溶液物质的量按化学计量关系恰好反应完全，然后根据所加标准溶液的浓度和所消耗的体积，计算出被测物质含量的分析方法。由于这种测定方法是以测量溶液体积为基础，故又称为容量分析。

滴定分析适用于常量组分的测定，测定准确度较高，一般情况下，测定误差不大于0.1%，并具有操作简便、快速，所用仪器简单的优点。

一、基本术语

1. 标准滴定溶液

在进行滴定分析过程中，已知准确浓度的试剂溶液称为标准滴定溶液。

2. 滴　定

滴定时，将标准滴定溶液装在滴定管中（因而又常称为滴定剂），通过滴定管逐滴加入盛有一定量被测物溶液（称为被滴定剂）的锥形瓶（或烧杯）中进行测定，这一操作过程称为“滴定”。

3. 化学计量点

当加入的标准滴定溶液的量与被测物的量恰好符合化学反应式所表示的化学计量关系时，称反应到达“化学计量点”（以 sp 表示）。

4. 终点误差

滴定时，指示剂改变颜色的那一点称为“滴定终点”（以 ep 表示）。sp 与 ep 常常不完全重合，它们之间的误差称为“终点误差”。

5. 滴定度

有时也用“滴定度”表示标准滴定溶液的浓度。滴定度是指每毫升标准滴定溶液相当于被测物质的质量（g 或 mg）。如果分析对象固定，用滴定度计算其含量时，只需将滴定度乘以所消耗标准溶液的体积即可求得被测物的质量，计算十分简便。

二、滴定分析法分类

滴定分析法以化学反应为基础，根据所利用的化学反应的不同，滴定分析一般可分为以下 4 大类：

1. 酸碱滴定法

它是以酸、碱之间质子传递反应为基础的一种滴定分析法。可用于测定酸、碱和两性物质。其基本反应为

$$H^+ + OH^- == H_2O$$

2. 配位滴定法

它是以配位反应为基础的一种滴定分析法。可用于对金属离子进行测定。若采用 EDTA 为配位剂，其反应为

$$M^{n+} + Y^{4-} == MY^{(n-4)-}$$

式中　M^{n+}——金属离子；

Y^{4-}——EDTA 的阴离子。

3. 氧化还原滴定法

它是以氧化还原反应为基础的一种滴定分析法。可用于对具有氧化、还原性质的物质或某些不具有氧化、还原性质的物质进行测定，如重铬酸钾法测定铁，其反应如下：

$$Cr_2O_7^{2-} + 6Fe^{2+} + 14H^+ == 2Cr^{3+} + 6Fe^{3+} + 7H_2O$$

4. 沉淀滴定法

它是以沉淀生成反应为基础的一种滴定分析法。可用于对 Ag^+、CN^-、SCN^- 及类卤素等离子进行测定，如银量法，其反应如下：

$$Ag^+ + Cl^- == AgCl\downarrow$$

三、基准物质和标准滴定溶液

见第二章第四节下的（二）。

四、滴定常用仪器

滴定分析常用的仪器有移液管和吸量管、容量瓶、滴定管、锥形瓶和烧瓶等。具体见第二章第一节。

五、滴定分析的操作

滴定分析的基本操作包括容量仪器的选择和正确的使用方法、滴定终点的判断和控制、滴定数据的读取、记录和处理等。

（一）滴定管的准备

1. 酸式滴定管（简称酸管）的准备

酸管是滴定分析中经常使用的一种滴定管。除了强碱溶液外，其他溶液作为滴定液时一般均采用酸管。

（1）检查活塞与活塞套是否配合紧密。

（2）洗涤。用滴定管刷蘸些洗涤剂洗刷滴定管，若用洗涤剂洗涤效果不好，则用铬酸洗液洗涤（将 5 ~ 10 mL 洗液倒入管中，双手持管缓慢将管放平，转动滴定管使其内壁都得到润洗，然后将洗液放回洗液瓶中）。用蒸馏水润洗几次，将管外壁擦干，以便观察内壁是否挂水珠。

（3）活塞涂油（凡士林油或真空活塞脂）。用滤纸将活塞和活塞套擦干，把滴定管放在实验台上（避免滴定管壁上的水再次进入活塞套），然后涂油。涂油时注意量应适中，油脂涂得太少，活塞转动不灵活，且易漏水；涂得太多，活塞孔容易被堵塞。不要将油脂涂在活塞孔上、下两侧，以免旋转时堵塞活塞孔，将活塞插入活塞套中，向同一方向旋转活塞柄，直到活塞和活塞套上的油脂层全部透明为止。套上小橡皮圈（或用皮筋套套紧）。

（4）检查是否漏水。用自来水充满滴定管，将其放在滴定管架上静置约 2 min，观察有无水滴漏下。然后将活塞旋转 180°，再次检查。如果漏水，应该重新涂油。

若出口管尖被油脂堵塞，可将它插入热水中温热片刻，然后打开活塞，使管内的水突然流下，将软化的油脂冲出。

（5）用蒸馏水洗 3 次。双手持滴定管两端无刻度处，边转动边倾斜滴定管，使水布满全管并轻轻振荡。然后直立，打开活塞将水放掉，同时冲洗出口管。将管的外壁擦干备用。

2. 碱式滴定管（简称碱管）的准备

（1）用前应检查。检查乳胶管和玻璃球是否完好。若胶管已老化，玻璃球过大（不易操作）或过小（漏水），应予更换。

（2）洗涤。洗涤方法与酸管相同。在需要用洗液洗涤时，可除去乳胶管，管口插入洗液瓶中，用洗耳球吸取约 10 mL 洗液。用洗液将滴定管润洗后，将洗液缓慢放回洗液瓶中。用水润洗，应注意玻璃球下方死角处的清洗（在捏乳胶管时应不断改变方位，使玻璃球的四周都洗到）。用蒸馏水润洗 3 次，擦干外壁，备用。

（3）检查是否漏水：与酸式滴定管操作相仿，放置 2 min，如果漏水应更换橡皮管或大小合适的玻璃珠。

（二）操作溶液的装入

1. 用操作溶液润洗滴定管

先将操作溶液摇匀，然后用操作溶液润洗滴定管 3 次（第一次 10 mL，大部分可由上口放出，第二、三次各 5 mL，可以从出口管尖嘴放出）。将操作溶液直接倒入滴定管中，一般不得用其他容器（如烧杯、漏斗等）来转移。一定要使操作溶液洗遍全部内壁，并使溶液接触管壁 1 ~ 2 min，以便与原来残留的溶液混合均匀。每次都要打开活塞冲洗出口管和尖嘴，并尽量放出残留液。对于碱管，仍应注意玻璃球下方的洗涤。最后，关好活塞，将操作溶液倒入，直到充满至零刻线以上为止。

2. 赶尽气泡

对于酸式滴定管，右手拿滴定管上部无刻度处，并使滴定管倾斜约 30°，左手迅速打开活塞使溶液冲出（下面用烧杯承接溶液），这时出口管和尖嘴中应不再留有气泡。若气泡仍未能排出，可重复操作。注意检查滴定管的出口尖嘴是否充满溶液，出口管和尖嘴处是否还有气泡。

对于碱式滴定管，装满溶液后，用拇指和食指拿住玻璃球所在部位并使乳胶管向上弯曲，出口管斜向上，然后在玻璃球部位侧面迅速捏橡皮管，使溶液从管口喷出，再缓慢松开拇指和食指，否则出口管仍会有气泡（图 5.1）。最后，将滴定管的外壁擦干。

3. 调零点

调整液面与零刻线相平，初读数为“0.00 mL”

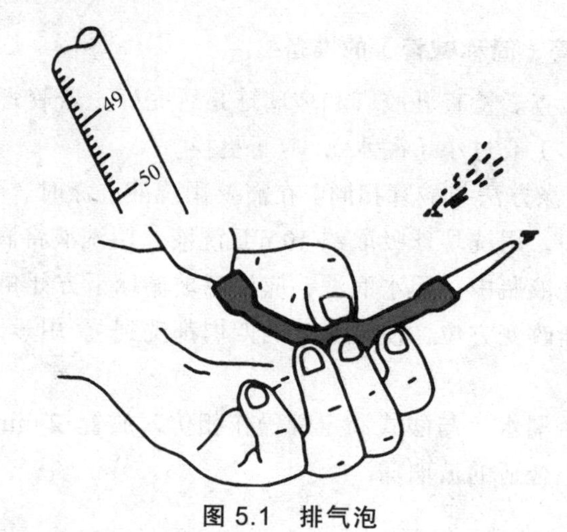

图 5.1 排气泡

（三）滴定操作

1. 滴 定

将滴定管夹在右边，如使用的是酸管，左手无名指和小指向手心弯曲，轻轻地贴着出口管，用其余三指控制活塞的转动。但应注意不要向外拉活塞以免推出活塞造成漏水；也不要过分往里扣，以免造成活塞转动困难，不能操作自如。滴定时，左手不能离开活塞任其自流（图 5.2）。

如使用的是碱管，左手无名指及小指夹住出口管，拇指与食指往玻璃球所在部位侧面（左右均可）捏乳胶管，使溶液从玻璃球旁空隙处流出（图 5.3）。注意不要用力捏玻璃球，也不能使玻璃球上下移动，不要捏到玻璃球下部的乳胶管。停止滴定时，应先松开拇指和食指，最后才松开无名指与小指。

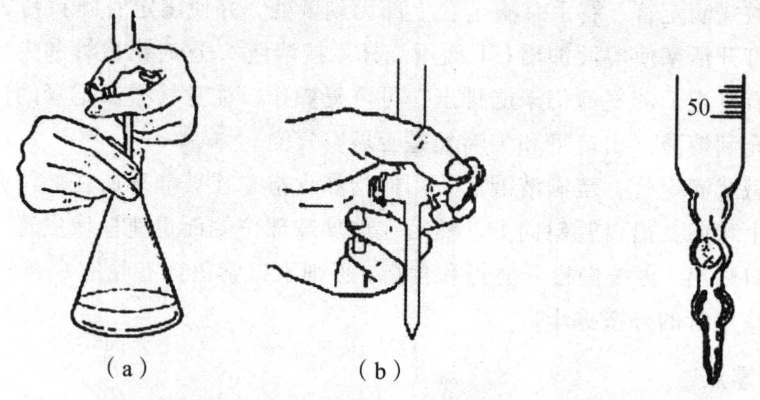

图 5.2 酸管滴定操作

图 5.3 碱管玻璃球和胶管

2. 边滴边摇瓶

滴定操作可在锥形瓶或烧杯内进行。在锥形瓶中进行滴定，用右手的拇指、食指和中指拿住锥形瓶，其余两指辅助在下侧，使瓶底离滴定台 2 ~ 3 cm，滴定管下端深入瓶口内约 1 cm。左手控制滴定速度，边滴加溶液，边用右手摇动锥形瓶，边滴边摇配合好。摇锥形瓶时，应使溶液向同一方向作圆周运动（左、右旋均可），但勿使瓶口接触滴定管，溶液也不得溅出。

应熟练掌握逐滴连续滴加、只加一滴和加半滴（使液滴悬而未落）的滴定操作。加半滴溶液的方法如下：使溶液悬挂在尖嘴上，形成半滴，用锥形瓶内壁将其沾落，再用洗瓶以少量蒸馏水吹洗瓶壁。注意观察液滴滴落点周围溶液颜色的变化。

3. 滴定管的读数

装满或放出溶液 1 ~ 2 min，待附着在内壁的溶液流下来，即可读数。读数前要检查一下管壁是否挂水珠，尖嘴是否有气泡。

读数时应使滴定管保持垂直。对于无色或浅色溶液，应读取弯月面下缘最低点；溶液颜色太深时，可读液面两侧的最高点。读数时使视线与滴定管读数位置的液面成水平（图 5.4），注意初读数与终读数采用同一标准。为了便于读数，可在滴定管后衬一黑白两色的读数卡。若为乳白板蓝线衬背滴定管，应当取蓝线上下两尖端相对点的位置读数。

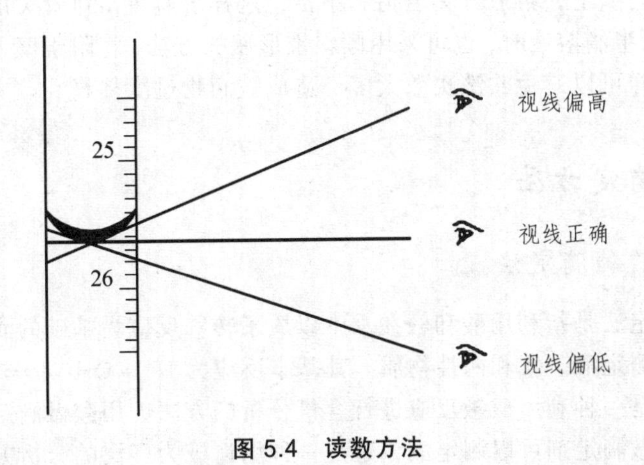

图 5.4 读数方法

必须读到小数点后第二位，即要求估计到 0.01 mL。注意，估计读数时，应该考虑到刻度线本身的宽度。

（四）滴定操作的注意事项

（1）滴定时，最好每次都从“0.00 mL”开始。

（2）滴定时，左手不能离开活塞，不能任溶液自流。

（3）摇瓶时，应转动腕关节，使溶液向同一方向旋转（左旋、右旋均可）。不能前后振动，以免溶液溅出。摇动还要有一定的速度，一定要使溶液旋转出现一个漩涡，不能摇得太慢，影响化学反应的进行。

（4）滴定时，要注意观察滴落点周围颜色变化，不要去看滴定管上的刻度变化。

（5）滴定速度控制方面：

① 连续滴加：开始可稍快，呈“见滴成线”，这时约为 10 mL/min，即每秒 3 ~ 4 滴左右。注意不能滴成“水线”，这样，滴定速度太快。

② 间隔滴加：接近终点时，应改为一滴一滴地加入，即加一滴摇几下，再加再摇。

③ 半滴滴加：最后是每加半滴，摇几下锥形瓶，直至溶液出现明显的颜色变化。

（6）半滴的控制和吹洗：

① 用酸管时，可轻轻转动活塞，使溶液悬挂在出口管嘴上，形成半滴，用锥形瓶内壁将其沾落，再用洗瓶吹洗。

② 对于碱管，加半滴溶液时，应先松开拇指和食指，将悬挂的半滴溶液沾在锥形瓶内壁上，再放开无名指和小指，这样可避免出口管尖出现气泡。

③ 滴入半滴溶液时，也可采用倾斜锥形瓶的方法，将附于壁上的溶液沾至瓶中，这样可以避免吹洗次数太多，造成被滴物过度稀释。

六、滴定方法

（一）酸碱滴定法

酸碱滴定法是指利用酸和碱在水中以质子转移反应为基础的滴定分析方法。可用于测定酸、碱和两性物质。其基本反应为 $H^+ + OH^- = H_2O$，也称中和法，是一种利用酸碱反应进行容量分析的方法。用酸做滴定剂可以测定碱，用碱做滴定剂可以测定酸，这是一种用途极为广泛的分析方法。最常用的酸标准溶液是盐酸，有时也用硝酸和硫酸，标定它们的基准物质是碳酸钠（Na_2CO_3）。

1. 酸碱指示剂的选择

为了减小方法误差，使滴定终点和化学计量点重合，需要选择适当的指示剂。常见酸碱指示剂的变色范围如下：

（1）酚酞：碱滴定酸时，颜色由无色恰好变为浅红色。

（2）甲基橙：酸滴定碱时，颜色由黄色恰好变为橙色。

一般不选用石蕊。

中和滴定时选择指示剂应考虑以下几个方面：

（1）指示剂的变色范围越窄越好，pH 稍有变化，指示剂就能改变颜色。

（2）溶液颜色的变化由浅到深容易观察，而由深变浅则不易观察。因此应选择在滴定终点时使溶液颜色由浅变深的指示剂。强酸和强碱中和时，尽管酚酞和甲基橙都可以用，但用酸滴定碱时，甲基橙加在碱里，达到滴定终点时，溶液颜色由黄变橙红，易于观察，故选择甲基橙；用碱滴定酸时，酚酞加在酸中，达到滴定终点时，溶液颜色由无色变为红色，易于观察，故选择酚酞。

（3）强酸和弱碱、强碱和弱酸中和达到滴定终点时，前者溶液显酸性，后者溶液显碱性，对后者应选择碱性变色指示剂（酚酞），对前者应选择酸性变色指示剂（甲基橙）。

（4）为了使指示剂的变色不发生异常导致误差，中和滴定时指示剂的用量不可过多，温度不宜过高，强酸或强碱的浓度不宜过大。

注意：中和滴定不能用石蕊做指示剂。原因是石蕊的变色范围（pH 5.0～8.0）太宽，到达滴定终点时颜色变化不明显，不易观察。

2. 影响滴定结果的因素

（1）读数：滴定前俯视或滴定后仰视（偏大）；

（2）未用标准液润洗滴定管（偏大）；

（3）用待测液润洗锥形瓶（偏大）；

（4）滴定前滴定管尖嘴有气泡，滴定后尖嘴气泡消失（偏大）；

（5）不小心将标准液滴在锥形瓶的外面（偏大）；

（6）指示剂（可看作弱酸）用量过多（偏小）；

（7）滴定过程中，锥形瓶振荡太剧烈，有少量液滴溅出（偏小）；

（8）开始时标准液在滴定管刻度线以上，未予调整（偏小）；

（9）碱式滴定管（量待测液用）或移液管用蒸馏水洗净后直接注入待测液（偏小）；

（10）移液管吸取待测液后，悬空放入锥形瓶，少量待测液洒在外面（偏小）；

（11）滴定到指示剂颜色刚变化，就认为到了滴定终点（偏小）；
（12）锥形瓶用蒸馏水冲洗后，不经干燥便直接盛待测溶液（无影响）；
（13）滴定接近终点时，用少量蒸馏水冲洗锥形瓶内壁（无影响）。

3. 非水溶液滴定法的注意事项

（1）供试品如为氢卤酸盐，应加入醋酸汞试液 3 ~ 5 mL，使生成难解离的卤化汞，以消除氢卤酸盐在冰醋酸中生成氢卤酸的干扰后，再进行滴定。

（2）供试品如为磷酸盐，可以直接滴定；硫酸盐也可直接滴定，但滴定至其成为硫酸氢盐为止。

（3）供试品如为硝酸盐，因硝酸可使指示剂褪色，终点极难观察，遇此情况应以电位滴定法指示终点为宜。

（4）电位滴定时用玻璃电极为指示电极，饱和甘汞电极（玻璃套管内装氯化钾的饱和无水甲醇溶液）为参比电极。

（5）玻璃仪器必须干燥，试剂的含水量应在 0.2%以下。

（6）配制高氯酸滴定液时，应将高氯酸用冰醋酸稀释后，在搅拌下缓缓滴加醋酐（乙酸酐），量取高氯酸的量筒不得量取醋酐，因高氯酸与有机物接触极易引起爆炸。

（7）配制高氯酸滴定液时，若用于易乙酰化的供试品测定，必须测定本液的含水量（费休氏法），再用水或醋酐调节本液的含水量为 0.01% ~ 0.2%。

（8）若滴定样品与标定高氯酸滴定液时的温度差别超过 10 °C，应重新标定；若未超过 10 °C，则可根据下式将高氯酸滴定液的浓度加以校正。

$$N_1 = \frac{N_0}{1 + 0.001\,1(t_1 - t_0)}$$

式中 0.001 1——冰醋酸的膨胀系数；

t_0——标定高氯酸滴定液时的温度；

t_1——滴定供试品时的温度；

N_0——t_0 时高氯酸滴定液的浓度；

N_1——t_1 时高氯酸滴定的浓度。

（9）配制甲醇钠滴定液时，应避免与空气中的二氧化碳及水汽接触，每次临用前均应重新标定。

（10）碱滴定液滴定操作时，应在干燥的恒温条件下进行，不得有氨气、二氧化碳和水汽。

（二）碘量法

以碘为氧化剂，或以碘化物作为还原剂进行滴定的方法。

碘量法是氧化还原滴定法中应用比较广泛的一种方法。这是因为电对I_2/I^-的标准电位既不高也不低，碘可作为氧化剂而被中强的还原剂（如Sn^{2+}，H_2SO_4，H_2S）等所还原；碘离子也可作为还原剂而被中强的或强的氧化剂（如H_2SO_4，IO_3^-，CrO_7^{2-}，MnO_4^-等）所氧化。

1. 分　类

（1）直接碘量法：用碘滴定液直接滴定，用于测定具有较强还原性的药物。只能在酸性、中性或弱碱性溶液中进行。用淀粉指示剂指示终点。

（2）剩余碘量法：在供试品中加入定量的过量碘滴定液，待I_2与测定组分反应完全后用硫代硫酸钠滴定剩余的碘，根据与药物作用的碘量计算药物含量。需作空白实验，淀粉指示剂在接近终点时加入。

（3）置换碘量法：用于强氧化剂的测定。在供试品中加入碘化钾，氧化剂将其氧化成碘，用硫代硫酸钠滴定。需作空白实验。

2. 滴定液配制

（1）碘滴定液：碘与碘化钾共同配制，以基准三氧化二砷标定。

（2）硫代硫酸钠滴定液：新沸冷水配制，加少量无水碳酸钠作稳定剂。采用置换碘量法标定。

3. 指示剂与淀粉的影响因素

（1）适用 pH：2～9：淀粉指示剂在弱酸性介质中最灵敏，$pH>9$时，I_2易发生歧化反应，生成IO^-、IO_3^-，而IO^-、IO_3^-不与淀粉发生显色反应；当$pH<2$时，淀粉易水解成糊精，糊精遇I_2显红色，该显色反应可逆性差。

（2）使用直链淀粉：直链淀粉必须有＋1价碘负离子的存在，才能遇碘变蓝色；支链淀粉遇碘显紫色，且颜色变化不敏锐。

（3）50%乙醇存在时不变色：醇类的存在降低指示剂的灵敏度，在 50%以上的乙醇中，淀粉甚至不与碘发生显色反应。

（4）随着温度的升高，淀粉指示剂变色的灵敏度降低。

（5）大量电解质存在的情况下，也会使淀粉指示剂的灵敏度降低甚至失效。

（6）淀粉指示剂最好在用前配制，不宜久存，若在淀粉指示剂中加入少量碘化汞或氯化锌、甘油、甲酰胺等防腐剂，可延长储存时间。配制时将淀粉混悬液煮至半透明，且加热时间不宜过长，并应迅速冷却至室温。

（三）亚硝酸钠滴定法（重氮化法）

以亚硝酸钠液为滴定液的容量分析法称为亚硝酸钠法（也称重氮化法）。

1. 原　理

芳香伯胺类药物，在盐酸存在下，能定量地与亚硝酸钠产生重氮化反应。据此，用已知浓度的亚硝酸钠滴定液滴定（用永停法指示终点），根据消耗的亚硝酸钠滴定液的浓度和体积，可计算出芳香伯胺类药物的含量。反应式：

$$ArNH_2 + NaNO_2 + 2HCl \longrightarrow [Ar—N^+ \equiv N]Cl^- + NaCl + 2H_2O$$

2. 滴定条件

（1）酸的种类及浓度：

① 重氮化反应的速度与酸的种类有关，在 HBr 中比在 HCl 中反应快，在 HNO_3 或 H_2SO_4 中则较慢，但因 HBr 的价格较昂贵，故仍以 HCl 最为常用。此外，芳香伯胺类盐酸盐的溶解度也较大。

② 重氮化反应的速度与酸的浓度有关，一般常在 1 ~ 2 mol/L 酸浓度下滴定，这是因为酸的浓度高时反应速度快，容易进行完全，且可增加重氮盐的稳定性。如果酸的浓度不足，则已生成的重氮盐能与尚未反应的芳香伯胺偶合，生成重氮氨基化合物，使测定结果偏低。反应式为

$$[Ar—N^+ \equiv N]Cl^- + ArNH_2 \longrightarrow Ar—N = N—NH—Ar + HCl$$

当然，酸的浓度也不可过高，否则将阻碍芳香伯胺的游离，反而影响重氮化反应的速度。

（2）反应温度：

重氮化反应的速度随温度的升高而加快，但生成的重氮盐也能随温度的升高而加速分解，反应式为

$$[Ar—N^+ \equiv N]Cl^- + H_2O \longrightarrow Ar—OH + N_2\uparrow + HCl$$

另外，温度高时 HNO_2 易分解逸失，导致测定结果偏高。实践证明，温度在 15 °C 以下，虽然反应速度稍慢，但测定结果却较准确。如果采用“快速滴定法”，则在 30 °C 以下均能得到满意结果。

（3）滴定速度：

快速滴定法：将滴定管的尖端插入液面下约 2/3 处，用亚硝酸钠滴定液迅速滴定，随滴随搅拌，至接近终点时，将滴定管的尖端提出液面，用少量水淋洗尖端，洗液并入溶液中，继续缓缓滴定，至永停仪的电流计指针突然偏转，并持续 1 min 不再回复，即为滴定终点。

对于慢的重氮化反应，常加入适量 KBr 催化。

3. 苯环上取代基团的影响

苯环上特别是在对位上，有其他取代基团存在时，能影响重氮化反应的速度。

（1）亲电子基团，如—NO_2、—SO_3H、—COOH、—X 等，使反应加速。

（2）斥电子基团，如—CH_3、—OH、—OR 等，使反应减慢。

4. 注意事项

（1）将滴定管尖端插入液面 2/3 处进行滴定，是一种快速滴定法。

（2）重氮化温度应在 15 ~ 30 °C，以防重氮盐分解和亚硝酸逸出。

（3）重氮化反应须以盐酸为介质，因在盐酸中反应速度快，且芳香伯胺的盐酸盐溶解度大。在酸浓度为 1 ~ 2 mol/L 下滴定为宜。

（4）接近终点时，芳香伯胺浓度较稀，反应速度减慢，应缓缓滴定，并不断搅拌。

（5）永停仪铂电极易钝化，应常用浓硝酸（加 1 ~ 2 滴三氯化铁试液）温热活化。

（6）亚硝酸钠滴定液应置于玻璃塞、棕色玻璃瓶中避光保存。

5. 适用范围

（1）芳香族第一胺类药物。

（2）水解后具有芳香第一胺结构的药物。

（3）还原后具有芳香第一胺结构的药物。

6. 允许差

本法的相对偏差不得超过 0.3%。

（四）沉淀滴定法

沉淀滴定法是以沉淀反应为基础的一种滴定分析方法。沉淀滴定法必须满足的条件：① S 小，且能定量完成；② 反应速度快；③ 有适当的指示剂指示终点；④ 吸附现象不影响终点观察。

生成沉淀的反应很多，但符合容量分析条件的却很少，实际上应用最多的是银量法，即利用 Ag^{+}与卤素离子的反应来测定 Cl^{-}、Br^{-}、I^{-}、SCN^{-}和 Ag^{+}。银量法共分三种，分别以创立者的姓名来命名。

1. 莫尔法

在中性或弱碱性的含 Cl^{-}试液中，加入指示剂铬酸钾，用硝酸银标准溶液滴定，氯化银先沉淀，当砖红色的铬酸银沉淀生成时，表明 Cl^{-}已被定量沉淀，指示终点已经到达。

此法方便、准确，应用很广。

2. 福尔哈德法

（1）直接滴定法。在含 Ag^{+}的酸性试液中，加 $NH_4Fe(SO_4)_2$ 为指示剂，以 NH_4SCN 为滴定剂，先生成 AgSCN 白色沉淀，当红色的$[Fe(SCN)]^{2+}$出现时，表示 Ag^{+}已被定量沉淀，终点已到达。此法主要用于测 Ag^{+}。

（2）返滴定法。在含卤素离子的酸性溶液中，先加入一定量的过量的 $AgNO_3$ 标准溶液，再加指示剂 $NH_4Fe(SO_4)_2$，以 NH_4SCN 标准溶液滴定过量的 Ag^{+}，直到出现红色为止。两种试剂用量之差即为卤素离子的量。

此法的优点是选择性高，不受弱酸根离子的干扰。但用本法测 Cl^{-}时，宜加入硝基苯，将沉淀包住，以免部分 Cl^{-}由沉淀转入溶液。

3. 法扬斯法

此法又称银量法。在中性或弱碱性的含 Cl^{-}试液中加入吸附指示剂荧光黄，当用 $AgNO_3$ 滴定时，在等当点以前，溶液中 Cl^{-}过剩，AgCl 沉淀的表面吸附 Cl^{-}而带负电，指示剂不变色。在等当点后，Ag^{+}过剩，沉淀的表面吸附 Ag^{+}而带正电，它会吸附带负电的荧光黄离子，使沉淀表面显示粉红色，从而指示终点已到达。

此法的优点是方便。

虽然可定量进行的沉淀反应很多，但由于缺乏合适的指示剂，所以应用于沉淀滴定的反应并不多，目前比较有实际意义的是银量法。

（五）电位滴定法与永停滴定法

电位滴定法与永停滴定法是容量分析中用以确定终点或选择核对指示剂变色域的方法。选用适当的电极系统可以作氧化还原法、中和法（水溶液或非水溶液)、沉淀法、重氮化法或水分测定法等的终点指示。

电位滴定法选用 2 支不同的电极。一支为指示电极,其电极电势随溶液中被分析成分的离子浓度变化而变化;另一支为参比电极,其电极电势固定不变。在到达滴定终点时,因被分析成分的离子浓度急剧变化而引起指示电极的电势突减或突增,此转折点称为突跃点。

永停滴定法采用 2 支相同的铂电极,当在电极间加一低电压(如 50 mV)时,若电极在溶液中极化,则在未到达滴定终点前,仅有很小的电流或无电流通过;但当到达终点时,滴定液略过剩,使电极去极化,溶液中即有电流通过,电流计指针突然偏转,不再回复。反之,若电极由去极化变为极化,则电流计指针从有偏转回到零点,也不再变动。

1. 仪器装置

电位滴定可用电位滴定仪、酸度计或电位差计,永停滴定可用永停滴定仪。电流计的灵敏度除另有规定外,测定水分时用 10^{-6} A/格,重氮化法用 10^{-9} A/格。

2. 滴定法

(1)电位滴定法。

将盛有供试品溶液的烧杯置电磁搅拌器上,浸入电极,搅拌,并自滴定管中分次滴加滴定液;开始时可每次加入较多的量,搅拌,记录电位;至将近终点前,则应每次加入少量,搅拌,记录电位;至突跃点已过,仍应继续滴加几次滴定液,并记录电位。

滴定终点的确定用坐标纸以电位(E)为纵坐标,以滴定液体积(V)为横坐标,绘制 E-V 曲线,以此曲线的陡然上升或下降部分的中心为滴定终点。或以$\Delta E/\Delta V$(即相邻两次的电位差和加入滴定液的体积差之比)为纵坐标,以滴定液体积(V)为横坐标,绘制 $\frac{\Delta E}{\Delta V}$-$V$ 曲线,与$\Delta E/\Delta V$ 的极大值对应的体积即为滴定终点。也可采用二阶导数确定终点。根据求得的($\Delta E/\Delta V$)值,计算相邻数值间的差值,即为$\Delta^2 E/\Delta V^2$,绘制 $\frac{\Delta^2 E}{\Delta V^2}$-$V$ 曲线,曲线过零时的体积即为滴定终点。

如果是供指示剂变色域的选择核对,滴定前加入指示剂,观察终点前至终点后的颜色变化,以选定该品种终点时的指示剂颜色。

(2)永停滴定法。

用作重氮化法的终点指示时,调节 R 使加于电极上的电压约为 50 mV。

取供试品适量，精密称定，置烧杯中，除另有规定外，可加水 40 mL 与盐酸（1→2）15 mL，而后置电磁搅拌器上，搅拌使溶解，再加溴化钾 2 g，插入铂-铂电极后，将滴定管的尖端插入液面下约 2/3 处，用亚硝酸钠滴定液（0.1 mol/L 或 0.05 mol/L）迅速滴定，随滴随搅拌，至接近终点时，将滴定管的尖端提出液面，用少量水淋洗尖端，洗液并入溶液中，继续缓缓滴定，至电流计指针突然偏转，并不再回复，即为滴定终点。

用作水分测定的终点指示时，可调节 R 使电流计的初始电流为 5 ~ 10 μA，待滴定到电流突增至 50 ~ 150 μA，并持续数分钟不退回，即为滴定终点。

七、滴定分析的计算

（一）滴定剂与被滴定剂之间的关系

设滴定剂 A 与被测组分 B 发生下列反应：

$$aA + bB = cC + dD$$

则被测组分 B 的物质的量与滴定剂 A 的物质的量之间的关系可用两种方式求得。

1. 根据滴定剂 A 与被测组分 B 的化学计量数的比计算

由上述反应式可得

$$n_A : n_B = a : b$$

因此有

$$n_A = \frac{a}{b} n_B \quad 或 \quad n_B = \frac{b}{a} n_A \tag{5.1}$$

$\frac{b}{a}$ 或 $\frac{a}{b}$ 称为化学计量数比（也称摩尔比），它是该反应的化学计量关系，是滴定分析的定量测定的依据。

例如，用 HCl 标准滴定溶液滴定 Na_2CO_3 时，滴定反应为

$$2HCl + Na_2CO_3 = 2NaCl + CO_2\uparrow + H_2O$$

可得

$$n(Na_2CO_3) = \frac{1}{2} \times n(HCl)$$

又如，在酸性溶液中用 $K_2Cr_2O_7$ 标准滴定溶液滴定 Fe^{2+} 时，滴定反应为

$$Cr_2O_7^{2-} + 6Fe^{2+} + 14H^+ = 2Cr^{3+} + 6Fe^{3+} + 7H_2O$$

可得 $n(Fe^{2+}) = 6n(K_2Cr_2O_7)$

2. 根据等物质的量规则计算

等物质的量规则是指对于一定的化学反应，如选定适当的基本单元，那么在任何时刻所消耗的反应物的物质的量均相等。在滴定分析中，若根据滴定反应选取适当的基本单元，则滴定到达化学计量点时，被测组分的物质的量就等于所消耗标准滴定溶液的物质的量，即

$$n\left(\frac{1}{Z_B}B\right) = n\left(\frac{1}{Z_A}A\right) \tag{5.2}$$

如上例中 $K_2Cr_2O_7$ 的电子转移数为 6，以 $\frac{1}{6}K_2Cr_2O_7$ 为基本单元；Fe^{2+} 的电子转移数为 1，以 Fe^{2+} 为基本单元，则

$$n\left(\frac{1}{6}K_2Cr_2O_7\right) = n(Fe^{2+})$$

式（5.2）是滴定分析计算的基本关系式，利用它可以导出其他计算关系式。

（二）标准滴定溶液浓度计算

1. 直接配制法

准确称取质量为 m_B（g）的基准物质 B，将其配制成体积为 V_B（L）的标准溶液。已知基准物质 B 的摩尔质量为 M_B（g/mol），由于

$$n\left(\frac{1}{Z_B}B\right) = \frac{m_B}{M\left(\frac{1}{Z_B}B\right)} \tag{5.3}$$

$$n\left(\frac{1}{Z_B}B\right) = c\left(\frac{1}{Z_B}B\right)V_B \tag{5.4}$$

则该标准溶液的浓度为

$$c\left(\frac{1}{Z_B}B\right) = \frac{n\left(\frac{1}{Z_B}B\right)}{V_B} = \frac{m_B}{V_B \cdot M\left(\frac{1}{Z_B}B\right)} \tag{5.5}$$

【例 1】 准确称取基准物质 $K_2Cr_2O_7$ 1.471 g，溶解后定量转移至 500.0 mL 容量瓶中。已知 $M(K_2Cr_2O_7) = 294.2$ g/mol，计算此 $K_2Cr_2O_7$ 溶液的浓度 $c(K_2Cr_2O_7)$及 $c\left(\frac{1}{6}K_2Cr_2O_7\right)$。

解：按式（5.5）可得

$$c(K_2Cr_2O_7) = \frac{1.471}{0.500\ 0 \times 294.2} = 0.010\ 00\ \text{mol/L}$$

$$c\left(\frac{1}{6}K_2Cr_2O_7\right) = \frac{1.471}{0.500\ 0 \times 1/6 \times 294.2} = 0.060\ 00\ \text{mol/L}$$

【例 2】 欲配制 $c\left(\frac{1}{2}Na_2CO_3\right) = 0.100\ 0$ mol/L 的 Na_2CO_3 标准滴定溶液 250.0 mL，应称取基准试剂 Na_2CO_3 多少克？已知 $M(Na_2CO_3) = 106.0$ g/mol。

解：设应称取基准试剂 $m(Na_2CO_3)$ g，则

$$m(Na_2CO_3) = c\left(\frac{1}{2}Na_2CO_3\right) \cdot V(Na_2CO_3) \cdot M\left(\frac{1}{2}Na_2CO_3\right)$$

所以 $$m(Na_2CO_3) = 0.010\ 00 \times 250.0 \times \frac{1}{2} \times 106.0 = 1.325\ \text{g}$$

【例 3】 欲将 250.0 mL $c(Na_2S_2O_3) = 0.210\ 0$ mol/L 的 $Na_2S_2O_3$ 溶液稀释成 0.100 0 mol/L，需加水多少毫升？

解：设需加水体积为 V mL，根据溶液稀释前后其溶质的物质的量相等的原则得

$$0.210\ 0 \times 250.0 = 0.100\ 0 \times (250.0 + V)$$

所以 $$V = 275.0\ \text{mL}$$

2. 标定法

若以基准物质 B 标定浓度为 c_A 的标准滴定溶液，设所称取的基准物质的质量为 m_B（g），其摩尔质量为 M_B（g/mol），滴定时消耗待标定标准溶液 A 的体积为 V_A（mL），根据等物质的量关系

$$n\left(\frac{1}{Z_B}B\right) = n\left(\frac{1}{Z_A}A\right)$$

则 $$\frac{m_B}{M\left(\frac{1}{Z_B}B\right)} = c\left(\frac{1}{Z_A}A\right) \cdot \frac{V_A}{1\ 000} \tag{5.6}$$

因此
$$c\left(\frac{1}{Z_A}A\right)=\frac{1\,000m_B}{M\left(\frac{1}{Z_B}B\right)\cdot V_A} \tag{5.7}$$

【例 4】 称取基准物草酸（$H_2C_2O_4 \cdot 2H_2O$）0.200 2 g 溶于水中，用 NaOH 溶液滴定，消耗了 NaOH 溶液 28.52 mL，计算 NaOH 溶液的浓度。已知 $M(H_2C_2O_4 \cdot 2H_2O) = 126.1$ g/mol。

解： 按题意滴定反应为

$$2NaOH + H_2C_2O_4 = Na_2C_2O_4 + 2H_2O$$

根据质子转移数，选 NaOH 为基本单元，则 $H_2C_2O_4$ 的基本单元为 $\frac{1}{2}H_2C_2O_4$，按式（5.7）得

$$c(NaOH)=\frac{1\,000m(H_2C_2O_4\cdot 2H_2O)}{M\left(\frac{1}{2}H_2C_2O_4\cdot 2H_2O\right)\cdot V(NaOH)}$$

代入数据得

$$c(NaOH)=\frac{1\,000\times 0.200\,2}{\frac{1}{2}\times 126.1\times 28.52}=0.111\,3\ mol/L$$

【例 5】 配制 0.1 mol/L HCl 溶液，用基准试剂 Na_2CO_3 标定其浓度，试计算 Na_2CO_3 的称量范围。

解： 用 Na_2CO_3 标定 HCl 溶液浓度的反应为

$$2HCl + Na_2CO_3 = 2NaCl + CO_2\uparrow + H_2O$$

根据反应式得

$$n\left(\frac{1}{2}Na_2CO_3\right)=n(HCl)$$

则

$$\frac{m(Na_2CO_3)}{M\left(\frac{1}{2}Na_2CO_3\right)}=\frac{c(HCl)\cdot V(HCl)}{1\,000}$$

$$m(Na_2CO_3)=c(HCl)\cdot V(HCl)\cdot M\left(\frac{1}{2}Na_2CO_3\right)\Big/1\,000$$

为保证标定的准确度，HCl 溶液的消耗体积一般在 30 ~ 40 mL 之间。

$$m_1 = 0.1\times(30/1\,000)\times 53.00 = 0.16\ \text{g}$$

$$m_2 = 0.1\times(40/1\,000)\times 53.00 = 0.21\ \text{g}$$

可见，为保证标定的准确度，基准试剂 Na_2CO_3 的称量范围应为 0.16 ~ 0.21 g。

3. 滴定度与物质的量浓度之间的换算

设标准溶液浓度为 c_A，滴定度为 $T_{B/A}$，根据等物质的量规则（或化学计量数比）和滴定度定义，它们之间的关系应为

$$T_{B/A} = \frac{c\left(\frac{1}{Z_A}A\right)\cdot M\left(\frac{1}{Z_B}B\right)}{1\,000} \tag{5.8}$$

或

$$c\left(\frac{1}{Z_A}A\right) = \frac{T_{B/A}\times 1\,000}{M\left(\frac{1}{Z_B}B\right)} \tag{5.9}$$

【例 6】 计算 $c(HCl) = 0.101\,5$ mol/L 的 HCl 溶液对 Na_2CO_3 的滴定度。

解：反应式为

$$2HCl + Na_2CO_3 = 2NaCl + CO_2\uparrow + H_2O$$

根据质子转移数，选 HCl、$\frac{1}{2}Na_2CO_3$ 为基本单元，按式（5.8），则

$$T(Na_2CO_3/HCl) = \frac{c(HCl)\cdot M\left(\frac{1}{2}Na_2CO_3\right)}{1\,000}$$

代入数据得

$$T(Na_2CO_3/HCl) = \frac{0.101\,5\times\frac{1}{2}\times 106.0}{1\,000} = 0.005\,380\ \text{g/mL}$$

（三）待测组分含量计算

完成一个滴定分析的全过程，可以得到 3 个测量数据，即称取试样的质量 m_s（g）、标准滴定溶液的浓度 $c\left(\frac{1}{Z_A}A\right)$（mol/L）、滴定至终点时标准滴定

溶液消耗体积 V_A（mL）。若设测得试样中待测组分 B 的质量为 m_B（g），则待测组分 B 的质量分数 w_B（%）为

$$w_B = \left(\frac{m_B}{m_s}\right) \times 100\% \tag{5.10}$$

根据等物质的量规则，将式（5.6）代入式（5.10）得

$$w_B = \frac{c\left(\frac{1}{Z_A}A\right) \cdot V_A \cdot M\left(\frac{1}{Z_B}B\right)}{m_s \times 1\,000} \times 100\% \tag{5.11}$$

再利用所获得的 3 个测量数据，代入式（5.11）即可求出待测组分含量。

【例 7】 用 $c\left(\frac{1}{2}H_2SO_4\right) = 0.202\,0$ mol/L 的硫酸标准滴定溶液测定 Na_2CO_3 试样的含量时，称取 0.200 9 g Na_2CO_3 试样，消耗 18.32 mL 硫酸标准滴定溶液，求试样中 Na_2CO_3 的质量分数。已知 $M(Na_2CO_3) = 106.0$ g/mol。

解： 滴定反应式为

$$H_2SO_4 + Na_2CO_3 = Na_2SO_4 + CO_2\uparrow + H_2O$$

根据反应式，Na_2CO_3 和 H_2SO_4 得失电子数分别为 2，因此基本单元分别取 $\frac{1}{2}H_2SO_4$ 和 $\frac{1}{2}Na_2CO$，则

$$w(H_2SO_4) = \frac{c\left(\frac{1}{2}H_2SO_4\right) \cdot V(H_2SO_4) \cdot M\left(\frac{1}{2}Na_2CO_3\right)}{m_s \times 1\,000} \times 100\%$$

代入数据，得

$$w(H_2SO_4) = \frac{0.202\,0 \times 18.32 \times \frac{1}{2} \times 106.0}{1\,000 \times 0.200\,9} \times 100\% = 97.62\%$$

【例 8】 称取铁矿石试样 0.314 3 g 溶于酸并将 Fe^{3+} 还原为 Fe^{2+}。用 $c\left(\frac{1}{6}K_2Cr_2O_7\right) = 0.120\,0$ mol/L 的 $K_2Cr_2O_7$ 标准滴定溶液滴定，消耗 $K_2Cr_2O_7$ 溶液 21.30 mL。计算试样中 Fe_2O_3 的质量分数。已知 $M(Fe_2O_3) = 159.7$ g/mol。

解： 滴定反应为

$$Cr_2O_7^{2-} + 6Fe^{2+} + 14H^+ = 2Cr^{3+} + 6Fe^{3+} + 7H_2O$$

按等物质的量规则

$$n\left(\frac{1}{2}Fe_2O_3\right)=n\left(\frac{1}{6}K_2Cr_2O_7\right)$$

则

$$w(Fe_2O_3)=\frac{c\left(\frac{1}{6}K_2Cr_2O_7\right)\cdot V(K_2Cr_2O_7)\cdot M\left(\frac{1}{2}Fe_2O_3\right)}{m_s\times 1\,000}\times 100\%$$

代入数据得

$$w(Fe_2O_3)=\frac{0.120\,0\times 21.30\times\frac{1}{2}\times 159.7}{0.314\,3\times 1\,000}\times 100\%=64.94\%$$

【例 9】 将 0.249 7 g CaO 试样溶于 25.00 mL $c(HCl)=0.280\,3$ mol/L 的 HCl 溶液中，剩余酸用 $c(NaOH)=0.278\,6$ mol/L NaOH 标准溶液返滴定，消耗 11.64 mL。求试样中 CaO 的质量分数。已知 $M(CaO)=54.08$ g/mol。

解：测定中涉及的反应式为

$$CaO+2HCl = CaCl_2+H_2O$$

$$HCl+NaOH = NaCl+H_2O$$

按题意，CaO 的量是所用 HCl 的总量与返滴定所消耗的 NaOH 的量之差。即

$$w(CaO)=\frac{[c(HCl)\cdot V(HCl)-c(NaOH)\cdot V(NaOH)\times M\left(\frac{1}{2}CaO\right)}{m_s\times 1\,000}\times 100\%$$

代入数据得

$$w(CaO)=\frac{(0.280\,3\times 25.00-0.278\,6\times 11.64)\times\frac{1}{2}\times 54.08}{0.249\,7\times 1\,000}\times 100\%=42.27\%$$

【例 10】 检验某病人血液中的钙含量，取 2.00 mL 血液稀释后，用 $(NH_4)_2C_2O_4$ 溶液处理，使 Ca^{2+} 生成 CaC_2O_4 沉淀，沉淀经过滤、洗涤后，溶解于强酸中，然后用 $c\left(\frac{1}{5}KMnO_4\right)=0.050\,0$ mol/L 的 $KMnO_4$ 溶液滴定，用去 1.20 mL，试计算此血液中钙的含量。已知 $A_r(Ca)=40.08$。

解： 题采用间接法对被测组分进行滴定，因此应从几个反应中寻找被测物的量与滴定剂之间的关系。按题意，测定经如下几步：

$$Ca^{2+} \xrightarrow{C_2O_4^{2-}} CaC_2O_4 \downarrow \xrightarrow{H^+} H_2C_2O_4 \xrightarrow{KMnO_4+H^+} Mn^{2+} + 2CO_2 \uparrow$$

反应中 Ca^{2+} 与 $C_2O_4^{2-}$ 的计量比为 1∶1，而 $KMnO_4$ 滴定 $H_2C_2O_4$ 反应中

$$C_2O_4^{2-} \xrightarrow{-2e^-} CO_2，\quad MnO_4^- \xrightarrow{-5e^-} Mn^{2+}$$

因此 $KMnO_4$ 的基本单元为 $\frac{1}{5}KMnO_4$，钙的基本单元为 $\frac{1}{2}Ca^{2+}$。根据等物质的量规则，有

$$n\left(\frac{1}{2}Ca^{2+}\right) = n\left(\frac{1}{2}H_2C_2O_4\right) = n\left(\frac{1}{5}KMnO_4\right)$$

$$\rho(Ca) = \frac{c\left(\frac{1}{5}KMnO_4\right) \cdot V(KMnO_4) \cdot M\left(\frac{1}{2}Ca\right)}{V_s}$$

代入数据得

$$\rho(Ca) = \frac{0.050\,0 \times 1.20 \times \frac{1}{2} \times 40.08}{2.00} = 0.601\ g/L$$

第二节　光谱检测技术

一、紫外-可见分光光度法

紫外-可见分光光度法是根据物质分子对波长为 200 ~ 760 nm 这一范围的电磁波的吸收特性所建立起来的一种定性、定量和结构分析方法。操作简单、准确度高、重现性好。波长长（频率小）的光线能量小，波长短（频率大）的光线能量大。

（一）吸收光谱

描述物质分子对辐射吸收的程度随波长而变的函数关系曲线，称为吸收光谱或吸收曲线。紫外-可见吸收光谱通常由一个或几个宽吸收谱带组成。最

大吸收波长（λ_{max}）表示物质对辐射的特征吸收或选择吸收，它与分子中外层电子或价电子的结构（或成键、非键和反键电子）有关。

朗伯-比尔定律是分光光度法和比色法的基础。这个定律表示：当一束具有 I_0 强度的单色辐射照射到吸收层厚度为 b、浓度为 c 的吸光物质时，辐射能的吸收依赖于该物质的浓度与吸收层的厚度。其数学表达式为

$$A = \lg\frac{I_0}{I} = \lg\frac{1}{T} = \varepsilon bc$$

式中 A——吸光度；

I_0——入射辐射强度；

I——透过吸收层的辐射强度；

T——透射率，$T = \frac{I}{I_0}$。

ε——常数，叫做摩尔吸光系数，ε 值越大，分光光度法测定的灵敏度越高。

（二）仪器设备

1. 组成部件

紫外-可见分光光度计由 5 个部件组成：

（1）辐射源。必须具有稳定、有足够输出功率、能提供仪器使用波段的连续光谱，如钨灯、卤钨灯（波长范围 350 ~ 2 500 nm），氘灯或氢灯（180 ~ 460 nm），或可调谐染料激光光源等。

（2）单色器。它由入射、出射狭缝、透镜系统和色散元件（棱镜或光栅）组成，是用以产生高纯度单色光束的装置，其功能包括将光源产生的复合光分解为单色光和分出所需的单色光束。

（3）试样容器，又称吸收池。供盛放试液进行吸光度测量之用，分为石英池和玻璃池两种，前者适用于紫外至可见区，后者只适用于可见区。容器的光程一般为 0.5 ~ 10 cm。

（4）检测器，又称光电转换器。常用的有光电管或光电倍增管，后者较前者更灵敏，特别适用于检测较弱的辐射。近年来还使用光导摄像管或光电二极管矩阵做检测器，具有快速扫描的特点。

（5）显示装置。这部分装置发展较快。较高级的光度计常备有微处理机、荧光屏显示和记录仪等，可将图谱、数据和操作条件都显示出来。

2. 仪器类型

可分为单波长单光束直读式分光光度计，单波长双光束自动记录式分光光度计和双波长双光束分光光度计。

（三）应用范围

（1）定量分析，广泛用于各种物料中微量、超微量和常量的无机及有机物质的测定。

（2）定性和结构分析，紫外吸收光谱还可用于推断空间阻碍效应、氢键的强度、互变异构、几何异构现象等。

（3）反应动力学研究，即研究反应物浓度随时间而变化的函数关系，测定反应速度和反应级数，探讨反应机理。

（4）研究溶液平衡，如测定配合物的组成、稳定常数、酸碱离解常数等。

（四）使用方法

1. 仪器的校正和检定

（1）波长：由于环境因素对机械部分的影响，仪器的波长经常会略有变动，因此除应定期对所用的仪器进行全面校正检定外，还应于测定前校正测定波长。常用汞灯中的较强谱线 237.83 nm、253.65 nm、275.28 nm、296.73 nm、313.16 nm、334.15 nm、365.02 nm、404.66 nm、435.83 nm、546.07 nm 与 576.96 nm，或用仪器中氘灯的 486.02 nm 与 656.10 nm 谱线进行校正，钬玻璃在 279.4 nm、287.5 nm、333.7 nm、360.9 nm、418.5 nm、460.0 nm、484.5 nm、536.2 nm 与 637.5 nm 波长处有尖锐吸收峰，也可作波长校正用，但因来源不同或随着时间的推移会有微小的差别，使用时应注意。

（2）吸光度的准确度：可用重铬酸钾的硫酸溶液检定。取在 120 °C 干燥至质量恒定的基准重铬酸钾约 60 mg，精密称定，用 0.005 mol/L 硫酸溶解并稀释至 1 000 mL，在规定的波长处测定并计算其吸收系数，并与规定的吸收系数比较，应符合表 5.1 中的规定。

表 5.1　吸光度的准确度检定

波长（nm）	235（最小）	257（最大）	313（最小）	350（最大）
吸收系数 ($E_{1\,cm}^{1\%}$) 的规定值	124.5	144.0	48.6	106.6
吸收系数 ($E_{1\,cm}^{1\%}$) 的许可范围	123.0 ~ 126.0	142.8 ~ 146.2	47.0 ~ 50.3	105.5 ~ 108.5

（3）杂散光的检查：可按表 5.2 的试剂和浓度，配制成水溶液，置 1 cm 石英吸收池中，在规定的波长处测定透光率，应符合表 5.2 中的规定。

表 5.2 杂散光的检查

试剂	浓度（g/mL）	测定用波长（nm）	透光率（%）
碘化钠	1.00	220	<0.8
亚硝酸钠	5.00	340	<0.8

2. 对溶剂的要求

含有杂原子的有机溶剂，通常均具有很强的末端吸收。因此，当作溶剂使用时，它们的使用范围均不能小于截止使用波长。例如，甲醇、乙醇的截止使用波长为 205 nm。另外，当溶剂不纯时，也可能增加干扰吸收。因此，在测定供试品前，应先检查所用的溶剂在供试品所用的波长附近是否符合要求，即将溶剂置 1 cm 石英吸收池中，以空气为空白（即空白光路中不置任何物质）测定其吸收度。溶剂和吸收池的吸光度，在 220 ~ 240 nm 范围内不得超过 0.40，在 241 ~ 250 nm 范围内不得超过 0.20，在 251 ~ 300 nm 范围内不得超过 0.10，在 300 nm 以上时不得超过 0.05。

3. 测定法

测定时，除另有规定外，应以配制供试品溶液的同批溶剂为空白对照，采用 1 cm 的石英吸收池，在规定的吸收峰波长 ± 2 nm 以内测试几个点的吸收度，或由仪器在规定波长附近自动扫描测定，以核对供试品的吸收峰波长位置是否正确，除另有规定外，吸收峰波长应在该品种项下规定的波长 ± 2 nm 以内，并以吸光度最大的波长作为测定波长。一般供试品溶液的吸光度读数，以在 0.3 ~ 0.7 之间的误差较小。

仪器的狭缝波带宽度应小于供试品吸收带的半宽度，否则测得的吸光度会偏低；狭缝宽度的选择，应以减小狭缝宽度时供试品的吸光度不再增大为准。

由于吸收池和溶剂本身可能有空白吸收，因此测定供试品的吸光度后应减去空白读数，或由仪器自动扣除空白读数后再计算含量。

当溶液的 pH 对测定结果有影响时，应将供试品溶液和对照品溶液的 pH 调成一致。

（1）鉴别和检查：分别按各品种项下的方法进行。

（2）含量测定：一般有以下几种。

① 对照品比较法。

按各品种项下的方法，分别配制供试品溶液和对照品溶液，对照品溶液中所含被测成分的量应为供试品溶液中被测成分规定量的 100% ± 10%，所用

溶剂也应完全一致,在规定的波长测定供试品溶液和对照品溶液的吸光度后,按下式计算供试品中被测溶液的浓度:

$$C_x = (A_x/A_r)c_r$$

式中 C_x——供试品溶液的浓度;

A_x——供试品溶液的吸光度;

A_r——对照品溶液的浓度;

c_r——对照品溶液的吸光度。

② 吸收系数法。

按各品种项下的方法配制供试品溶液,在规定的波长处测定其吸光度,再以该品种在规定条件下的吸收系数计算含量。用本法测定时,吸收系数通常应大于100,并注意仪器的校正和检定。

③ 比色法。

供试品溶液加入适量显色剂后测定吸光度以计算其含量的方法。

用比色法测定时,应取数份梯度量的对照品溶液,用溶剂补充至同一体积,显色后,以相应试剂为空白,在各品种规定的波长处测定各份溶液的吸光度,以吸光度为纵坐标,浓度为横坐标绘制标准曲线,再根据供试品的吸光度在标准曲线上查得其相应的浓度,并求出其含量。

也可取对照品溶液与供试品溶液同时操作,显色后,以相应的试剂为空白,在各品种规定的波长处测定对照品和供试品溶液的吸光度,按上述方法计算供试品溶液的浓度。

除另有规定外,比色法所用空白指用同体积溶剂代替对照品或供试品溶液,然后依次加入等量的相应试剂,并用同样方法处理制得。

二、荧光分光光度法

(一)荧光分析的基本知识

1. 荧光的产生

荧光是分子吸收能量由基态跃迁到激发态后,处于较高能级振动水平的电子,经过内转换损耗部分能量返回激发态的最低振动水平,由此能级回到基态时,多余的能量发射出的光。其波长大于吸收波长,产生过程见图5.5,实线箭头表示分子由基态吸收光子而达到激发态的某一振动水平,曲线表示激发态分子通过与溶剂或基态分子碰撞损耗能量而抵达激发态的最低振动水平，虚线箭头表示以光的方式释放能量，返回到基态的某一振动水平。

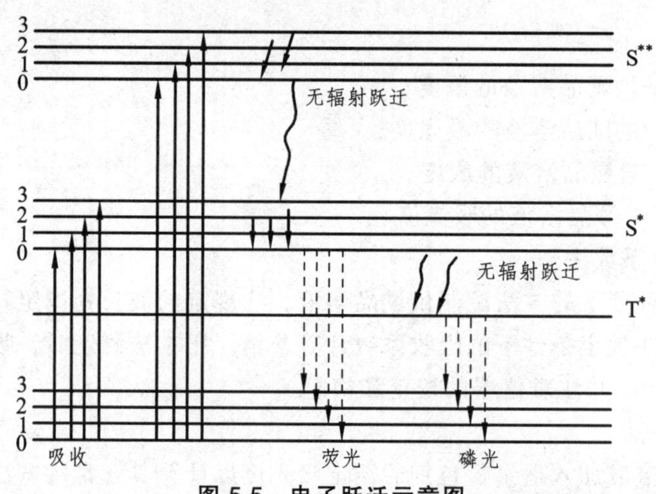

图 5.5 电子跃迁示意图

G—基态；S*，S**—不同能级激发态；T*—三线激发态

2. 荧光量子产率

荧光量子产率也称荧光量子效率，它是表示一种物质荧光特性的重要参数，通常用 ϕ 表示。其定义为物质发射荧光的总能量与吸收能量之比，也就是处在电子激发态的分子发射荧光的比率，其数值小于或等于 1。

$$\phi = \frac{\text{发射量子数}}{\text{吸收量子数}}$$

量子产率表示了物质发射荧光的本领，可揭示荧光体系的各种特征。影响产率的因素有两种，一种是内部因素，另一种是外部因素。内部因素，例如分子内可进行能量转换的振动水平的数目和分子的角度等，这都与荧光分子的性质有关，在理论研究上有一定的意义。影响荧光量子产率的外部因素，对生物化学研究具有较大的实用价值，可以获得分子构型、小分子与生物大分子之间相互作用的信息。

3. 荧光强度

这是目前最常用的参数，用某一波长的荧光强度来表示某种物质的荧光量，表示的是相对强度。

一种物质发射的荧光强度与其吸收的光能成正比，在稀溶液中的荧光强度，可由 Beer-Lambert 定律计算得到：

$$F = I_0(1-10^{\varepsilon cl})\phi$$

式中 F——荧光强度（每秒钟量子数）；

I_0——激发光的强度；

ε——摩尔吸收系数；

c——溶质的浓度，mol/L；

l——试样的光程，cm；

ϕ——荧光量子效率。

（二）荧光分光光度计

测量荧光的主要仪器是荧光分光光度计，其结构由电源、单色器、样品室和检测器组成，详见图 5.6，基本与紫外分光光度计相似，但有两个部分不同：一是荧光分光光度计具有两个单色器，一个用以选择激发波长，另一个用于分析发射光的波长；二是检测器与激发光束成一定角度，一般为 90°，以清除穿过样品透射光的干扰，大都位于激发光束的右方。

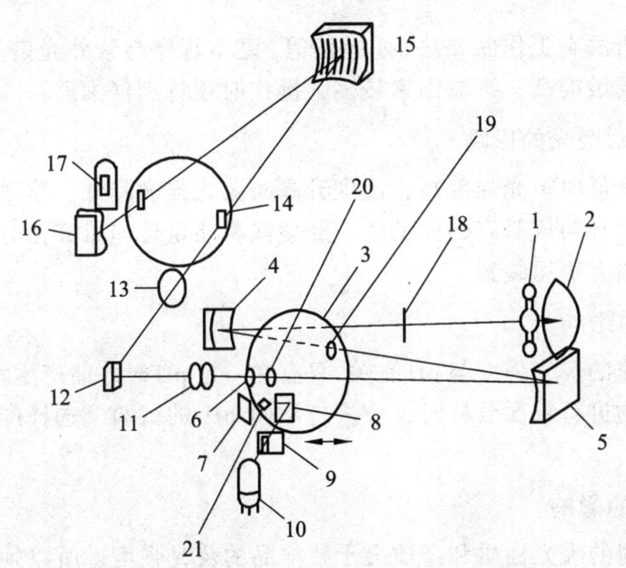

图 5.6　970CRT 荧光分光光度计光路图

1—氙灯；2—椭圆状聚光镜（镀 SiO_2）；3—激发光狭缝组件；4—凹镜；5—凹面激发衍射光栅；6—分束石英板；7—特氟隆 1 号反射镜；8—特氟隆 2 号反光镜；9—光衰减器；10—检测器光电倍增管 R212-09；11—耦合聚光透镜；12—比色杯；13—聚光透镜；14—发射光狭缝组件；15—凹面发射衍射光栅；16—凹镜；17—光度计光电倍增管；18—焦距；19—入射狭缝；20—出射狭缝；21—光束平衡光阑

光源一般用氙弧灯，也可用中压或高压汞灯代替。光源发出的光通过光学系统导向激发单色器，可选择波长或扫描范围，激发光然后射入样品室中的荧光杯。荧光杯由四面可透光的石英玻璃制成，当溶液中的分子被激发时，将向四个方向发射出荧光。右方的发射光束通过发射单色器进行分析，选择波长或扫描范围，由检测器（光电倍增管）测出荧光强度。

光路的整个过程是：由氙灯发出弧光，由椭圆状反射镜集光，通过凹镜打到激发光组件的入射狭缝上，进入凹面激发衍射光栅，由光栅出来的光经集光镜，穿过出射狭缝射入样品杯。1 到 4 和 5 的光路是平行进行的。入射狭缝和出射狭缝是垂直排列的，轴线不重合，消除了由光源壁反射而产生的散光重影。一部分激发光束由 6 反射而进入 7，由 7 再到 8。特氟隆 2 号延伸出的光束，以固定的光学衰减比率射到检测器光电倍增管上。透过比色杯的光束，经透镜而进入发射单色器狭缝组件和发射衍射光栅，凹镜使光进入光度计光电倍增管，随光度计的信号送到前置放大器。

（三）荧光分析的影响因素及注意事项

荧光分析法有工作曲线法、示差法等，基本程序与紫外光谱分析法相同，但荧光分析灵敏度高，影响因素较多，操作时须特别仔细。

1. 温度对荧光的影响

一般温度低时荧光强度高，温度升高时荧光强度降低，这是由于分子内部将激发能量转换成基态的振动能，经碰撞将能量传递给其他分子，所以精确的测定必须有恒温装置。

2. pH 的影响

许多物质的荧光强度与pH有关，只有在一定pH时才能产生稳定的荧光，对某种化合物进行首次分析时，应进行不同 pH 的试验，选择产生稳定荧光的 pH。

3. 溶剂的影响

由于溶剂的吸光性质和杂质会干扰样品的荧光强度，所以须用有机溶剂时，要选择在溶质测定波长范围内没有吸收、纯度高的溶剂。

4. 荧光的消褪

许多物质的荧光，在光线照射下或在空气中放置时，会逐渐消褪。所以，有些样品要在配成溶液后立即测定，有些还须绘制荧光-时间曲线，以找出荧光强度达到最高峰而又比较恒定的时间。

5. 防止污染

为了防止荧光分析中的污染，玻璃器皿要用浓硝酸浸泡漂洗，滤纸要经过选择，尽量避免更多的其他媒介物的接触。

三、原子吸收分光光度法

原子吸收分光光度法，又称原子吸收光谱法，它是基于物质所产生的原子蒸气对待测元素的特征谱线的吸收作用来进行定量分析的一种方法。原子吸收分光光度法具有分析干扰少、准确度高、灵敏度高、测定范围广等优点，不足之处在于测定不同元素时需更换光源灯，不利于多种元素的同时分析。

（一）原子吸收分析

1. 原　理

原子吸收光谱法是基于原子对特征光吸收的一种相对测量方法。它的基本原理是光源辐射出的待测元素的特征光谱（也称锐线光谱）通过火焰中样品蒸气时，被蒸气中待测元素的基态原子所吸收，在一定条件下，入射光被吸收而减弱的程度与样品中待测元素的含量呈正相关，由此可得到样品中待测元素的含量。

2. 方法分类

（1）火焰原子化法。其优点是：火焰原子化法的操作简便，重现性好，有效光程大，对大多数元素有较高灵敏度，因此应用广泛。缺点是：原子化效率低，灵敏度不够高，而且一般不能直接分析固体样品；

（2）石墨炉原子化器。其优点是：原子化效率高，在可调的高温下试样利用率达 100%，灵敏度高，试样用量少，适用于难熔元素的测定。缺点是：试样组成不均匀性的影响较大，测定精密度较低，共存化合物的干扰比火焰原子化法大，干扰背景比较严重，一般都需要校正背景。

（二）原子吸收分光光度计

原子吸收分光光度计由四部分构成，即光源系统、原子化系统、分光系统和检测系统（图 5.7）。光源系统用于发射出待测元素的特征谱线，一般采用空心阴极灯；原子化系统主要用于产生元素的原子蒸气；分光系统可以分出通过火焰的光线中待测元素的特征谱线；检测系统则把光信号转换成电信号，经调制、放大、计算，最后将结果输出。

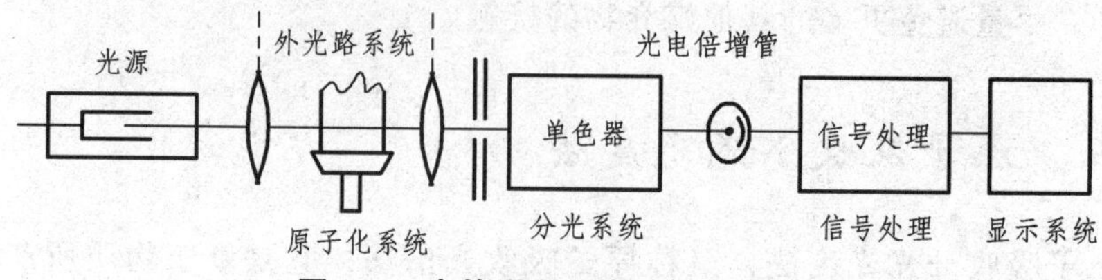

图 5.7　火焰原子吸收光谱仪结构

1. 光　源

光源是原子吸收光谱仪的重要组成部分，它的性能指标直接影响分析的检出限、精密度及稳定性等性能。光源的作用是发射被测元素的特征共振辐射。对光源的基本要求：发射的共振辐射的半宽度要明显小于吸收线的半宽度；辐射的强度要大；辐射光强要稳定，使用寿命要长等。空心阴极灯是符合上述要求的理想光源，应用最广。

空心阴极灯（Hollow Cathode Lamps，HCL）是由玻璃管制成的封闭着低压气体的放电管，如图 5.8 所示，主要是由一个阳极和一个空心阴极组成。阴极为空心圆柱形，由待测元素的高纯金属或合金直接制成，贵重金属以其箔衬在阴极内壁。阳极为钨棒，上面装有钛丝或钽片作为吸气剂。灯的光窗材料根据所发射的共振线波长而定，在可见波段用硬质玻璃，在紫外波段用石英玻璃。制作时先抽成真空，然后再充入压强约为 267 ~ 1 333 Pa 的少量氖或氩等惰性气体，其作用是载带电流、使阴极产生溅射及激发原子发射特征的锐线光谱。

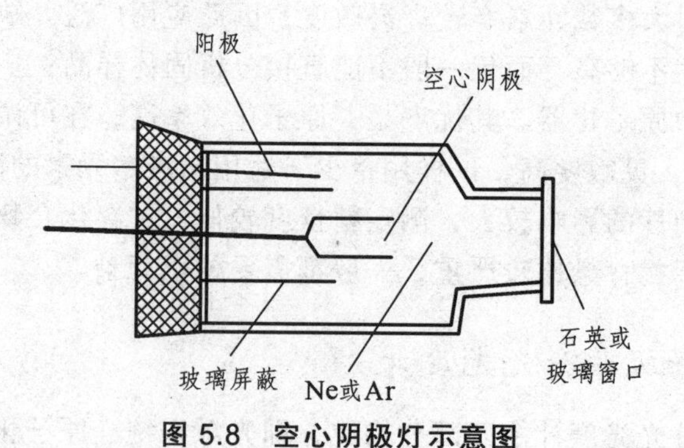

图 5.8　空心阴极灯示意图

由于受宇宙射线等外界电离源的作用，空心阴极灯中总是存在极少量的带电粒子。当极间加上 300 ~ 500 V 电压后，管内气体中存在着极少量阳离子向阴极运动，并轰击阴极表面，使阴极表面的电子获得外加能量而逸出。逸出的电子在电场作用下，向阳极作加速运动，在运动过程中与充气原子发生非弹性碰撞，产生能量交换，使惰性气体原子电离产生二次电子和正离子。在电场作用下，这些质量较重、速度较快的正离子向阴极运动并轰击阴极表面，不但使阴极表面的电子被击出，而且还使阴极表面的原子获得能量从晶格能的束缚中逸出而进入空间，这种现象称为阴极的“溅射”。“溅射”出来的阴极元素的原子，在阴极区再与电子、惰性气体原子、离子等相互碰撞，而获得能量被激发发射出阴极物质的线光谱

空心阴极灯发射的光谱，主要是阴极元素的光谱。若阴极物质只含一种元素，则制成的是单元素灯。若阴极物质含多种元素，则可制成多元素灯。多元素灯的发光强度一般都较单元素灯弱。

空心阴极灯的发光强度与工作电流有关。使用灯电流过小，放电不稳定；灯电流过大，溅射作用增强，原子蒸气密度增大，谱线变宽，甚至引起自吸，导致测定灵敏度降低，灯寿命缩短。因此在实际工作中应选择合适的工作电流。

空心阴极灯是性能优良的锐线光源。由于元素可以在空心阴极中多次溅射和被激发，气态原子平均停留时间较长，激发效率较高，因而发射的谱线强度较大；由于采用的工作电流一般只有几毫安或几十毫安，灯内温度较低，因此热变宽很小；由于灯内充气压力很低，激发原子与不同气体原子碰撞而引起的压力变宽可忽略不计；由于阴极附近的蒸气相金属原子密度较小，同种原子碰撞而引起的共振变宽也很小；此外，由于蒸气相原子密度低，温度低，自吸变宽几乎不存在。因此，使用空心阴极灯可以得到强度大、谱线很窄的待测元素的特征共振线。

2. 原子化器

原子化器的功能是提供能量，使试样干燥、蒸发和原子化。入射光束在这里被基态原子吸收，因此也可把它视为“吸收池”。对原子化器的基本要求：必须具有足够高的原子化效率，必须具有良好的稳定性和重现形，操作简单，低的干扰水平等。其结构如图 5.9 所示。

火焰原子化法中，常用的是预混合型原子化器，它是由雾化器、雾化室和燃烧器三部分组成的。用火焰使试样原子化是目前广泛应用的一种方式。它是将液体试样经喷雾器形成雾粒，这些雾粒在雾化室中与气体（燃气与助燃气）均匀混合，除去大液滴后，再进入燃烧器形成火焰。此时，试液在火焰中产生原子蒸气。

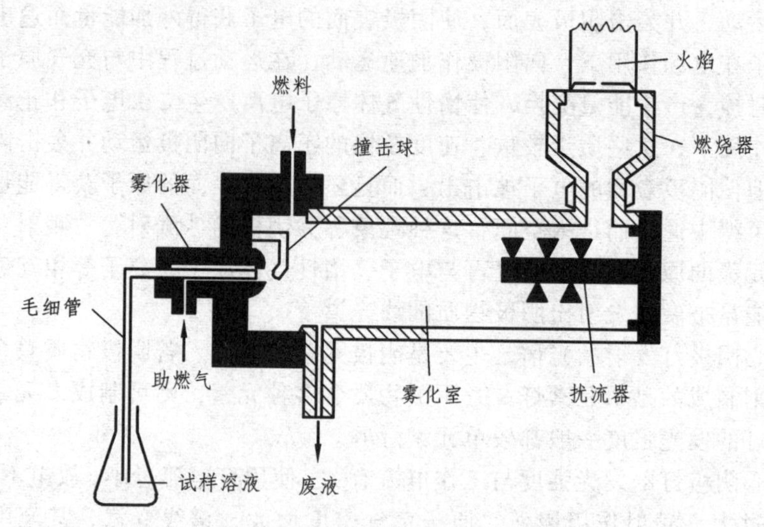

图 5.9 火焰原子化器结构示意图

(1)雾化器。

原子吸收法中所采用的雾化器是一种气压式、将试样转化成气溶胶的装置。典型的雾化器如图 5.10 所示。

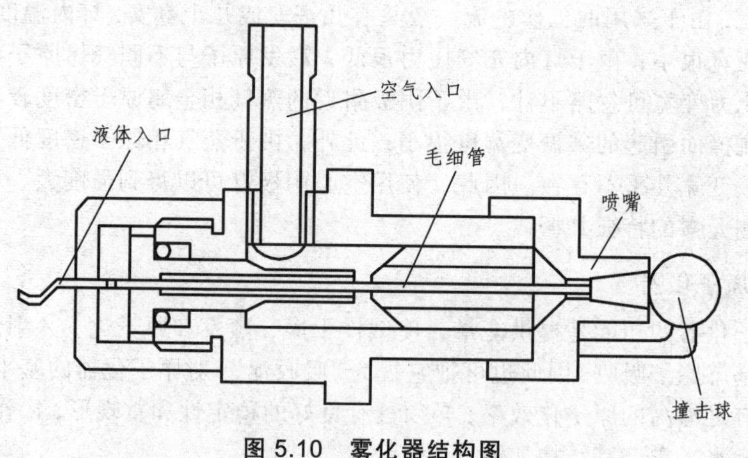

图 5.10 雾化器结构图

当气体从喷雾器喷嘴高速喷出时，由于伯努利（Bernoulli）效应的作用，在喷嘴附近产生负压，使样品溶液被抽吸，经由吸液毛细管流出，并被高速的气流破碎成为气溶胶。气溶胶的直径在微米数量级。直径越小，越容易蒸发，在火焰中就能产生更多的基态自由原子。雾化器的雾化效率对分析结果有着重要影响。在原子吸收分析中，对试样溶液雾化的基本要求是：喷雾量可调，雾化效率高且稳定；气溶胶粒度细，分布范围窄。一个质量优良的雾化器，产生直径在 5～10 μm 范围的气溶胶应占大多数。调节毛细管的位置即可改变负压强度而影响吸入速度。装在喷雾头末端的撞击球的作用就是使气溶胶粒度进一步细化，以有利于原子化。

喷雾器是火焰原子化器中的重要部件。它的作用是将试液变成细雾。雾粒越细、越多，在火焰中生成的基态自由原子就越多。目前，应用最广的是气动同心型喷雾器。喷雾器喷出的雾滴碰到玻璃球上，可产生进一步细化作用。生成的雾滴粒度和试液的吸入率，影响测定的精密度和化学干扰的大小。目前，喷雾器多采用不锈钢、聚四氟乙烯或玻璃等制成。

（2）雾化室。

雾化室的作用主要是去除大雾滴，并使燃气和助燃气充分混合，以便在燃烧时得到稳定的火焰。其中的扰流器可使雾滴变细，同时可以阻挡大的雾滴进入火焰。一般的喷雾装置的雾化效率为 5%～15%。

（3）燃烧器。

试液的细雾滴进入燃烧器，在火焰中经过干燥、熔化、蒸发和离解等过程后，产生大量的基态自由原子及少量的激发态原子、离子和分子。通常要求燃烧器的原子化程度高、火焰稳定、吸收光程长、噪声小等。

燃烧器有单缝和三缝两种。燃烧器的缝长和缝宽，应根据所用燃料确定。目前，单缝燃烧器应用最广。

燃烧器多为不锈钢制造。燃烧器的高度应能上下调节，以便选取适宜的火焰部位测量。为了改变吸收光程，扩大测量浓度范围，燃烧器可旋转一定角度。

3. 火焰的基本特性

（1）燃烧速度。

燃烧速度是指由着火点向可燃烧混合气其他点传播的速度。它影响火焰的安全操作和燃烧的稳定性。要使火焰稳定，可燃混合气体的供应速度应大于燃烧速度。但供气速度过大，会使火焰离开燃烧器，变得不稳定，甚至吹灭火焰；供气速度过小，则会引起回火。

（2）火焰的结构。

正常火焰由预热区、第一反应区、中间薄层区和第二反应区组成，界限清楚、稳定（图 5.11）。

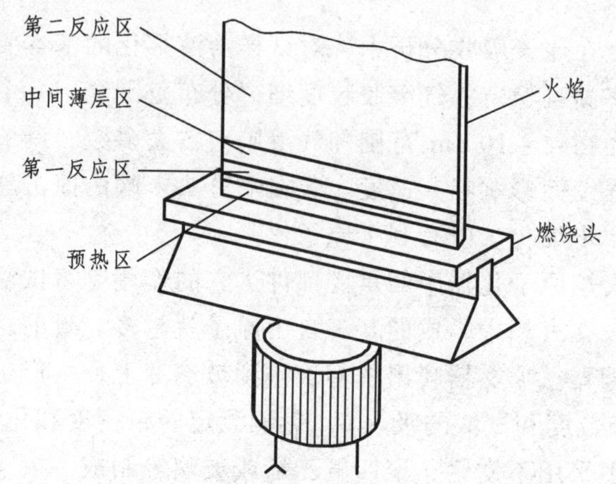

图 5.11　预混合火焰结构示意图

预热区，也称干燥区。燃烧不完全，温度不高，试液在这里被干燥，呈固态颗粒。

第一反应区，也称蒸发区。是一条清晰的蓝色光带。燃烧不充分，半分解产物多，温度未达到最高点。干燥的试样固体微粒在这里被熔化蒸发或升华。通常较少用这一区域作为吸收区进行分析工作。但对于易原子化、干扰较小的碱金属，可在该区进行分析。

中间薄层区，也称原子化区。燃烧完全，温度高，被蒸发的化合物在这里被原子化。是原子吸收分析的主要应用区。

第二反应区，也称电离区。燃气在该区反应充分，中间温度很高，部分原子被电离，往外层温度逐渐下降，被解离的基态原子又重新形成化合物，因此这一区域不能用于实际原子吸收分析工作。

（3）火焰的燃气和助燃气比例。

在原子吸收分析中，通常采用乙炔、煤气、丙烷、氢气作为燃气，以空气、氧化亚氮、氧气作为助燃气。同一类型的火焰，燃气与助燃气的比例不同，火焰性质也不同。

按火焰燃气和助燃气比例的不同，可将火焰分为三类：化学计量火焰、富燃火焰和贫燃火焰。

① 化学计量火焰：是指燃气与助燃气之比与化学反应计量关系相近，又称为中性火焰。此火焰温度高、稳定、干扰小、背景低。

② 富燃火焰：是指燃气比例大于化学计量的火焰，又称还原性火焰。火焰呈黄色，层次模糊，温度稍低，火焰的还原性较强，适合于易形成难离解氧化物元素的测定。

③ 贫燃火焰：又称氧化性火焰，即助燃气比例大于化学计量的火焰。氧化性较强，火焰呈蓝色。由于燃烧充分，温度较高，适于易离解、易电离元素的原子化，如碱金属等。

选择适宜的火焰条件是一项重要的工作，可根据试样的具体情况，通过实验或查阅有关的文献确定。一般地，选择火焰的温度应使待测元素恰能分解成基态自由原子为宜。若温度过高，会增加原子电离或激发，而使基态自由原子减少，导致分析灵敏度降低。

选择火焰时，还应考虑火焰本身对光的吸收。烃类火焰在短波区有较大的吸收，而氢火焰的透射性能则好得多。对于分析线位于短波区的元素的测定，在选择火焰时应考虑火焰透射性能的影响。

4. 常用火焰

按照火焰的反应特性，一般将火焰分为还原性火焰（富燃火焰）、中性火焰（化学计量火焰）和氧化性火焰（贫燃火焰）。根据燃气成分不同，又可将火焰分为两大类：碳氢火焰和氢气火焰。以下是火焰分析中几种常用燃气-助燃气：

（1）乙炔-空气火焰。

这是原子吸收测定中最常用的火焰，该火焰燃烧稳定，重现性好，噪声低，温度高，对大多数元素有足够高的灵敏度。但它在短波紫外区有较大的吸收。

乙炔-空气火焰温度较高，半分解 C、CO、CH 等在火焰中构成还原气氛，因此有较强的原子化能力。其富产物燃火焰的半分解产物很丰富，能在火焰中抢夺氧化物中的氧，使被测金属原子化。因此，对易形成稳定氧化物的元素如 Cr、Ca、Ba、Mo 的测定等较为有利。以二价金属氧化物 MO 为例：

$$2MO + C \longrightarrow 2M + CO_2$$

$$5MO + 2CH \longrightarrow 5M + 2CO_2 + H_2O$$

其贫燃焰适宜用于熔点高但不易氧化的金属测定，如 Au、Ag、Pt、Pb、Ga、In、Ni、Co 及碱金属元素，但稳定性较差。

其化学计量火焰适宜于大多数元素的测定。

（2）氢-空气火焰。

这是一种低温无色火焰，当用自来水或 100 ~ 500 μg/mL 的钠标准溶液喷入时，才能看到此火焰，用这个办法可检查火焰是否点着及火焰的燃烧状态。

氢-空气火焰是氧化性火焰，燃烧速度比乙炔-空气火焰快，温度较低（约为 2 045 °C）。由于这种火焰比空气-乙炔火焰的温度低，能使元素的电离作用显著降低，适宜于碱金属的测定。该火焰对 Sn 的测定有特效，用 Sn 224.6 nm 共振吸收线，灵敏度比空气-乙炔火焰高 5 倍。这种火焰稳定、背景发射较弱、透射性能好，有利于提高信噪比。火焰在短波紫外区气体吸收很小，加大氢气流量，吸收显著减少，对于一些分析线在短波区的元素如 As、Se、Pb、Zn、Cd 等非常有利。氢气-空气火焰的缺点是温度不够高，原子化效率有限，化学干扰大。此外，富燃条件下没有显著的还原气氛，不利于对难解离氧化物元素的分析。

点燃氢-空气火焰时，可调节气体流量到指定值，然后让两种气体混合约半分钟再点火，点燃和熄灭火焰时，常伴随细小的爆裂声。声音过响，可能是氢气气流量偏小，可调大，氢气流量过小容易发生回火。

若将氩气作为雾化气，则形成同样透明且干扰更小的氩-氢火焰（氩-氢火焰约为 1 577 °C）。

（3）乙炔-一氧化二氮火焰。

此火焰也叫笑气-乙炔火焰。其优点是火焰温度高，而燃烧速度并不快，适用于难原子化元素的测定，用它可测定 70 多种元素。

由于温度较高，这种火焰能促使离解能大的化合物的解离，同时其富燃火焰中除了 C、CO、CH 等半分解产物之外，还有如 CN、NH 等成分，它们具有强烈的还原性，能更有效地抢夺金属氧化物中的氧，从而使许多高温难解离的金属氧化物原子化，能有效地测定 Al、Be、B、Si、Ti、V、W、Mo、Ba、稀土等难熔性氧化物的元素。

这种火焰因温度较高，能排除许多化学干扰。但该火焰噪声大、背景强、电离度高，在某些波长区域，光辐射强，因此选择波长要谨慎。在试液中加进大量碱金属（1 000 ~ 2 000 μg/mL），能减少电离干扰效应。

乙炔-一氧化二氮火焰由 3 个清晰的带组成。紧靠燃烧器的第一反应带呈深蓝色，第二反应带呈红羽毛状，又称红色羽毛区，充溢着 CN 和 NH 的强还原气氛，它能保护生成的金属原子，同时使金属氧化物在高温下反应，生成游离原子。

$$\mathrm{MO + NH \longrightarrow M + NO + H}$$

$$\mathrm{MO + NH \longrightarrow M + N + OH}$$

$$\mathrm{MO + CN \longrightarrow M + CO + N}$$

操作时需要注意该反应带的高度，它通常为 5 ~ 15 mm 及以上。可通过改变乙炔流量来控制。随乙炔流量的减少，红羽毛高度降低，当低于 2 mm 时，火焰断裂，易发生回火。第三反应带为扩散层，呈淡蓝色。

乙炔-一氧化二氮火焰不能直接点燃，使用不当，极易发生爆炸。火焰点燃和熄灭必须遵循乙炔-空气过渡原则，即首先点燃乙炔-空气火焰，待火焰建立后，徐徐加大乙炔流量，达到富燃状态后，将“转向阀”迅速从空气转到一氧化二氮（一氧化二氮的流量事先调节好）。熄灭时，将“转向阀”迅速从一氧化二氮转到空气（空压机不能关闭），建立乙炔-空气火焰后，降低乙炔流量，再熄灭火焰。

乙炔-一氧化二氮火焰应使用“专用燃烧器”，严禁用乙炔-空气燃烧器代替。其燃烧器缝隙容易产生积炭，可在燃烧时用刀片及时清除，以免影响火焰的稳定性，严重积炭堵塞缝隙时容易引起回火爆炸。在燃烧吸喷溶液时，绝对禁止调节喷雾器，以防回火。

（4）煤气-空气火焰。

该火焰使用方便、安全，火焰温度、背景低。它的燃烧温度为 1 700 ~ 1 900 °C，属于低温火焰。对于易电离和易挥发的 Rb、Cs、Na、K、Ag、Au、Cu、Cd 等元素，具有较高的灵敏度。但是，多数情况下其灵敏度低于乙炔-空气火焰，干扰也较多。这种火焰在短波范围内，紫外线稀释比较强，噪音大。

其他类型的火焰，如氢-氧火焰等现已不用。

5. 背景校正装置

（1）氘灯校正背景。

连续光源校正背景技术，可采用氘灯、钨灯或氙灯作为背景校正光源。钨灯可用于可见及近红外波段。由于钨灯是热辐射光源，只能采用机械斩光方式调制，使用不方便，商品化仪器很少使用。氙灯一般用在大于 220 nm 的波长范围，且由于电源复杂，应用也较少。氘灯可用于紫外波段（180 ~ 400 nm），由于它是真空放电光源，调制方式既可采用机械方式也可采用时间差脉冲点灯的电调制方式，且原子吸收测量的元素共振辐射大多数处于紫外波段，所以氘灯校正背景是连续光源校正背景最常用的技术，已成为连续光源校正背景技术的代名词。

原子吸收光谱仪常用的氘灯背景校正装置如图 5.12 所示：

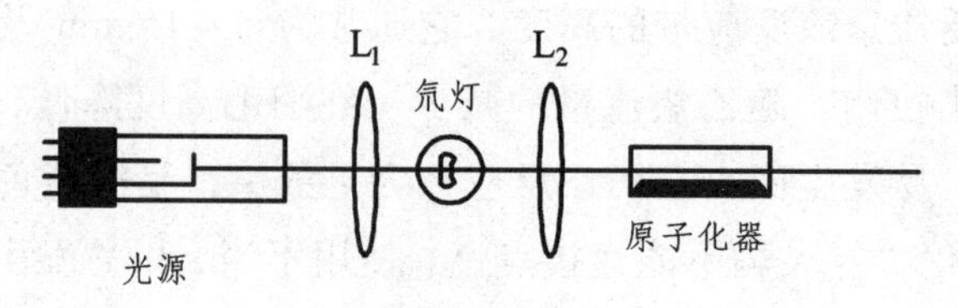

（a）通过型氘灯背景校正器

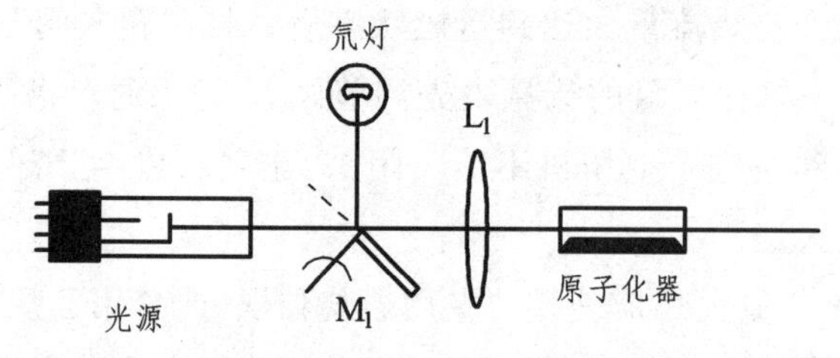

（b）反射型氘灯背景校正器

图 5.12 氘灯背景校正装置

图 5.12（a）为通过型氘灯背景校正器，该装置使用的氘灯是特殊制作的中心有小孔的氘弧灯。元素灯的共振辐射由 L_1 会聚后通过氘灯中心的小孔，与氘灯辐射合并后由 L_2 会聚通过原子化器。氘灯与元素灯采用时间差脉冲点灯方式供电，仪器根据同步脉冲分时测量总吸收及背景吸收并计算分析原子吸收。图 5.12（b）为反射型氘灯背景校正器，用一个旋转切光器 M_1 使由空心阴极灯和氘灯发出的辐射交替通过原子化器，分时测量总吸收（空心阴极灯的辐射吸收信号）及背景吸收（氘灯的辐射吸收信号）。反射型背景校正器可使用氘灯、钨灯或氙灯作为光源，光源调制方式可采用机械斩光调制也可采用时间差脉冲点灯电调制。当采用时间差脉冲点灯方式时，旋转切光器 M_1 可用半透半反镜代替，这种装置结构简单，稳定可靠，因此得到了广泛的应用。

这种装置的缺点是采用两种光源，由于光源的结构不同，两种灯的光斑大小也存在差异，不易准确聚光于原子化器的同一部位，故影响背景校正效果。氘灯在长波处的能量较低，不易进行能量平衡，也不适用于长波区的背景校正。

（2）空心阴极灯自吸收校正背景。

自吸收校正背景方法是利用在大电流时空心阴极灯出现自吸收现象，发射的光谱线变宽，以此测量背景吸收。图 5.13 是空心阴极灯自吸收法背景校正装置的原理图。主控制器控制系统的整体工作，由单片机及接口电路组成，也有采用程序存储器编码输出时序信号，同步整个系统的工作。D/A 输出控制空心阴极灯电源，D/A 输出电平的高低产生空心阴极灯电流波形。窄脉冲大电流 I_H 是自吸收电流，峰值电流可设置为 300 ~ 600 mA，宽脉冲小电流 I_L 是正常测量电流，峰值电流可设置为 60 mA 或更小。仪器控制软件在设置灯电流时，厂家一般给定的是平均电流，为几毫安至十几毫安，这并不表示几毫安的灯电流即能产生自吸现象。点灯频率可取 100 ~ 200 Hz，频率太高，光强度不易稳定，频率太低，背景校正效果差。由于宽、窄脉冲的电流差别很大，前置信号放大器必须取不同的增益，以平衡信号的输出。由同步信号控制在 t_L 及 t_H 时刻分别接通运算放大器的反馈电阻 R_L 及 R_H 输出总吸收测量信号及背景测量信号。

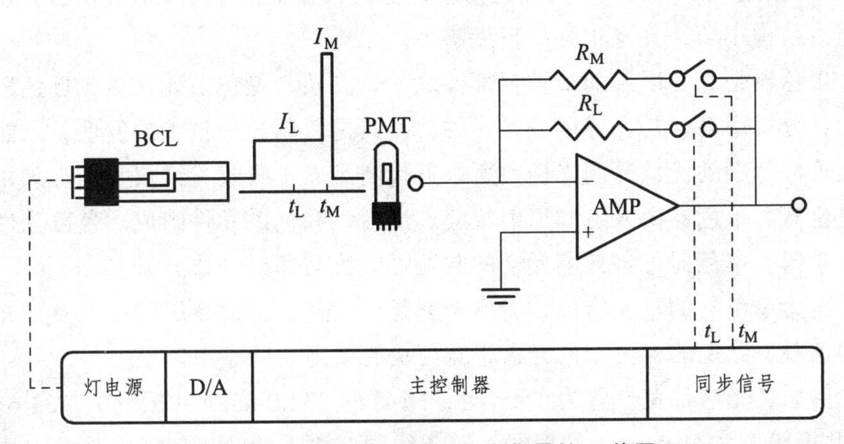

图 5.13　空心阴极灯自吸收背景校正装置

自吸收背景校正装置的主要优点是：

（1）装置简单，除灯电流控制电路及软件外，不需要任何光机结构；

（2）背景校正可在整个波段范围（190 ~ 900 nm）实施；

（3）用同一支空心阴极灯测量原子吸收及背景吸收，样品光束与参比光束完全相同，校正精度很高。

同时，该装置也存在一些不足：

（1）不是所有的空心阴极灯都能产生良好的自吸发射谱线。一些低熔点的元素在很低的电流下即产生自吸，一些高熔点元素在很高的电流下也不产生自吸，对这样一些元素进行测定，灵敏度损失严重，甚至不能测定。

（2）由于空心阴极灯的辐射相对供电脉冲有延迟，为在自吸收后能返回正常状态，调制频率不宜太高。

鉴于以上几点，有人专门研究了自吸收用的空心阴极灯，也有人采用高强度空心阴极灯作背景校正，采取的措施是在窄脉冲时切断辅助阴极的供电，以提高自吸收能力；宽脉冲时增加辅助极电流，以使自吸收降至最小。在这种条件下，分析灵敏度得以提高，尤其是对一些通常工作电流下便发生自吸的元素，如 Na 的测定，效果更好。

6. 单色器

单色器是用于从激发光源的复合光中分离出被测元素的分析线的部件。早期的单色器采用棱镜分光，现代光谱仪大多采用平面或凹面光栅单色器。进入 21 世纪，已有采用中阶梯光栅单色器的仪器推向市场，这种仪器分辨能力强、结构小巧，具有很强的发展潜力。

单色器是光学系统的最重要部件之一，其核心是色散元件。光栅色散率均匀，分辨率高，是良好的分光元件。尤其是复制光栅技术的发展，已能生产出价格低廉的优质复制光栅，所以近代商品原子吸收光谱仪几乎都采用光栅单色器。单色器由入射和出射狭缝、反射镜和色散元件组成。色散元件一般为光栅。单色器可将被测元素的共振吸收线与邻近谱线分开。

作为单色器的重要指标，光谱带宽是由入射、出射狭缝的宽度及分光元件的色散率确定的，更小的光谱带宽可更有效地滤除杂散辐射。

例如，光谱带宽设置为 1 nm 时，Ni 灯的 232.0 nm（共振线）、231.6 nm（非共振线）、231.0 nm（共振线）三条线同时进入检测系统，将使测定灵敏度明显降低；如果减小光谱带宽为 0.2 nm，只允许 Ni 232.0 nm 共振线进入检测系统，则分析灵敏度明显提高。

原子吸收常用的光谱带宽有 0.1 nm，0.2 nm，0.4 nm，1.0 nm，2.0 nm 等几种。

人们注意到，在一般状态下元素灯的共振辐射带宽小于 0.001 nm，故狭缝宽度减半时，光通量也相应减半，而对于连续辐射，除光通量减半外，谱带宽度也要减半，因而在狭缝宽度减半时，能量衰减系数为 4。在有强烈的宽谱带发射光（例如，对钡元素进行分析时火焰或石墨管发射的炽热光）抵达光电倍增管时，狭缝宽度减小为 1/2 可使杂散辐射减为 1/4，而光谱能量减小为 1/2。为进一步控制杂散辐射，有的仪器采用狭缝高度可变的设计，在测量一些特殊元素（如钡、钙等）或使用石墨炉时可选用。值得提及的是，这种设计并不是通过减小光谱带宽来降低宽带辐射的杂散光，而是从光学成像角度考虑的。火焰或石墨管发射的炽热光面积较大，在狭缝处能量均匀，而元素灯的共振辐射在狭缝中心能量最强，故而降低狭缝宽度，可降低杂散辐射的比例。

7. 检测器

原子吸收光谱法中检测器通常使用光电倍增管。光电倍增管是一种多极的真空光电管，内部有电子倍增机构，内增益极高，是目前灵敏度最高、响应速度最快的一种光电检测器，广泛应用于各种光谱仪器上。

常用光电倍增管有两种结构，分别为端窗式与侧窗式，其工作原理相同。端窗式从倍增管的顶部接收光，侧窗式从侧面接收光，目前光谱仪器中应用较广泛的是侧窗式。

光电倍增管的工作电源应有较高的稳定性。如工作电压过高、照射的光过强或光照时间过长，都会引起疲劳效应。

8. 分　类

从类型上来讲，原子吸收分光光度计可按光束分为单光束与双光束型原子吸收分光光度计；按调制方法分为直流与交流型原子吸收分光光度计；按波道分为单道、双道和多道型原子吸收分光光度计。

双光束原子吸收分光光度计可以消除由于光源不稳定以及背景吸收而对测定结果造成的影响。另外，为了适应某些用户同时测定多种元素的需要，市场上还有多道多检测器原子吸收分光光度计，可同时测定多种元素。

一般情况下，测定高熔点元素时，通常采用贫燃型火焰，或采用乙炔-一氧化二氮火焰以获得较高的火焰温度。由于在 230.0 nm 以内的短波区乙炔火焰有明显的吸收，因而，在此测定波长区域内的元素宜采用氢火焰。对于大多数元素，一般采用化学计量火焰。某些元素对燃助比反应非常敏感，如铬、铁等，为保证得到良好的分析结果，应特别注意燃气和助燃气的流量和压力。火焰温度的选择原则是在保证待测元素充分分解为基态原子的前提下，尽量采用低温火焰。温度取决于燃气与助燃气的比例，常用的空气-乙炔火焰，最高温度为 2 500 ~ 2 600 K，能检测 35 种元素。

（三）测定方法

1. 第一法（标准曲线法）

在仪器推荐的浓度范围内，制备含待测元素的对照品溶液至少 3 份，浓度依次递增，并分别加入各品种项下制备供试品溶液的相应试剂，同时以相应试剂制备空白对照溶液。将仪器按规定启动后，依次测定空白对照溶液和各浓度对照品溶液的吸光度，记录读数。每一浓度测 3 次吸光度，取平均值。以吸光度为纵坐标、相应浓度为横坐标，绘制标准曲线。按各品种项下的规定制备供试品溶液，使待测元素的估计浓度在标准曲线浓度范围内，测定吸光度，取 3 次读数的平均值，从标准曲线上查得相应的浓度，计算元素的含量。

2. 第二法（标准加入法）

取同体积按各品种项下规定制备的供试品溶液 4 份，分别置 4 个同体积的量瓶中，除 1 号量瓶外，其他量瓶分别精密加入不同浓度的待测元素对照品溶液，分别用去离子水稀释至刻度，制成从零开始递增的一系列溶液。按上述标准曲线法自“将仪器按规定启动后”操作，测定吸光度，记录读数；以吸光度读数对相应的待测元素加入量作图，延长此直线至与含量轴的延长线相交，此交点与原点间的距离即为供试品溶液取用量中待测元素的含量（如图 5.14）。再以此计算供试品中待测元素的含量。

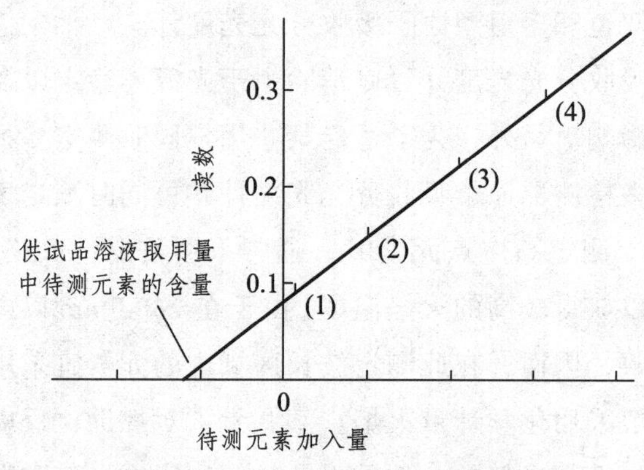

图 5.14　标准加入法测定图示

此法仅适用于第一法标准曲线呈线性并通过原点的情况（图略）。当用于杂质限度检查时，取供试品，按各品种项下的规定制备供试品溶液；另取等量的供试品，加入限度量的待测元素溶液，制成对照品溶液。照上述标准曲线法操作，设对照品溶液的读数为 a，供试品溶液的读数为 b，b 值应小于（$a-b$）。

（四）仪器使用方法

1. 主机操作规程

（1）开机顺序：打印机→微机→主机。

（2）F1 选择元素→F10 查专家建议条件。

（3）选灯，接灯→狭缝宽度（0.4 nm）（若线性关系不好，可更换窄狭缝）。

（4）F2 选灯电流（w）：30 mA，电压 300 V 左右，调灯位置、波长等指示，使吸收值最大→Shift + F2 进入自动平衡状态。

（5）F3　信号方式：吸收　　标准重复数：3
　　　　读数方式：连续　　样品重复数：3
　　　　积分时间：2 s
　　　　标尺扩展：1
　　　　时间标尺：500 s
　　　　吸光度标尺：0.5

（6）Shift + F6 基线监测，Z 调零

以上操作后，预热 15 ~ 20 min，进入工作状态。

2. 火焰法（C_2H_2-AIR）操作规程

（1）粗调燃烧器位置。

（2）接空气压缩机电源，出口压力 0.4 MPa 左右，通助燃气，助燃气压力表示值 0.2 MPa。

（3）开启燃气气源开关，至燃气压力表示数为 0.05 ~ 0.07 MPa，条针型阀调至适当流量。

（4）F2，点火。

（5）Shift + F7（信号采集），通蒸馏水（去离子水）调零（按 Z）、点火，调节助燃气压力，调节燃气压力，确保火焰稳定。

（6）F4　标准浓度：mg/L　　S1 = 1　　S2 = 3　　S3 = 5
　　　　校准方式：曲线

（7）Shift + F7（信号采集），S + 数字，Enter（开始），吸入 S1、S2、S3 三种标样。

（8）F8（测量结果）。

（9）F7（自动拟合工作曲线）。

（10）F8　S＋B（吸空白样），Enter（开始）；S＋1 吸编号 1 样品，Enter，重复，测全部样品。

3. 关机规程

（1）测完，继续点燃火焰（吸去离子水）5～10 min。

（2）点燃状态下，关闭乙炔钢瓶总阀，自动灭火，关闭气控单元燃气通断阀。

（3）关助燃气通断阀，再关空压机出口阀，拔空压机电源。

（4）按 F2　消电流、电压等。

（5）关机（与开机顺序相反）。

4. 故障及排除（表 5.3）

表 5.3　原子吸收分光光度计的常见故障及排除

故障现象	故障原因	排除方法
总电源指示灯不亮	1. 仪器电源线断路或接触不良 2. 仪器保险丝熔断 3. 保险管接触不良	1. 将电源线接好，压紧插头 2. 更换保险丝 3. 卡紧保险管使接触良好
初始化中波长电机出现“X”	1. 空心阴极灯未安装 2. 光路中有物体遮挡 3. 通信系统联系中断	1. 重新安装灯 2. 取出光路中的遮挡物 3. 重新启动仪器
元素灯不亮	1. 电源线脱焊 2. 灯电源插座松动 3. 灯坏了	1. 重新安装灯 2. 更换灯位 3. 换灯
寻峰时能量过低，能量超上限	1. 元素灯不亮 2. 元素灯位置不对 3. 灯老化	1. 重新安装空心阴极灯 2. 重设灯位 3. 更换新灯
点击“点火”，无高压放电打火	1. 空气无压力 2. 乙炔未开启 3. 废液液位低 4. 乙炔泄漏，报警	1. 检查空压机 2. 检查乙炔出口压力 3. 加入蒸馏水 4. 关闭紧急灭火
测试基线不稳定、噪声大	1. 仪器能量低，倍增管负压高 2. 波长不准确 3. 元素灯发射不稳定	1. 检查灯电流 2. 寻峰是否正常 3. 更换已知灯

续表 5.3

故障现象	故障原因	排除方法
标准曲线弯曲	1. 光源灯失气 2. 工作电流过大 3. 废液流动不畅 4. 样品浓度高	1. 更换灯或反接 2. 减小电流 3. 采取措施 4. 减小试样浓度
分析结果偏高	1. 溶液固体未溶解 2. 背景吸收假象 3. 空白未校正 4. 标液变质	1. 调高火焰温度 2. 在共振线附近重测 3. 使用空白 4. 重配标液
分析结果偏低	1. 试样挥发不完全 2. 标液配制不当 3. 试样浓度太高 4. 试样被污染	1. 调整撞击球和喷嘴相对位置 2. 重配标液 3. 降低试样浓度 4. 消除污染

四、红外光谱法

红外光谱法又称“红外分光光度分析法”，简称“IR”是分子吸收光谱的一种。利用物质对红外光区的电磁辐射的选择性吸收来进行结构分析及对各种吸收红外光的化合物进行定性和定量分析的方法。被测物质的分子在红外线照射下，只吸收与其分子振动、转动频率相一致的红外光谱。对红外光谱进行剖析，可对物质进行定性分析。化合物分子中存在许多原子团，各原子团被激发后，都会产生特征振动，其振动频率也必然反映在红外吸收光谱上，据此可鉴定化合物中各种原子团，也可进行定量分析。

其优点是特征性强、测定快速、不破坏试样、试样用量少、操作简便、能分析各种状态的试样，缺点是分析灵敏度较低、定量分析误差较大。

（一）测定原理

当一束具有连续波长的红外光通过物质，物质分子中某个基团的振动频率或转动频率和红外光的频率一致时，分子就吸收能量，由原来的基态振（转）动能级跃迁到能量较高的振（转）动能级，分子吸收红外辐射后发生振动和转动能级的跃迁，该处波长的光就被物质吸收。所以，红外光谱法实质上是一种根据分子内部原子间的相对振动和分子转动等信息来确定物质分子结构和鉴别化合物的分析方法。将分子吸收红外光的情况用仪器记录下来，就得到红外光谱图。红外光谱图通常用波长（λ）或波数（σ）为横坐标，表示吸收峰的位置，用透光率（T）或者吸光度（A）为纵坐标，表示吸收强度。

当外界电磁波照射分子时，如照射的电磁波的能量与分子的两能级差相等，该频率的电磁波就被该分子吸收，从而引起分子对应能级的跃迁，宏观表现为透射光强度变小。电磁波能量与分子两能级差相等为物质产生红外吸收光谱必须满足条件之一，这决定了吸收峰出现的位置。

红外吸收光谱产生的第二个条件是红外光与分子之间有偶合作用，为了满足这个条件，分子振动时其偶极矩必须发生变化。这实际上保证了红外光的能量能传递给分子，这种能量的传递是通过分子振动偶极矩的变化来实现的。并非所有的振动都会产生红外吸收，只有偶极矩发生变化的振动才能引起可观测的红外吸收，这种振动称为红外活性振动；偶极矩等于零的分子振动不能产生红外吸收，称为红外非活性振动。

分子的振动形式可以分为两大类：伸缩振动和弯曲振动。前者是指原子沿键轴方向的往复运动，振动过程中键长发生变化，后者是指原子垂直于化学键方向的振动。通常用不同的符号表示不同的振动形式，例如，伸缩振动可分为对称伸缩振动和反对称伸缩振动，分别用 Vs 和 Vas 表示。弯曲振动可分为面内弯曲振动（δ）和面外弯曲振动（γ）。从理论上来说，每一个基本振动都能吸收与其频率相同的红外光，在红外光谱图对应的位置上出现一个吸收峰。实际上有一些振动分子没有偶极矩变化，是红外非活性的；另外有一些振动的频率相同，发生简并；还有一些振动频率超出了仪器可以检测的范围，这些都使得实际红外光谱图中的吸收峰数目大大低于理论值。

组成分子的各种基团都有自己特定的红外特征吸收峰。不同化合物中，同一种官能团的吸收振动总是出现在一个窄的波数范围内，但它不是出现在一个固定波数上，具体出现在哪一波数，与基团在分子中所处的环境有关。引起基团频率位移的因素是多方面的，其中外部因素主要是分子所处的物理状态和化学环境，如温度效应和溶剂效应等。对于导致基团频率位移的内部因素，迄今已知的有分子中取代基的电性效应：如诱导效应、共轭效应、中介效应、偶极场效应等；机械效应：如质量效应、张力引起的键角效应、振动之间的耦合效应等。这些问题虽然已有不少研究报道，并有较为系统的论述，但是，若想按照某种效应的结果来定量地预测有关基团频率位移的方向和大小，却往往难以做到，因为这些效应大都不是单一出现的。这样，在进行不同分子间的比较时就很困难。

另外，氢键效应和配位效应也会导致基团频率位移，如果发生在分子间，则属于外部因素，若发生在分子内，则属于分子内部因素。

红外谱带的强度是一个振动跃迁概率的量度，而跃迁概率与分子振动时偶极矩的变化大小有关，偶极矩变化越大，谱带强度越大。偶极矩的变化与基团本身固有的偶极矩有关，故基团极性越强，振动时偶极矩变化越大，吸收谱带越强；分子的对称性越高，振动时偶极矩变化越小，吸收谱带越弱。

（二）红外光谱分类

红外光谱可分为发射光谱和吸收光谱两类。

物体的红外发射光谱主要决定于物体的温度和化学组成，由于测试比较困难，红外发射光谱只是一种正在发展的新的实验技术，如激光诱导荧光。

将一束不同波长的红外射线照射到物质的分子上，某些特定波长的红外射线被吸收，形成这一分子的红外吸收光谱。每种分子都有由其组成和结构决定的独有的红外吸收光谱，它是一种分子光谱。例如，水分子有较宽的吸收峰，所以分子的红外吸收光谱属于带状光谱。原子也有红外发射和吸收光谱，但都是线状光谱。

红外吸收光谱是由分子不停地作振动和转动运动而产生的，分子振动是指分子中各原子在平衡位置附近作相对运动，多原子分子可组成多种振动图形。当分子中各原子以同一频率、同一相位在平衡位置附近作简谐振动时，这种振动方式称简正振动。

含 n 个原子的分子应有 $3n-6$ 个简正振动方式；如果是线性分子，只有 $3n-5$ 个简正振动方式。以非线性三原子分子为例，它的简正振动方式只有 3 种。在 v1 和 v3 振动中，只是化学键的伸长和缩短，称为伸缩振动；而 v2 的振动方式改变了分子中化学键间的夹角，称为变角振动，它们是分子振动的主要方式。分子振动的能量与红外射线的光量子能量正好对应，因此，当分子的振动状态改变时，就可以发射红外光谱，也可以因红外辐射激发分子的振动，而产生红外吸收光谱。

（三）对样品的要求

（1）试样纯度应大于 98%，或者符合商业规格，这样才便于与纯化合物的标准光谱或商业光谱进行对照。多组分试样应预先用分馏、萃取、重结晶或色谱法进行分离提纯，否则各组分光谱互相重叠，难以解析。

（2）试样不应含水（结晶水或游离水）。水有红外吸收，与羟基峰干扰，而且会侵蚀吸收池的盐窗。所用试样应当经过干燥处理。

（3）试样浓度和厚度要适当，使最强吸收透光度在 5～20 之间。

（四）定性分析和结构分析

红外光谱具有鲜明的特征性，其谱带的数目、位置、形状和强度都随化合物不同而各不相同。因此，红外光谱法是定性鉴定和结构分析的有力工具。

1. 已知物的鉴定

将试样的谱图与标准品测得的谱图相对照，或者与文献上的标准谱图、Sadtler 标准光谱、Sadtler 商业光谱等（如《药品红外光谱图集》）相对照，即可定性使用文献上的谱图。

注意：试样的物态、结晶形状、溶剂、测定条件以及所用仪器类型均应与标准谱图相同。

2. 未知物的鉴定

未知物如果不是新化合物，标准光谱已有收载的，可有两种方法来查对标准光谱：

（1）利用标准光谱的谱带索引，寻找标准光谱中与试样光谱吸收带相同的谱图。

（2）进行光谱解析，判断试样可能的结构。然后由化学分类索引查找标准光谱，对照核实。

解析光谱之前的准备：了解试样的来源以估计其可能的范围；测定试样的物理常数如熔沸点、溶解度、折光率、旋光率等作为定性的旁证；根据元素分析及相对分子质量的测定，求出分子式；计算化合物的不饱和度Ω，用以估计结构并验证光谱解析结果的合理性。

解析光谱的程序一般为：

（1）从特征区的最强谱带入手，推测未知物可能含有的基团，判断不可能含有的基团。

（2）用指纹区的谱带验证，找出可能含有基团的相关峰，用一组相关峰来确认一个基团的存在。

（3）对于简单化合物，确认几个基团之后，便可初步确定分子结构。

（4）查对标准光谱核实。

（五）检测仪器

1. 棱镜和光栅光谱仪

红外光谱仪属于色散型光谱仪，它的单色器为棱镜或光栅，属单通道测量，即每次只测量一个窄波段的光谱元。转动棱镜或光栅，逐点改变其方位后，可测得光源的光谱分布。

随着信息技术和电子计算机的发展，出现了以多通道测量为特点的新型红外光谱仪，即在一次测量中，探测器就可同时测出光源中各个光谱元的信息，例如，哈德曼变换光谱仪就是在光栅光谱仪的基础上用编码模板代替入射或出射狭缝，然后用计算机处理探测器所测得的信号。与光栅光谱仪相比，哈德曼变换光谱仪的信噪比更高。

2. 傅里叶变换红外光谱仪

傅里叶红外光谱仪由光源、迈克尔逊干涉仪、样品池、检测器和计算机组成。由光源发出的光经过干涉仪转变成干涉光，干涉光中包含了光源发出的所有波长光的信息。当上述干涉光通过样品时某一些波长的光被样品吸收，成为含有样品信息的干涉光，由计算机采集得到样品干涉图，经过计算机快速傅里叶变换后得到吸光度或透光率随频率或波长变化的红外光谱图。

傅里叶变换光谱仪的主要优点是：

（1）多通道测量使信噪比提高；

（2）没有入射和出射狭缝限制，因而光通量高，提高了仪器的灵敏度；

（3）以氦、氖激光波长为标准，波数值的精确度可达 0.01 cm；

（4）增加动镜移动距离就可使分辨本领提高；

（5）工作波段可从可见光区延伸到毫米区，使远红外光谱的测定得以实现。

上述各种红外光谱仪既可测量发射光谱，又可测量吸收或反射光谱。当测量发射光谱时，以样品本身为光源；测量吸收或反射光谱时，用卤钨灯、能斯脱灯、硅碳棒、高压汞灯（用于远红外区）为光源。所用探测器主要有热探测器和光电探测器，前者有戈莱盒、热电偶、硫酸三甘肽、氘化硫酸三甘肽等；后者有碲镉汞、硫化铅、锑化铟等。常用的窗片材料有氯化钠、溴化钾、氟化钡、氟化锂、氟化钙，它们适用于近、中红外区，在远红外区可用聚乙烯片或聚酯薄膜。此外，还常用金属镀膜反射镜代替透镜。

（六）红外分光光度法的应用

1. 仪器及其校正

可使用傅里叶变换红外光谱仪或色散型红外分光光度计。用聚苯乙烯薄膜（厚度约为 0.04 mm）校正仪器，绘制其光谱，用 3 027 cm^{-1}，2 851 cm^{-1}，1 601 cm^{-1}，1 028 cm^{-1}，907 cm^{-1} 处的吸收峰对仪器的波数进行校正。傅里叶变换红外光谱仪在 3 000 cm^{-1} 附近的波数误差应不大于 ± 5 cm^{-1}，1 000 cm^{-1} 附近的波数误差应不大于 ± 1 cm^{-1}。仪器的分辨率要求在 3 110 ~ 2 850 cm^{-1} 范围内能清晰地分辨出 7 个峰，2 851 cm^{-1} 与 2 870 cm^{-1} 之间的分辨深度不小于 18%透光率，1 583 cm^{-1} 与 1 589 cm^{-1} 之间的分辨深度不小于 12%透光率。仪器的标称分辨率，除另有规定外，应不低于 2 cm^{-1}。

2. 供试品的制备方法

除另有规定外，应按照药典委员会编订的《药品红外光谱集》各卷所收载各光谱图所规定的制备方法制备。具体操作技术可参见《药品红外光谱集》的说明。

3. 红外光谱图的对照

用于制剂的鉴别时，品种正文中应明确规定供试品的处理方法。如处理后辅料无干扰，则可直接与原料药的标准光谱进行对比；如辅料仍存在不同程度的干扰，则可参照原料药的标准光谱在指纹区内选择 3 ~ 5 个辅料无干扰的待测成分的特征吸收峰，列出它们的波数位置作为鉴别的依据，实测谱带的波数误差应小于规定波数的 0.5。

用于晶型、异构体限度检查或含量测定时，供试品制备和具体测定方法均按各品种项下有关规定操作。

正文中各品种项下规定“应与对照的图谱（光谱集 × × 图），一致”是指《药品红外光谱集》第一卷（1995 年版）、第二卷（2000 年版）、第三卷（2005 年版）和第四卷（2010 年版）的图谱。同一化合物的图谱若在不同卷上均有收载，则以后卷所收的图谱为准。

具有多晶现象的固体药品由于供测定的供试品晶型可能不同，导致绘制的光谱图与《药品红外光谱集》所收载的光谱图不一致。遇此情况，应按该药品光谱图中备注的方法或各品种正文中规定的方法进行预处理后再绘制比对。如未规定药用晶型与合适的预处理方法，则可使用对照品，并采用适当的溶剂对供试品与对照品在相同条件下同时进行重结晶后，再依法测定比对。

如已规定药用晶型，则应采用相应药用晶型的对照品依法比对。

由于各种型号的仪器性能不同，试样制备时研磨程度的差异或吸水程度不同等原因，均会影响光谱的形状。因此，进行光谱比对时，应考虑各种因素可能造成的影响。

4. 操作步骤

（1）开机前准备。

开机前检查实验室电源、温度和湿度等环境条件，当电压稳定，室温为（21 ± 5）°C，湿度≤65%才能开机。

（2）开机。

开机时，首先打开仪器电源，稳定半小时，使得仪器能量达到最佳状态。开启电脑，并打开仪器操作平台 OMNIC 软件，运行 Diagnostic 菜单，检查仪器稳定性。

（3）制样。

根据样品特性以及状态，制订相应的制样方法并制样。

（4）扫描和输出红外光谱图。

测试红外光谱图时，先扫描空光路背景信号（Collect→Background），再扫描样品文件信号（Collect→Sample），经傅里叶变换得到样品红外光谱图。

（5）关机。

① 关机时，先关闭 OMNIC 软件，再关闭仪器电源，最后关闭计算机并盖上仪器防尘罩。

② 在记录本上记录使用情况。

5. 注意事项

（1）测定时实验室的温度应在 15 ~ 30 °C，所用的电源应配备稳压装置。

（2）为防止仪器受潮而影响使用寿命，红外实验室应保持干燥（相对湿度应在 65%以下）。

（3）样品的研磨要在红外灯下进行，防止样品吸水。

（4）压片用的模具用后应立即把各部分擦干净，必要时用水清洗干净并擦干，置干燥器中保存，以免锈蚀。经常检查干燥剂的颜色，如果蓝色变浅，立即更换。

（5）OMNI 采样器使用过程中必须注意以下几点：

① 样品与 Ge 晶体间必须紧密接触，不留缝隙，否则红外光射到空气层就会发生衰减、全反射，不进入样品层。

② 对于热、烫、冰冷、强腐蚀性的样品不能直接置于晶体上进行测定，以免 Ge 晶体出现裂痕和被腐蚀。

③ 尖、硬且表面粗糙的样品不适合用 OMNI 采样器采样，因为这些样品极易刮伤晶片，甚至使其碎裂。

（6）液体池使用 NaCl、CaF_2、BaF_2 等晶体，很脆易碎，应小心保存。

（7）液体池使用的 KRS-5 晶体有剧毒，使用时避免直接接触（戴手套），打磨 KRS-5 晶体时避免接触或吸入 KRS-5 粉末，打磨的废弃物必须妥善处理。

第三节　色谱检测技术

色谱法也叫层析法，是一种高效能的物理分离技术。色谱法最早是由俄国植物学家茨维特（Tswett）在 1906 年研究用碳酸钙分离植物色素时发现的，色谱法（Chromatography）因之得名。后来在此基础上发展出纸色谱法、薄层色谱法、气相色谱法、液相色谱法等。

色谱分类方法：色谱分析法有很多种，从不同角度出发可有不同的分类方法，从两相的状态可分为气相色谱法和液相色谱法。液相色谱法适用于分离低挥发性或非挥发性、热稳定性差的物质，液相色谱根据固定相不同又可分为液-固色谱和液-液色谱；气相色谱法适用于分离挥发性化合物，根据固定相不同又可分为气-液色谱、气-固色谱，其中以气-液色谱应用最广。

一、基本概念和术语

色谱图（chromatogram）：图形结果，即样品流经色谱柱和检测器，所得到的信号-时间曲线，又称色谱流出曲线（elution profile）（图 5.15）。其纵坐标为信号强度，横坐标为保留时间。

基线（base line）：经流动相冲洗，柱与流动相达到平衡后，检测器测出一段时间的流出曲线。一般应平行于时间轴。

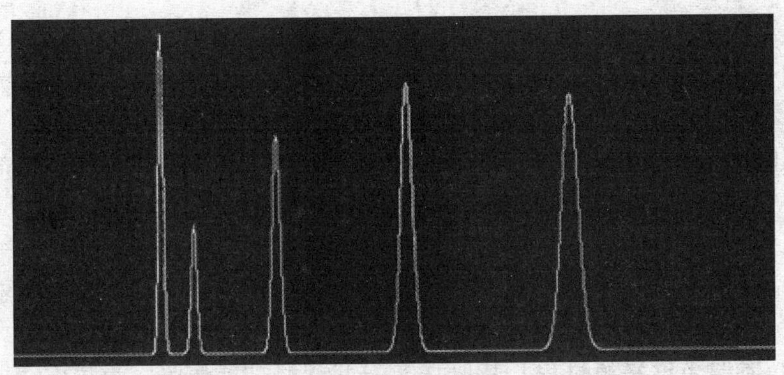

图 5.15　色谱图

噪音（noise）：基线信号的波动。通常因电源接触不良或瞬时过载、检测器不稳定、流动相含有气泡或色谱柱被污染所致。

漂移（drift）：基线随时间的缓缓变化。主要由于操作条件如电压、温度、流动相及流量的不稳定所引起，柱内的污染物或固定相不断被洗脱下来也会产生漂移。

色谱峰（peak）：组分流经检测器时响应的连续信号产生的曲线上的突起部分。正常色谱峰近似于对称形正态分布曲线（高斯曲线）。不对称色谱峰有两种：前延峰（leading peak）和拖尾峰（tailing peak）。前者少见。

峰底：基线上峰的起点至终点的距离。

峰高（peak height，h）：峰的最高点至峰底的距离。

峰宽（peak width，W）：峰两侧拐点处所作两条切线与基线的两个交点间的距离。

$$W = 4\sigma$$

半峰宽（peak width at half-height，$Wh/2$）：峰高一半处的峰宽。

$$Wh/2 = 2.355\sigma$$

峰面积（peak area，A）：峰与峰底所包围的面积。

标准偏差（standard deviation，σ）：正态分布曲线 $x = \pm 1$ 时（拐点）的峰宽之半。正常峰的拐点在峰高的 0.607 倍处。标准偏差的大小说明组分在流出色谱柱过程中的分散程度。σ 小，分散程度小、极点浓度高、峰形瘦、柱效高；反之，σ 大，峰形胖、柱效低。

前伸峰（Leading Peak）：前沿较后沿平缓的不对称峰。

鬼峰（Ghost Peak）：并非由试样所产生的峰，也称假峰。

拖尾因子（tailing factor，T）：也称为对称因子（symmetry factor）或不对称因子（asymmetry factor）。用以衡量色谱峰的对称性。《中国药典》规定 T 应为 0.95 ~ 1.05。$T < 0.95$ 为前延峰，$T > 1.05$ 为拖尾峰。

死时间（dead time，t_0）：不保留组分的保留时间，即流动相（溶剂）通过色谱柱的时间。在反相 HPLC 中可用苯磺酸钠来测定死时间。

死体积（dead volume，V_0）：由进样器进样口到检测器流动池未被固定相所占据的空间。它包括 4 部分：进样器至色谱柱管路体积、柱内固定相颗粒间隙（被流动相占据，V_m）、柱出口管路体积、检测器流动池体积。其中只有 V_m 参与色谱平衡过程，其他 3 部分只起峰扩展作用。为防止峰扩展，这 3 部分体积应尽量小。

$$V_0 = F \times t_0 \text{（}F\text{ 为流速）}$$

保留时间（retention time，t_R）：从进样开始到某个组分在柱后出现浓度极大值的时间。

保留体积（retention volume，V_R）：从进样开始到某组分在柱后出现浓度极大值时流出溶剂的体积，又称洗脱体积。

$$V_R = F \times t_R$$

调整保留时间（adjusted retention time，t'_R）：扣除死时间后的保留时间，也称折合保留时间（reduced retention time）。在实验条件（温度、固定相等）一定时，t'_R 只决定于组分的性质，因此，t'_R（或 t_R）可用于定性。

$$t'_R = t_R - t_0$$

调整保留体积（adjusted retention volume，V'_R）：扣除死体积后的保留体积。

理论塔板数（theoretical plate number，N）：用于定量表示色谱柱的分离效率（简称柱效）。N 取决于固定相的种类、性质（粒度、粒径分布等）、填充状况、柱长、流动相的种类和流速及测定柱效所用物质的性质。N 与柱长成正比，柱越长，N 越大。用 N 表示柱效时应注明柱长，如果未注明，则表示柱长为 1 m 时的理论塔板数（一般 HPLC 柱的 N 在 1 000 以上）。

理论塔板高度（theoretical plate height，H）：每单位柱长的方差，实际应用时往往用柱长 L 和理论塔板数计算。

分配系数（distribution coefficient，K）：在一定温度下，化合物在两相间达到分配平衡时，在固定相与流动相中的浓度之比。分配系数与组分、流动相和固定相的热力学性质有关，也与温度、压力有关。在不同的色谱分离机制中，K 有不同的概念：吸附色谱法为吸附系数，离子交换色谱法为选择性系数

（或称交换系数），凝胶色谱法为渗透参数，但一般情况可用分配系数来表示。

容量因子（capacity factor，k）：化合物在两相间达到分配平衡时，在固定相与流动相中的量之比。因此容量因子也称质量分配系数。容量因子表示一个组分在固定相中停留的时间（t'_R）是不保留组分保留时间（t_0）的几倍。$k=0$ 时，化合物全部存在于流动相中，在固定相中不保留，$t'_R=0$；k 越大，说明固定相对此组分的容量越大，出柱越慢，保留时间越长。

选择性因子（selectivity factor，α）：相邻两组分的分配系数或容量因子之比。α 又称为相对保留时间（《美国药典》）。要使两组分得到分离，必须使 $\alpha \neq 1$。α 与化合物在固定相和流动相中的分配性质、柱温有关，与柱尺寸、流速、填充情况无关。从本质上来说，α 的大小表示两组分在两相间的平衡分配热力学性质的差异，即分子间相互作用力的差异。

分离度（resolution，R）：分离度是指相邻两组分色谱峰保留时间之差与两组分色谱峰的基线宽度总和的一半的比值，又称分辨率。为了判断待分离物质在色谱柱中的分离情况，常用分离度作为柱的总分离效能指标，用 R 表示，R 越大，表明相邻两组分分离越好。一般来说，当 $R<1$ 时，两峰有部分重叠；当 $R=1.0$ 时，分离度可达 98%；当 $R=1.5$ 时，分离度可达 99.7%。通常用 $R=1.5$ 作为相邻两组分已完全分离的标志。当 $R=1$ 时，称为 4σ 分离，两峰基本分离，裸露峰面积为 95.4%，内侧峰基重叠约 2%；$R=1.5$ 时，称为 6σ 分离，裸露峰面积为 99.7%；$R \geqslant 1.5$ 称为完全分离。《中国药典》规定 R 应大于 1.5。

二、高效液相色谱法

液相色谱法开始阶段是用大直径的玻璃管柱在室温和常压下用液位差输送流动相，称为经典液相色谱法，此方法柱效低、时间长（常需几个小时）。高效液相色谱法（High Performance Liquid Chromatography，HPLC）是在经典液相色谱法的基础上，于 20 世纪 60 年代后期引入了气相色谱理论而迅速发展起来的。它与经典液相色谱法的区别是填料颗粒小而均匀，小颗粒具有高柱效，但会引起高阻力，需用高压输送流动相，故又称高压液相色谱法（High Pressure Liquid Chromatography，HPLC）。又因分析速度快而称为高速液相色谱法（High Speed Liquid Chromatography，HSLP）。也称现代液相色谱（图 5.16）。

图 5.16　HPLC 的仪器设备

（一）液相色谱仪的组成

HPLC 系统一般由输液系统、进样系统、分离系统、控温系统、检测系统、样品收集系统及数据处理系统等组成（图 5.17）。

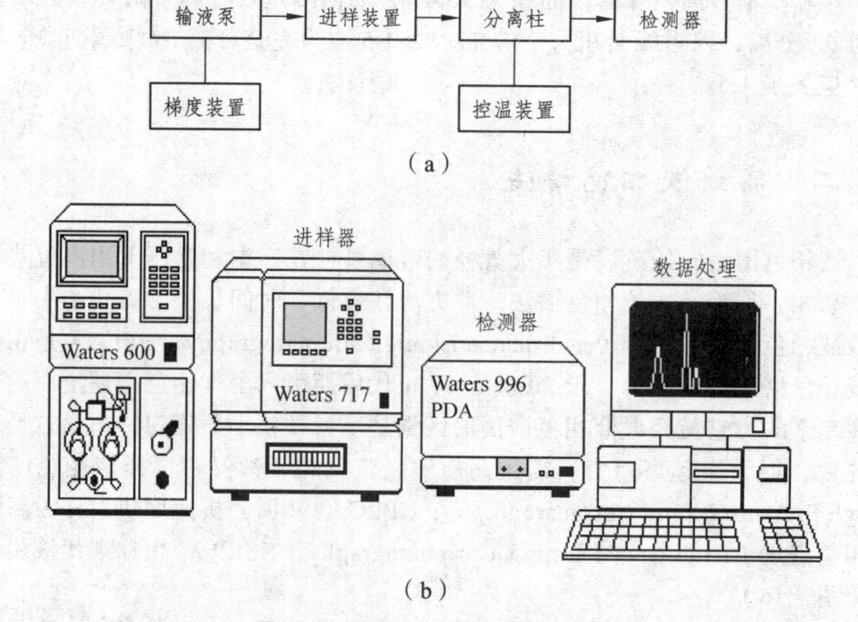

图 5.17　HPLC 仪器结构示意图

1. 输液系统

输液系统采用高压泵输送，高压泵输送是 HPLC 系统中最重要的部件之一，泵的性能好坏直接影响整个系统的质量和分析结果的可靠性。

（1）输液泵应具备如下性能：

① 流量稳定，其 RSD 应 < 0.5%，这对定性、定量的准确性至关重要；

② 流量范围宽，分析型应在 0.1 ~ 10 mL/min 范围内连续可调，制备型应能达到 100 mL/min；

③ 输出压力高，一般应能达到 15 ~ 30 MPa；

④ 液缸容积小；

⑤ 密封性能好，耐腐蚀。

（2）高压泵的类型：按输液性质可分为恒压泵和恒流泵。恒流泵按结构又可分为螺旋注射泵、柱塞往复泵和隔膜往复泵。恒压泵受柱阻影响，流量不稳定；螺旋泵缸体太大，这两种泵都已被淘汰。目前应用最多的是柱塞往复泵。

柱塞往复泵的液缸容积小，可至 0.1 mL，因此易于清洗和更换流动相，特别适合于再循环和梯度洗脱；改变电机转速能方便地调节流量，流量不受柱阻影响；泵压可达 400 kg/cm^2。其主要缺点是输出的脉冲性较大，现多采用双泵系统来克服。双泵按连接方式可分为并联式和串联式，一般来说，并联泵的流量重现性较好（RSD 为 0.1%左右，串联泵为 0.2% ~ 0.3%），但出故障的机会较多（因多一单向阀），价格也较贵。

（3）泵运行的一般方式：

液相色谱一般为金属泵，精度高，耐磨，一般用于离子色谱（兼容反相，不能用于正相）。

分析型泵流量在 0.01 ~ 10.0 mL/min，标准为 1.0 mL/min，不建议在较高的压力下用大流量。

如果采用比例阀切换流动相，流动相为低压混合，一般需在线脱气才能运行（有多种方式），否则极易出气泡。最常见的为四元比例阀。单泵、双泵采用高压混合，不易产生气泡，精度比比例阀高，因此目前也有四元高压混合的泵，如 SSI、Dionex，可以以二元、四元的方式组合。多元泵（流路）用于组合研究的高档色谱仪。

HPLC 一般运行的压力在几十到几百大气压，压力越低，对泵和色谱柱越有利。低压色谱一般用于生化分析。Waters 最新的 UPLC，可以在几百兆帕下运行。

对于简单的样品，多采用等度分析。但对于复杂样品一般采用梯度方式，必须采用二元以上的泵体系。

一般运行为恒流方式，很少为恒压。

注意事项

为了延长泵的使用寿命和维持其输液的稳定性，必须按照以下操作：

（1）防止任何固体微粒进入泵体，因为尘埃或其他任何杂质微粒都会磨损柱塞、密封环、缸体和单向阀，因此应预先除去流动相中的任何固体微粒。流动相最好在玻璃容器内蒸馏，而常用的方法是过滤，可采用 Millipore 滤膜（0.2 μm 或 0.45 μm）等滤器。泵的入口都应连接砂滤棒（或片）。输液泵的滤器应经常清洗或更换。

（2）流动相不应含有任何腐蚀性物质，含有缓冲液的流动相不应保留在泵内，尤其是在停泵过夜或更长时间的情况下。如果将含缓冲液的流动相留在泵内，由于蒸发或泄漏，甚至只是由于溶液的静置，就可能析出盐的微细晶体，这些晶体将和上述固体微粒一样损坏密封环和柱塞等。因此，必须泵入纯水将泵充分清洗后，再换成适合于色谱柱保存和有利于泵维护的溶剂（对于反相键合硅胶固定相，可以是甲醇或甲醇-水）。

（3）泵工作时要留心防止溶剂瓶内的流动相被用完，否则空泵运转也会磨损柱塞、缸体或密封环，最终产生漏液。

（4）输液泵的工作压力绝不能超过规定的最高压力，否则会使高压密封环变形，产生漏液。

（5）流动相应该先脱气，以免在泵内产生气泡，影响流量的稳定性，如果有大量气泡，泵就无法正常工作。

如果输液泵产生故障，须查明原因，采取相应措施排除故障：

① 没有流动相流出，又无压力指示。原因可能是泵内有大量气体，这时可打开泄压阀，使泵在较大流量（如 5 mL/min）下运转，将气泡排尽，也可用一个 50 mL 针筒在泵出口处帮助抽出气体。另一个可能原因是密封环磨损，需更换。

② 压力和流量不稳。原因可能是产生了气泡，需要排除；或者是单向阀内有异物，可卸下单向阀，浸入丙酮内超声清洗。有时可能是砂滤棒内有气泡，或被盐的微细晶粒或滋生的微生物部分堵塞，这时，可卸下砂滤棒浸入流动相内超声除气泡，或将砂滤棒浸入稀酸（如 4 mol/L 硝酸）内迅速除去微生物，或将盐溶解，再立即清洗。

③ 压力过高。可能原因是管路被堵塞，需要清除和清洗。压力降低的原因则可能是管路有泄漏。检查堵塞或泄漏时应逐段进行。

2. 进样系统

进样系统是将试样送入色谱柱的装置，进样装置要求密封性好，死体积小，重复性好，保证中心进样，进样时对色谱系统的压力、流量影响小。早期使用隔膜和停流进样器，装在色谱柱入口处。目前，全世界新的高效液相色谱仪大都选配了 Rheodyne 公司的高压六通进样阀。HPLC 进样方式可分为：隔膜进样、停流进样、阀进样、自动进样（图 5.18）。

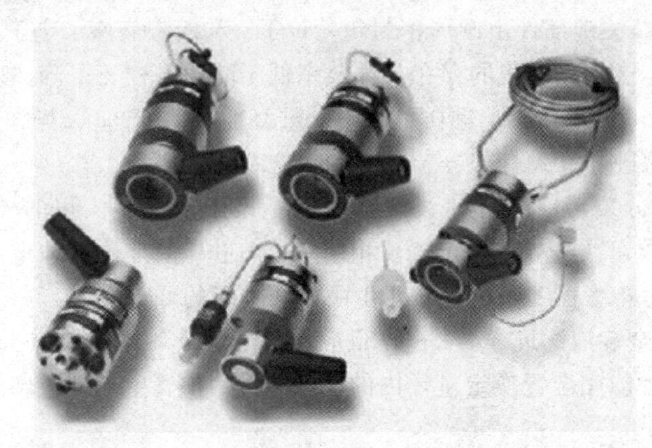

（a）手动进样阀

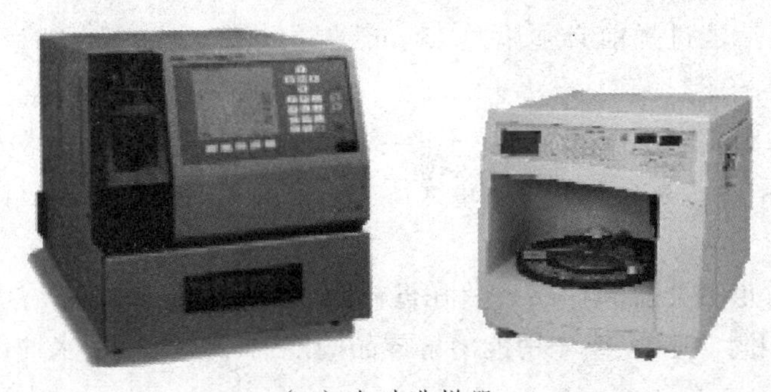

（b）自动进样器

图 5.18　HPLC 的进样系统

（1）隔膜进样：

用微量注射器将样品注入专门设计的与色谱柱相连的进样头内，可把样品直接送到柱头填充床的中心，死体积几乎等于零，可以获得最佳的柱效，且价格便宜，操作方便。但不能在高压下使用（如 10 MPa 以上）；此外隔膜容易吸附样品，产生记忆效应，使进样重复性只能达到 1%~2%；加之能耐各种溶剂的橡皮不易找到，常规分析使用受到限制。

（2）停流进样：

可避免在高压下进样。但在 HPLC 中由于隔膜的污染，停泵或重新启动时往往会出现“鬼峰”；另一缺点是保留时间不准。在以峰的始末信号控制馏分收集的制备色谱中，效果较好。

（3）阀进样：

一般 HPLC 分析常用六通进样阀（以美国 Rheodyne 公司的 7725 和 7725i 型最常见），其关键部件由圆形密封垫（转子）和固定底座（定子）组成。由于阀接头和连接管死体积的存在，柱效率低于隔膜进样（下降 5% ~ 10%），但耐高压（35 ~ 40 MPa），进样量准确，重复性好（0.5%），操作方便。

六通阀的进样方式有部分装液法和完全装液法两种。

① 用部分装液法进样时，进样量应不大于定量环体积的 50%（最多 75%），并要求每次进样体积准确、相同。此法进样的准确度和重复性决定于注射器取样的熟练程度，而且易产生由进样引起的峰展宽。

② 用完全装液法进样时，进样量应不小于定量环体积的 5 ~ 10 倍（最少 3 倍），这样才能完全置换定量环内的流动相，消除管壁效应，确保进样的准确度及重复性。

六通阀使用和维护注意事项：

① 样品溶液进样前必须用 0.45 μm 滤膜过滤，以减少微粒对进样阀的磨损。

② 转动阀芯时不能太慢，更不能停留在中间位置，否则流动相受阻，会使泵内压力剧增，甚至超过泵的最大压力；再转到进样位时，过高的压力将使柱头损坏。

③ 为防止缓冲盐和样品残留在进样阀中，每次分析结束后应冲洗进样阀。通常可用水冲洗，或先用能溶解样品的溶剂冲洗，再用水冲洗。

（4）自动进样：

用于大量样品的常规分析。可以用全自动或半自动的方式进多个样品。一般的设计用 Rheodyne 阀，气阀驱动。

3. 分离系统

色谱柱（图 5.19）是 HPLC 分离的关键，色谱柱由柱管、压帽、卡套（密封环）、筛板（滤片）、接头、螺丝等组成。柱管多用不锈钢制成，也可采用厚壁玻璃或石英管。玻璃柱用于低压分离，填料自己填装，常用于生化分析；PEEK 柱主要用于离子色谱柱；不锈钢柱耐压，不易变形。

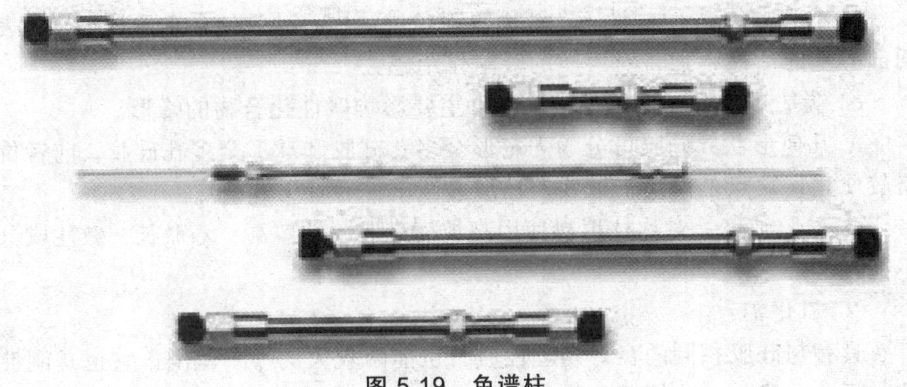

图 5.19　色谱柱

（1）色谱柱的分类：按规格大小分为三类：LC-MS 柱、常规分析柱、制备柱等。

LC-MS 柱：细口径（2.1 mm、3.2 mm）、填料颗粒细（3.5 μm 或更细）、长度短（5 ~ 10 cm）、流量小（0.1 ~ 0.5 mL/min）。

常规分析柱：口径为 3.9 ~ 7.8 mm（3.9、4.0、4.6、5、7.8 等）、填料颗粒为 5 ~ 15 μm、长度 10 ~ 30 cm、流量为 1.0 ~ 5.0 mL/min，使用最普遍。

制备柱：孔径大小从 10 mm 到几百厘米，填料颗粒在 5 ~ 50 μm 或更粗，长度几十厘米到几米或更高、流量从十几 mL/min 到几百 L/min 甚至更高。

（2）色谱柱的填料：金属氧化物（Al_2O_3）、硅胶（SiO_2）、聚合物（聚苯乙烯-二乙烯苯等），杂交柱（Xettra）、整体化柱（chromolith）。

① 硅胶：

硅胶是 HPLC 填料中最普遍的基质。除具有高强度外，还提供一个表面，可以通过成熟的硅烷化技术键合上各种配基，制成反相、离子交换、疏水作用、亲水作用或分子排阻色谱用填料。硅胶基质填料适用于广泛的极性和非极性溶剂。缺点是在碱性水溶性流动相中不稳定。通常，硅胶基质填料推荐的常规分析 pH 范围为 2 ~ 8。硅胶基质的填料被用于大部分的 HPLC 分析，尤其是小相对分子质量的被分析物，聚合物填料用于大相对分子质量的被分析物质，主要用来制成分子排阻和离子交换柱。

硅胶的主要性能参数有：

a. 平均孔径及其分布：与比表面积成反比。

b. 比表面积：在液固吸附色谱法中，硅胶的比表面积越大，溶质的 k 值越大。

c. 含碳量及表面覆盖度（率）：在反相色谱法中，含碳量越大，溶质的 k 值越大。

d. 含水量及表面活性：在液固吸附色谱法中，硅胶的含水量越小，其表面硅醇基的活性越强，对溶质的吸附作用越大。

e. 端基封尾：在反相色谱法中，主要影响碱性化合物的峰形。

f. 几何形状：硅胶可分为无定形全多孔硅胶和球形全多孔硅胶，前者价格较便宜，缺点是涡流扩散项及柱渗透性差；后者无此缺点。

g. 硅胶纯度：对称柱填料使用高纯度硅胶，柱效高，寿命长，碱性成分不拖尾。

② 氧化铝：

具有与硅胶相同的良好物理性质，也能耐较大的 pH 范围。它也是刚性的，不会在溶剂中收缩或膨胀。但与硅胶不同的是，氧化铝键合相在水性流动相中不稳定。不过现在已经出现了在水相中稳定的氧化铝键合相，并显示出优秀的 pH 稳定性。

③ 聚合物：

以高交联度的苯乙烯-二乙烯苯或聚甲基丙烯酸酯为基质的填料用于普通压力下的 HPLC，它们的压力限度比无机填料低。苯乙烯-二乙烯苯基质疏水性强，使用任何流动相，在整个 pH 范围内稳定，可以用 NaOH 或强碱来清洗色谱柱。甲基丙烯酸酯基质本质上比苯乙烯-二乙烯苯疏水性更强，但它可以通过适当的功能基修饰变成亲水性的。这种基质不如苯乙烯-二乙烯苯那样耐酸碱，但也可以承受在 pH 13 下反复冲洗。

所有聚合物基质在流动相发生变化时都会出现膨胀或收缩。用于 HPLC 的高交联度聚合物填料，其膨胀和收缩要有限制。溶剂或小分子容易渗入聚合物基质中，因为小分子在聚合物基质中的传质比在陶瓷性基质中慢，所以造成小分子在这种基质中柱效低。对于大分子像蛋白质或合成的高聚物，聚合物基质的效能比得上陶瓷性基质。因此，聚合物基质广泛用于分离大分子物质。

（3）色谱柱标签的识别（图 5.20）。

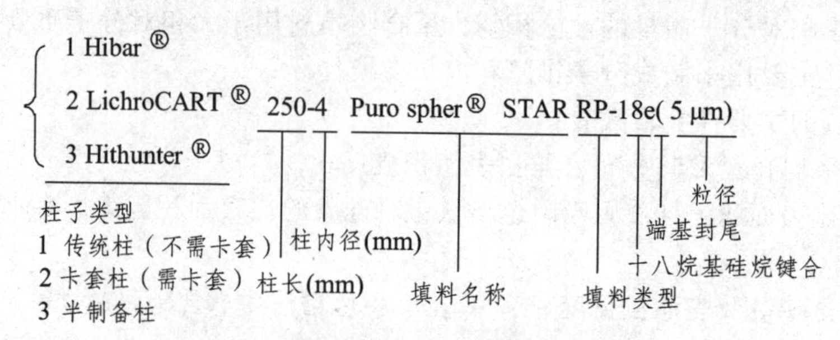

图 5.20 色谱柱的标签

备注：

Hibar®、LichroCART®、Hithunter®表示柱子的类型，但大多数色谱柱厂家一般没有单独这样标识，用其他表示来代替。

250-4 表示柱子的长度为 250 mm、内径为 4 mm，是色谱柱的主要参数，每根色谱柱上都有。

Purspher®STAR 表示填料的品牌，一般专业色谱柱厂家有很多不同名称的品牌。

RP-18e 表示填料的类型为反相的 C18，末端封尾，不同类型的填料有不同的表示方法，是色谱柱的重要参数。有的厂家为区别封尾和不封尾的柱子加上 e 或其他标识来区别，但新型的色谱柱多为封尾，不加其他标识。

（5 μm）表示填料颗粒的大小，填料还有一个重要参数是孔径，分析柱在 6 ~ 12 nm 之间，而蛋白质分析的硅胶柱多为 30 nm。在一些色谱柱的标识中，这两个参数常常与柱子填料的类型混在一起表示，如 5C18 表示颗粒为 5 μm 的 C18 柱，Si60 表示孔径为 6 nm 的硅胶柱。

有些色谱柱上还有一些数字，如批号、货号、柱子编号等，可以查询到色谱柱的出厂日期等，但用处并不是很大。在色谱柱上有时还有厂家地址、名称等。每根色谱柱都有流动相流向的标志，如果没有明显的方向标志，则流动相的流向从左向右，沿着文字的阅读方向。

色谱柱上最主要的几个标识是填料名称、填料类型、柱子规格。

（4）常见色谱柱的类型。

C18：又称 ODS 柱，使用最普遍，规格多，适合大多数化合物的分析，市场上品种繁多。值得注意的是同样的 C18 柱，得到的结果可能非常不一致，尤其是极性或离子化合物。流动相为甲醇（乙腈）-水系统。

C8：类同于 C18 柱，保留能力比 C18 差。

C4，C2，C1-反相：用于一些特定的化合物分析，寿命较短。

NH2：既能用于反相又可用于正相，常用于小分子的糖分析。

C6H5：苯基柱，适合芳香族化合物的分离。

CN：既能用于反相又可用于正相，用于某些杂环化合物的分离。

OH：二醇基柱，一般用于正相分离，保留能力比 Si 强。

Si：硅胶柱，典型的正相柱，适合非极性化合物的分离，流动相多为非极性的溶剂。

SAX：强碱性阴离子交换柱，硅胶基质，pH 为 3 ~ 7.5，用于阴离子化合物的分离，如苯（萘）磺酸类、羧酸类。

SCX：强酸性阴离子交换柱，硅胶基质，用于阳离子化合物的分离，如嘌呤、嘧啶类。

WAX：弱碱性阴离子交换柱，硅胶基质，用于特定的化合物或生化分析。

WCX：强酸性阴离子交换柱，硅胶基质，用于特定的化合物或生化分析。

氨基酸柱：专门用于氨基酸分析的 C18 柱。

其他特定的反相柱还有如 C16、紫杉醇柱等。

离子交换柱-聚合物基质：一般为苯乙烯-二乙烯苯聚合的柱子，pH 范围在 0 ~ 14，适合在强酸强碱条件下分析，但柱效低于 C18 柱，而且价格高。离子色谱柱大多数为离子交换柱。聚合物柱子对蛋白不易变性，常用于生化分析蛋白质等。

离子排斥柱-聚合物基质：一般为苯乙烯-二乙烯苯聚合的柱子，pH 范围在 0 ~ 14，如有机酸柱。

手性柱：用于特定的手性化合物的分类，多为正相，适用范围窄，专一性强。

Hilic 柱：反相色谱柱。

大多数反相的色谱柱填料为 6 ~ 12 nm，分析的相对分子质量小于 2 000，30 nm 以上分析蛋白等大分子。

（5）色谱柱的保养与维护。

谱柱的正确使用和维护十分重要，稍有不慎就会降低柱效，缩短使用寿命甚至损坏。在色谱操作过程中，需要注意下列问题，以维护色谱柱：

① 避免压力和温度的急剧变化及任何机械震动，温度的突然变化或者使色谱柱从高处掉下都会影响柱内的填充状况；柱压的突然升高或降低也会冲动柱内填料，因此在调节流速时应该缓慢进行，在阀进样时阀的转动不能过缓（如前所述）。

② 应逐渐改变溶剂的组成，特别是反相色谱中，不应直接从有机溶剂改变为全部是水，反之亦然。

③ 一般说来色谱柱不能反冲，只有生产者指明该柱可以反冲时，才可以反冲除去留在柱头的杂质。否则反冲会迅速降低柱效。

④ 选择使用适宜的流动相（尤其是 pH），以避免固定相被破坏。有时可以在进样器前面连接一预柱，分析柱是键合硅胶时，预柱为硅胶，可使流动相在进入分析柱之前预先被硅胶“饱和”，避免分析柱中的硅胶基质被溶解。

⑤ 避免将基质复杂的样品尤其是生物样品直接注入柱内，需要对样品进行预处理或者在进样器和色谱柱之间连接一保护柱。保护柱一般是填有相似固定相的短柱。保护柱应该经常更换。

⑥ 每次工作完后，最好用洗脱能力强的洗脱液冲洗色谱柱，清除保留在柱内的杂质。在进行清洗时，对流路系统中流动相的置换应以相混溶的溶剂逐渐过渡，每种流动相的体积应是柱体积的 20 倍左右，即常规分析需要 50 ~ 75 mL。

例如（仅作为参考），色谱柱的清洗溶剂及顺序：硅胶柱以正己烷（或庚烷）、二氯甲烷和甲醇依次冲洗，然后再以相反顺序依次冲洗，所有溶剂都必须严格脱水。甲醇能洗去残留的强极性杂质，己烷使硅胶表面重新活化。反相柱以水、甲醇、乙腈、一氯甲烷（或氯仿）依次冲洗，再以相反顺序依次冲洗。如果下一步分析用的流动相不含缓冲液，那么可以省略最后用水冲洗这一步。一氯甲烷能洗去残留的非极性杂质，在甲醇（乙腈）冲洗时重复注射 100 ~ 200 μL 四氢呋喃数次有助于除去强疏水性杂质。四氢呋喃与乙腈或甲醇的混合溶液能除去类脂。有时也注射二甲亚砜数次。此外，用乙腈、丙酮和三氟醋酸（0.1%）梯度洗脱能除去蛋白质污染。

阳离子交换柱可用稀酸缓冲液冲洗，阴离子交换柱可用稀碱缓冲液冲洗，除去交换性能强的盐，然后用水、甲醇、二氯甲烷（除去吸附在固定相表面的有机物）、甲醇、水依次冲洗。

⑦ 保存色谱柱时应将柱内充满乙腈或甲醇，柱接头要拧紧，防止溶剂挥发干燥。绝对禁止将缓冲溶液留在柱内静置过夜或更长时间。

⑧ 色谱柱使用过程中，如果压力升高，一种可能是烧结滤片被堵塞，这时应更换滤片或将其取出进行清洗；另一种可能是大分子进入柱内，使柱头被污染；如果柱效降低或色谱峰变形，则可能柱头出现塌陷，死体积增大。在后两种情况发生时，小心拧开柱接头，用洁净小钢将柱头填料取出 1 ~ 2 mm 高度（注意把被污染填料取净）再把柱内填料整平。然后用适当溶剂湿润的固定相（与柱内相同）填满色谱柱，压平，再拧紧柱接头。这样处理后柱效能得到改善，但是很难恢复到新柱的水平。

⑨ 柱子失效通常是柱端部分，在分析柱前装一根与分析柱相同固定相的短柱（5 ~ 30 mm），可以起到保护、延长柱寿命的作用。采用保护柱会损失一定的柱效，但这是值得的。

通常色谱柱寿命在正确使用时可达 2 年以上。以硅胶为基质的填料，只能在 pH 2 ~ 9 范围内使用。柱子使用一段时间后，可能有一些吸附作用强的物质保留于柱顶，特别是一些有色物质，更易看清被吸着在柱顶的填料上。新的色谱柱在使用一段时间后柱顶填料可能塌陷，使柱效下降，这时也可补加填料使柱效恢复。装在 HPLC 仪上的柱子如不经常使用，应每隔 4 ~ 5 天开机冲洗 15 min。

4. 控温系统

控温系统大多数并不是 HPLC 的必需备件，但柱子的恒温精度要求在 ± 0.1 ~ 0.5 °C 之间，检测器的恒温要求则更高。温度对溶剂的溶解能力、色谱柱的性能、流动相的黏度都有影响。一般来说，温度升高，可提高溶质在流动相中的溶解度，从而降低其分配系数 *K*，但对分离选择性影响不大；还可使流动相的黏度降低，从而改善传质过程并降低柱压。但温度太高易使流动相产生气泡。另外色谱柱的不同工作温度对保留时间、相对保留时间都有影响。

5. 检测系统

检测器是 HPLC 仪的三大关键部件之一，其作用是把洗脱液中组分的量转变为电信号。HPLC 的检测器要求灵敏度高、噪音低（即对温度、流量等外界变化不敏感）、线性范围宽、重复性好和适用范围广。

（1）检测器分类。

① 按原理可分为光学检测器（如紫外、荧光、示差折光、蒸发光散射）、热学检测器（如吸附热）、电化学检测器（如极谱、库仑、安培）、电学检测器（如电导、介电常数、压电石英频率）、放射性检测器（如闪烁计数、电子捕获、氦离子化）以及氢火焰离子化检测器。

② 按测量性质可分为通用型和专属型（又称选择性）。通用型检测器测量的是一般物质均具有的性质，它对溶剂和溶质组分均有反应，如示差折光、蒸发光散射检测器。通用型的灵敏度一般比专属型的低。专属型检测器只能检测某些组分的某一性质，如紫外、荧光检测器，它们只对有紫外吸收或荧光发射的组分有响应。

③ 按检测方式分为浓度型和质量型。浓度型检测器的响应与流动相中组分的浓度有关，质量型检测器的响应与单位时间内通过检测器的组分的量有关。

④ 此外，检测器还可分为破坏样品和不破坏样品的两种。紫外检测器（ultraviolet detector，UV）：UV 检测器是 HPLC 中应用最广泛的检测器，当检测波长范围包括可见光时，又称为紫外-可见检测器。它灵敏度高，噪音低，线性范围宽，对流速和温度均不敏感，可用于制备色谱。由于灵敏高，因此即使是那些光吸收小、消光系数低的物质也可用 UV 检测器进行微量分析。但要注意流动相中各种溶剂的紫外吸收截止波长。如果溶剂中含有吸光杂质，则会提高背景噪音，降低灵敏度（实际是提高检测限）。此外，梯度洗脱时，还会产生漂移。

备注：将溶剂装入 1 cm 的比色皿，以空气为参比，逐渐降低入射波长，溶剂的吸光度 $A = 1$ 时的波长称为溶剂的截止波长，也称极限波长。

《中国药典》对 UV 法溶剂的要求是：以空气为空白，溶剂和吸收池的吸收度在 220 ~ 240 nm 范围内不得超过 0.40，在 241 ~ 250 nm 范围内不得过 0.20，在 251 ~ 300 nm 范围内不得过 0.10，在 300 nm 以上不得过 0.05。

（2）HPLC 检测器的基本要求和特点：

① 灵敏度高（10-6 g）、线性范围宽、通用；

② 响应快，响应值不受温度及流动相影响；

③ 噪音低、漂移小；

④ 死体积小，以保持高的分离效能；

⑤ 对样品无破坏性；

⑥ 定性定量信息；

⑦ 稳定、可靠、重现性好；

⑧ 方便，便宜。

注意：目前没有一种检测器能满足上述要求。

（3）评价检测器的几个参数。

① 噪声：没有溶质通过检测器时，检测器输出的信号变化，在仪器稳定之后，记录基线 1 小时，基线带宽为噪音。

② 漂移：基线随时间的增加朝单一方向的偏离。

噪声和漂移反映检测器电子元件的稳定性，及其受温度和电源变化的影响，如果有流动相从色谱柱流入检测器，那么它们还反映流速（泵的脉动）和溶剂（纯度、含有气泡、固定相流失）的影响。噪音和漂移都会影响测定的准确度，应尽量减小。

③ 灵敏度：定量的物质通过检测器时所给的信号大小。对浓度型检测器，它表示单位浓度的样品所产生的电信号的大小，单位为 mV · mL/g。对质量型检测器，它表示在单位时间内通过检测器的单位质量的样品所产生的电信号的大小，单位为 mV · s/g。

④ 检测限：响应值为 2（3）倍噪音时所需的样品量-信噪比。检测限是检测器的一个主要性能指标，其数值越小，检测器性能越好。值得注意的是，分析方法的检测限除了与检测器的噪声和灵敏度有关外，还与色谱条件、色谱柱和泵的稳定性及各种柱外因素引起的峰展宽有关。

⑤ 线性范围：指检测器的响应信号与组分量成直线关系的范围，即在固定灵敏度下，最大与最小进样量（浓度型检测器为组分在流动相中的浓度）

之比。也可用响应信号的最大与最小的范围表示，例如，Waters 996 PDA 检测器的线性范围是 – 0.1 ~ 2.0 A。

⑥ 池体积：除制备色谱外，大多数 HPLC 检测器的池体积都小于 10 μL。在使用细管径柱时，池体积应减小到 1 ~ 2 μL 甚至更小，不然检测系统带来的峰扩张问题就会很严重。而且这时池体、检测器与色谱柱的连接、接头等都要精心设计，否则会严重影响柱效和灵敏度

6. 数据处理系统

现代 HPLC 的特征是用微机控制仪器。HPLC 仪器的中心计算机控制系统，计算机的用途包括三个方面：① 采集、处理和分析数据；② 控制仪器；③ 色谱系统优化和专家系统。目前也有通用的色谱工作站，采用标准的接口方式（带 TTL 等）（图 5.21）。不同色谱仪的数据结果也有行业标准，如 AIA、CSV 等格式或采用 TXT 格式对二维数据进行处理。

图 5.21 HPLC 数据处理系统

（二）液相色谱分离原理

溶于流动相（mobile phase）中的各组分经过固定相时，由于与固定相（stationary phase）发生作用（吸附、分配、离子吸引、排阻、亲和）的大小、强弱不同，在固定相中滞留时间不同，从而先后从固定相中流出。又称为色层法、层析法。HPLC 按分离机制的不同分为液固吸附色谱法、液液分配色谱法（正相与反相）、离子交换色谱法、离子对色谱法及分子排阻色谱法。

1. 液固色谱法

使用固体吸附剂，被分离组分在色谱柱上分离的原理是根据固定相对组

分吸附力大小不同而分离。分离过程是一个吸附-解吸附的平衡过程。常用的吸附剂为硅胶或氧化铝，粒度 5～10 μm。适用于分离相对分子质量 200～1 000 的组分，大多数用于非离子型化合物，离子型化合物易产生拖尾。常用于分离同分异构体。

2. 液液色谱法

使用将特定的液态物质涂于担体表面，或化学键合于担体表面而形成的固定相，分离原理是根据被分离的组分在流动相和固定相中溶解度不同而分离。分离过程是一个分配平衡过程。涂布式固定相应具有良好的惰性；流动相必须预先用固定相饱和，以减少固定相从担体表面流失；温度的变化和不同批号流动相的区别常引起柱子的变化；另外，在流动相中存在的固定相也使样品的分离和收集复杂化。由于涂布式固定相很难避免固定液流失，现在已很少采用。现在多采用的是化学键合固定相，如 C18、C8、氨基柱、氰基柱和苯基柱。

液液色谱法按固定相和流动相的极性不同可分为正相色谱法（NPC）和反相色谱法（RPC）（表 5.4）。

表 5.4 正相色谱法与反相色谱法比较

	正相色谱法	反相色谱法
固定相极性	高～中	中～低
流动相极性	低～中	中～高
组分洗脱次序	极性小的先洗出	极性大的先洗出

正相色谱法：采用极性固定相（如聚乙二醇、氨基与腈基键合相）；流动相为相对非极性的疏水性溶剂（烷烃类，如正己烷、环己烷），常加入乙醇、异丙醇、四氢呋喃、三氯甲烷等以调节组分的保留时间。常用于分离中等极性和极性较强的化合物（如酚类、胺类、羰基类及氨基酸类等）。

反相色谱法：一般用非极性固定相（如 C18、C8）；流动相为水或缓冲液，常加入甲醇、乙腈、异丙醇、丙酮、四氢呋喃等与水互溶的有机溶剂以调节保留时间。适用于分离非极性和极性较弱的化合物。RPC 在现代液相色谱中应用最为广泛，据统计，它占整个 HPLC 应用的 80%左右。随着柱填料的快速发展，反相色谱法的应用范围逐渐扩大，现已应用于某些无机样品或易解离样品的分析。为控制样品在分析过程的解离，常用缓冲液控制流动相的 pH。但需要注意的是，C18 和 C8 使用的 pH 通常为 2.5～7.5（2～8），太高的 pH 会使硅胶溶解，太低的 pH 会使键合的烷基脱落。有报告新商品柱可在 pH 1.5 ~ 10 范围操作。

从表 5.4 可看出，当极性为中等时，正相色谱法与反相色谱法没有明显的界线（如氨基键合固定相）。

3. 离子交换色谱法

固定相是离子交换树脂，常用苯乙烯与二乙烯苯交联形成的聚合物骨架，在表面末端芳环上接上羧基、磺酸基（称阳离子交换树脂）或季胺基（阴离子交换树脂）。被分离组分在色谱柱上分离原理是树脂上可电离离子与流动相中具有相同电荷的离子及被测组分的离子进行可逆交换，根据各离子与离子交换基团具有不同的电荷吸引力而分离。缓冲液常用作离子交换色谱的流动相。被分离组分在离子交换柱中的保留时间除跟组分离子与树脂上的离子交换基团作用强弱有关外，还受流动相的 pH 和离子强度影响。pH 可改变化合物的解离程度，进而影响其与固定相的作用。流动相的盐浓度大，则离子强度高，不利于样品的解离，导致样品较快流出。

离子交换色谱法主要用于分析有机酸、氨基酸、多肽及核酸。

4. 离子对色谱法

离子对色谱法又称偶离子色谱法，是液液色谱法的分支。它是根据被测组分离子与离子对试剂离子形成中性的离子对化合物后，在非极性固定相中溶解度增大，从而使其分离效果改善。主要用于分析离子强度大的酸碱物质。分析碱性物质常用的离子对试剂为烷基磺酸盐，如戊烷磺酸钠、辛烷磺酸钠等，另外高氯酸、三氟乙酸也可与多种碱性样品形成很强的离子对；分析酸性物质常用四丁基季铵盐，如四丁基溴化铵、四丁基铵磷酸盐。

离子对色谱法常用 ODS 柱（即 C18），流动相为甲醇-水或乙腈-水，水中加入 3 ~ 10 mmol/L 的离子对试剂，在一定的 pH 范围内进行分离。被测组分的保留时间与离子对性质、浓度、流动相组成及其 pH、离子强度有关。

5. 排阻色谱法

固定相是有一定孔径的多孔性填料，流动相是可以溶解样品的溶剂。小相对分子质量的化合物可以进入孔中，滞留时间长；大相对分子质量的化合物不能进入孔中，直接随流动相流出。它利用分子筛对相对分子质量大小不同的各组分排阻能力的差异而完成分离。常用于分离高分子化合物，如组织提取物、多肽、蛋白质、核酸等。

（三）液相色谱的使用注意事项

（1）流动相滤过后，注意观察有无肉眼能看到的微粒、纤维。若有则需重新过滤。

（2）柱在线时，增加流速应以 0.1 mL/min 的增量逐步进行，一般不超过 1 mL/min，反之亦然。否则会使柱床下塌，叉峰。柱不线时，要加快流速也需以每次 0.5 mL/min 的速率递增上去（或下来），勿急升（降），以免使泵损坏。

（3）安装柱时，注意流向，接口处不要留有空隙。

（4）样品液注意过滤（注射液可不过滤）后进样，注意样品溶剂的挥发性。

（5）测定完毕用水冲洗柱 1 h，用甲醇冲洗 30 min。如果第二天仍使用，可用水以低流速（0.1 ~ 0.3 mL/min）冲洗过夜（注意水要够量），不须用甲醇冲洗。另外需要特别注意的是：对于含碳量高、封尾充分的柱，应先用含 5% ~ 10%甲醇的水冲洗，再用甲醇冲洗。

（6）冲水的同时请用水充分冲洗柱头（如有自动清洗装置系统，则应更换水）。

（7）HPLC 用水：HPLC 应用中要求超纯水，如检测器基线的校正和反相柱的洗脱。

（四）仪器的维护与保养

（1）保持色谱仪运行正常，时常注意仪器运行状态，有状况及时排除。

（2）及时详细记录各种现象，有案可查。

（3）避免带病运行，以防缩短仪器寿命。

（4）主要是泵、色谱柱、管路等的维护。

（5）有计划定期地进行仪器保养维护，以延长消耗品的寿命。

（五）高效液相色谱仪在药物分析中的应用

1. 在鉴别中的应用

在 HPLC 法中，保留时间与组分的结构和性质有关，是定性的参数，可用于药物的鉴别。如《中国药典》收载的药物头孢羟氨苄的鉴别项下规定：在含量测定项下记录的色谱图中，供试品主峰的保留时间应与对照品主峰的保留时间一致。头孢拉定、头孢噻吩钠等头孢类药物以及地西泮注射液、曲安奈德注射液等多种药物均采用 HPLC 法进行鉴别。

2. 在杂质检查中的应用

HPLC 分离效能高，灵敏，在药物的杂质检查中应用广泛。主要用于药物中有关物质的检查。“有关物质”是指药物中存在的合成原料、中间体、副产物、降解产物等物质，这些物质的结构和性质与药物相似，含量很低，只有采用色谱的方法才能将其分离并检测。若杂质是已知的，又有杂质的对照品，可用杂质对照品做对照进行检查；若杂质是未知的，可以采用主成分自身对照法或峰面积归一化法进行检查。

3. 在含量测定中的应用

用高效液相色谱法测定含量可以消除药物中的杂质，制剂中的附加剂及共存的药物对测定的干扰。中药材及其制剂组成复杂，其中不少有效成分的含量测定也越来越多地采用了高效液相色谱法。

4. 高效液相色谱在药物残留测定上的应用

由于高效液相色谱能够对含量复杂组分进行定量分析，故被广泛用于药物残留的测定。

5. 在添加违禁药物检查中的应用

近年来，食品、药品、保健品以及动物饲料等各方面频频出现非法添加违禁药物的事件，这类成分往往对患者造成病情不受控制、药物中毒等不良反应，严重者甚至威胁到患者生命。高效液相色谱法对添加违禁药物的日常检验工作提供了有力的技术支持。

（六）液相色谱操作示例（以 Waters Alliance 高效液相色谱为例）

Waters Alliance 高效液相色谱系统操作规程

1　仪器组成及开机

1.1　仪器组成

本系统由 Waters 2695 分离单元，Waters 2996 二极管阵列检测器，Waters Empower 色谱工作站和打印机组成。各部件均备有电源插头。

1.2　开机

使用时，依次接通 2695 分离单元、检测器、打印机和计算机的电源。

2　配置

2.1　2690 分离单元包括四元梯度洗脱的溶剂输送系统，四通道在线真空脱气机，可容纳120个样品瓶的自动进样系统，柱温箱，内置的柱塞杆密封垫清洗系统，溶剂瓶托盘，液晶显示器，键盘用户界面及软盘驱动器。

2.2 打开电源开关，接通2695分离单元，约20秒，仪器开始自检，约1 分钟后，显示主屏幕，此时继续各部件的初始化，待主屏幕上方标题区显示时，仪器进入待命状态。

2.3 溶剂管理的准备（下述的内容为操作面板键，为屏幕键）

2.3.1 流动相脱气

按 Menu/Status，进入“Status（1）”屏幕，游标选“Degasser”，按“Enter”，显示选项屏幕，游标下移选“on”，按“Enter”。

2.3.2 启动溶剂管理系统

2.3.2.1 干启动

在“Status（1）”屏幕下，按“Direct Function”，游标选“Dry Prime”，按“Enter”，显示“Dry Prime”屏幕，按欲启动的溶剂管路的屏幕键，如“Open A”，游标选“Duration”，按数字键输入“5分钟”，按“continue”，待限定时间结束后，重复操作，使实验所需的各溶剂管路均启动、排气并冲满流动相。

2.3.2.2 湿启动

在“Status（1）”屏幕下，游标选“composition”中欲使用的流动相，输入“100%”，按“Direct Function”，游标选“Wet Prime”，按“Enter”，显示“Wet Prime”屏幕，输入“7.5毫升/分和6分钟”，按“OK”，待限定时间结束后，对每种流动相重复操作。

2.3.2.3 平衡真空脱气机

在“Status（1）”屏幕下，游标选“composition”，输入流动相的组成，按“Enter”，再用游标选“Degasser”中的“Normal”，按“Enter”，按“Direct Function”，游标选“Wet Prime”，输入“0.000毫升/分和10分钟”，按“OK”。待限定时间结束后，按“Abort Prime”。

2.4 样品管理系统的准备

2.4.1 冲洗自动进样器

在“Status（1）”屏幕下，游标选“composition”，输入列队相的组成。按“Direct Function”，游标选“Purge Injector”，按“Enter”，显示“Purge Injector”屏幕，输入“Sample Loop Volumes” 6.0，游标下移“compression check”，按任意数字键，按“OK”。

2.4.2　冲洗进样针

在主屏幕下，按“Diag”，显示屏幕“Diagnositics”，按“Prime Needl Wash”，显示屏幕“Prime Needle Wash”，按“Start”，30 秒内应见溶剂从废液排放口流出。按“Close”“Exit”。

2.4.3　冲洗柱塞杆密封垫

在主屏幕下，按“Diag”，显示“Diagnositics”屏幕，按“Prime Seal Wsh”，显示“Prime Seal Wash”屏幕，按“Start”，待该排放口有水流出，按“Halt”“Close”“Exit”。

2.4.4　装入样品与转盘

将样品瓶插到样品盘合适的位置，打开样品仓门，显示“Door is open”屏幕，装入样品盘，按“Next”，直至所有样品盘装毕，关仓门。

2.5　以 Empower 色谱工作站控制 2695 分离单元分析测定样品具体操作见本规程第 3 节。当工作站采集数据时，2695 色谱分离单元屏幕上方的标题区出现“Remote”。

2.6　关机

使用完毕，按规定用适当的溶剂冲洗色谱柱、系统管路、自动进样器、进样针和柱塞杆密封垫，确保 2695 分离单元已冲洗干净后关机，进行使用登记。

附注：2695 分离单元除用色谱工作站控制外，还可设置非交互模式和系统控制模式，详见仪器使用说明书。

3　Empower 色谱工作站

3.1　配置

3.1.1　硬件

装载了 Waters Bus LAC/E 电路板的计算机。

3.1.2　软件

在 Windows XP 环境下进行，由 Empower 软件及数据库组成。

3.2　基本操作步骤

3.2.1　设置一个含有 2695 分离单元的色谱系统。

3.2.2　建立一个含有 2695 分离单元的仪器方法。

3.2.3　用已获得的仪器方法建立一个方法组。

3.2.4　用已建立的色谱系统进入“Quick Set Control”屏幕，在此屏幕下用已建立的方法组运行样品。

3.2.5　处理并打印出色谱运行所得到的数据。

三、气相色谱法

气相色谱法是20世纪50年代出现的一项重大科学技术成就。这是一种新的分离、分析技术，它在工业、农业、国防建设、科学研究中都得到了广泛应用。气相色谱可分为气固色谱和气液色谱

（一）气相色谱定义

气相色谱仪是以气体作为流动相（载气）。当样品被送入进样器后由载气携带进入色谱柱。由于样品中各组分在色谱柱中的流动相（气相）和固定相（液相或固相）间分配或吸附系数的差异，在载气的冲洗下，各组分在两相间作反复多次分配，使各组分在色谱柱中得到分离，然后由接在柱后的检测器根据组分的物理、化学特性，将各组分按顺序检测出来。根据所用固定相状态的不同可分为气-固色谱（GSC）和气-液色谱（GLC）。

（二）气相色谱法的特点

（1）分离效能高。对物理化学性能很接近的复杂混合物质都能很好地分离，进行定性、定量检测。有时在一次分析时可同时解决几十甚至上百个组分的分离测定。

（2）灵敏度高。能检测出10^{-6}级甚至10^{-12}级的杂质含量

（3）分析速度快。一般在几分钟至几十分钟内可以完成一个样品的测定。

（4）应用范围广。气相色谱法可以分析气体、易挥发的液体和固体样品。就有机物分析而言，应用最为广泛，可以分析约20%的有机物。此外，某些无机物通过转化也可以进行分析。

（5）缺点：不适用于大部分高沸点的和热不稳定的化合物；需要有已知标准物作对照。

（三）气相色谱仪组成

气相色谱仪由五大系统组成：载气系统、进样系统、分离系统、检测系统和记录系统（图5.22）。

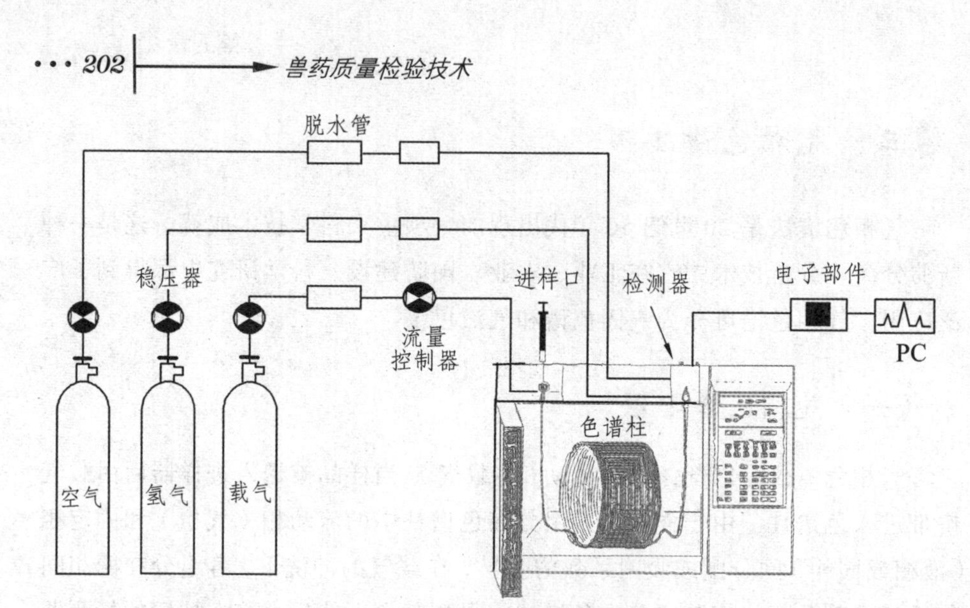

图 5.22 气相色谱仪组成示意图

1. 载气系统

要求有可控而纯净的载气源。载气从起源钢瓶/气体发生器出来后依次经过减压阀、净化器、气化室、色谱柱、检测器，然后放空。

载气必须是纯净的（99.999%），要求化学惰性，不与有关物质反应。载气的选择除了要求考虑对柱效的影响外，还要与分析对象和所用的检测器相配。常用的载气有氢气、氮气、氦气等惰性气体。一般用热导检测器时，使用氢气、氦气，其他检测器使用氮气。

净化器：多为分子筛和活性炭管的串联，可除去水、氧气以及其他杂质。

2. 进样系统

包括气化室和进样装置，保证样品瞬间完全气化而引入载气流。常以微量注射器（穿过隔膜垫）将液体样品注入气化室。

进样条件的选择，会影响色谱的分离效率以及分析结果的精密度和准确度。

气化室温度：一般稍高于样品沸点，保证样品瞬间完全气化。

进样量：不可过大，否则造成拖尾峰，进样量不超过数微升；柱径越细，进样量应越少；采用毛细管柱时，应分流进样以免过载。

进样速度（时间）：1 s 内完成，时间过长可引起色谱峰变宽或变形。

3. 分离系统

分离系统是色谱分析的心脏部分，是在色谱柱内完成试样的分离。

在色谱柱内不移动、起分离作用的物质称为固定相。根据所用固定相状态的不同可分为气-固色谱（GSC）和气-液色谱（GLC）。气固色谱的固定相是具有活性的多孔性固体物质（吸附剂）、高分子多孔聚合物等固体固定相；气-液色谱的固定相有时仅指起分离作用的液态物质（固定液），但一般是指承载有固定液的惰性固体，即液态固相。

4. 检测器

检测器是将流出色谱柱的载气流中被测组分的浓度（或量）变化转化为电信号变化的装置，是气相色谱仪的核心部件之一。检测器的输出信号经转化放大后成为色谱图。

气相色谱所用检测器有热导检测器（TCD）、氢火焰离子化检测器（FID）、电子捕获检测器（ECD）、氮磷检测器（NPD）等。

（1）热导检测器（TCD）。

TCD 是一种应用较早的通用型检测器，对任何气体均可产生响应，因而通用性好，而且线性范围宽、价格便宜、应用范围广，但灵敏度较低。现仍在广泛应用。它由金属池体和装入池体内两个完全对称孔道内的热敏元件所组成，是基于被分离组分与载气的导热系数不同进行检测。

所有气体都能够导热，但是氢气和氦气的热导系数最大，故是优选的载气。

（2）氢火焰离子化检测器（FID）。

FID 是使用最广泛的检测器，它是利用有机物在氢气-空气燃烧的高温火焰中电离成正负离子，并在外加电场的作用下作定向移动形成电子流，其电流的强度与单位时间内进入检测器离子室的待测组分含碳原子的数目有关，所以它适用于含碳有机物的测定。FID 为典型的质量型检测器，具有结构简单、稳定性好、灵敏度高（比热导检测器的灵敏度高出近 3 个数量级）、响应迅速，检测下限可达 10^{-12} g/g 等特点。对有机化合物具有很高的灵敏度，但对无机气体、水、四氯化碳等含氢少或不含氢的物质灵敏度低或不响应。

FID 检测器操作条件：

① 气体流速：FID 检测器须使用三种不同气体：载气、氢气（燃气）和空气（助燃气），通常三种气体的流速比约为 1∶1∶10。

② FID 检测器温度：温度对 FID 检测器的灵敏度和噪声的影响不显著，为了防止有机物冷凝，一般控制在比柱温箱高 30 ~ 50 °C。此时氢在检测器中燃烧生成水，以水蒸气逸出检测器，若温度低，水冷凝在离子化室会造成漏电并使色谱基线不稳，故检测温度应高于 150 °C，一般控制在 250 ~ 350 °C。

5. 信号记录处理系统

包括信号记录和数据显示等。检测器得到的电信号经过转化放大后由数据处理机/积分仪/记录仪/色谱工作站接收处理后成为色谱图，可对样品进行定性、定量分析。

（四）气相色谱仪工作原理

载气由高压钢瓶中流出，经减压阀降压到所需压力后，通过净化干燥管净化，再经稳压阀和转子流量计后，以稳定的压力、恒定的速度流经气化室与气化的样品混合，将样品气体带入色谱柱中进行分离。分离后的各组分随着载气先后流入检测器，然后载气放空。检测器将物质的浓度或质量的变化转变为一定的电信号，经放大后在记录仪上记录下来，就得到色谱流出曲线。根据色谱流出曲线上得到的每个峰的保留时间，可以进行定性分析；根据峰面积或峰高的大小，可以进行定量分析（图 5.23）。

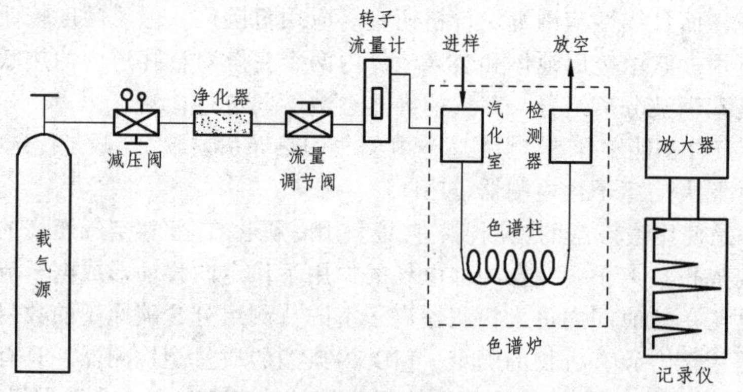

图 5.23　气相色谱仪工作原理

（五）气相色谱仪的操作规程及应急处理注意事项

1. 操作规程

（1）检漏：原则上按照气路流程从前到后依次检查相关的每一个元器件，特别是两个设备连接部位。找出漏气处，并加以针对性处理。

（2）载气流量的调节：气路检查完毕后在密封性能良好的条件下，将钢瓶输出气压调到 0.2 ~ 0.4 MPa。

注意： 钢瓶气压应比柱前压（由柱前压力表读得）高 0.05 MPa 以上。

（3）恒温：在通载气之前，将所有电子设备开关都置于“关”的位置，通入载气后，按一下仪器总电源开关。打开温度控制器总电源开关，开柱温控制开关，开气化加热电源开关，气化加热指示灯亮，开检测器温控开关，直至温度达到设定温度。

（4）打开检测器开关，观察基线是否平稳，待基线平稳后再进样分析。

（5）停机：使用完毕后，关相应检测器，关温度控制器开关，切断主机电源，最后关闭高压气瓶。

2. 注意事项

（1）仪器应在规定的环境条件下工作。

（2）用任意一种检测器，启动仪器前应先通载气。

（3）稳压阀和针形阀的调节须缓慢进行。

（4）气体钢瓶压力低于 1.5 MPa 时，应停止使用。

（5）临时停电：关仪器总电源。长期停电：按正常关机程序进行。

（六）气相色谱仪的维护与保养

（1）严格按照说明书要求，进行规范操作，这是正确使用和科学保养仪器的前提。

（2）仪器应该有良好的接地，使用稳压电源，避免外部电器的干扰。

（3）使用高纯载气，纯净的氢气和压缩空气，尽量不用氧气代替空气。

（4）确保载气、氢气、空气的流量和比例适当、匹配，一般指导流速依次为载气 30 mL/min，氢气 30 mL/min，空气 300 mL/min，针对不同的仪器特点，可在此基础上做适当调整。

（5）经常进行试漏检查（包括进样垫），确保整个流路系统不漏气。

（6）气源压力过低（如不足 1 ~ 1.5 MPa），气体流量不稳，应及时更换新钢瓶，保持气源压力充足、稳定。

（7）对新填充的色谱柱，一定要老化充分，避免固定液流失，产生噪音。以 OV-101、OV-17、OV-225 等试剂级固定液，老化时间不应该少于 24 h，对 SE-30，QF-1 工业级的固定液，因其纯度低，老化不应该少于 48 h。

（8）注射器要经常用溶剂（如丙酮）清洗。实验结束后，立即清洗干净，以免被样品中的高沸点物质污染。

（9）要尽量用磨口玻璃瓶作为试剂容器。避免使用橡皮塞，因其可能造成样品污染。如果使用橡皮塞，要包一层聚乙烯膜，以保护橡皮塞不被溶剂溶解。

（10）避免超负荷进样（否则会造成多方面的不良后果）。对不经稀释直接进样的液态样品，进样体积可先试 0.1 μL（约 100 μg），然后再做适当调整。

（11）对于欠稳定的农药、中间体，最好用溶剂稀释后再进行分析，这样可以减少样品的分解。

（12）尽量采用惰性好的玻璃柱（如硼硅玻璃柱、熔融石英玻璃柱），以减少或避免金属催化分解和吸附现象。

（13）保持检测器的清洁、畅通。为此，检测器温度可设得高一些，并用乙醇、丙酮和专用金属丝经常清洗和疏通。

（14）保持气化室的惰性和清洁，防止样品的吸附，分解。每周应检查一次玻璃衬管，如污染，清洗烘干后再使用。

（15）定期检查柱头和填塞的玻璃棉是否污染。每月至少拆下柱子检查一次。如污染，应擦净柱内壁，更换 1～2 cm 填料，塞上新的经硅烷化处理的玻璃棉，老化 2 h，再投入使用。

（16）做完实验，用适量的溶剂（如丙酮）等冲一下柱子和检测器。

（七）气相色谱法的应用

（1）在石油化学工业中大部分的原料和产品都可采用气相色谱法来分析。

（2）在电力部门可用来检查变压器的潜伏性故障。

（3）在环境保护工作中可用来监测城市大气和水的质量。

（4）在农业上可用来监测农作物中残留的农药。

（5）在商业部门可用来检验及鉴定食品质量的好坏。

（6）在医学上可用来研究人体新陈代谢、生理机能。

（7）在临床上用于鉴别药物中毒或疾病类型。

（8）在宇航中可用来自动监测飞船密封舱内的气体。

（9）有机合成领域内的成分研究和生产控制。

（10）尖端科学上军事检测控制和研究。

（八）气相色谱仪操作示例（以 7890 气相色谱仪为例）

7890 气相色谱仪操作规程

（1）开机，打开载气开关，接通总电源。

（2）开启 GC 主机和计算机。在 PC 桌面上点击“仪器 1”进入工作站，使 GC 与工作站通信。

（3）编辑方法：在“方法与运行控制”界面下，点击“仪器”项下的“编辑参数”，依次编辑进样口、色谱柱、柱温、检测器、载气和信号等参数。

① 设定进样口参数：依次设定进样口的操作模式（分流、不分流、脉冲

分流和脉冲不分流)、温度、载气类型(氮气、氢气、氦气、氩甲烷气)、分流比、吹扫流量和气体节约器的开或关及流量。

② 设定色谱柱参数:依次设定色谱的操作模式(恒流、恒压、程序变流和程序变压)、连接位置、载气压力或流量以及色谱柱规格参数。

③ 设定柱温参数:根据需要可设恒温方式和程序升温方式,科学试验升温最多可设六阶。设置后运行柱箱温度和持续时间。设置最高柱温和平衡时间。

④ 设置检测器参数:选择所用检测器位置,依次设定温度、辅助气体流量等参数。

⑤ 设定信号选项:依次设定信号源类型、信号参数、存储位置等选项。

(4)在"方法与运行控制"界面下,点击"运行控制"项下的"样品信息",设置信号的存储方式和存储位置。

(5)运行样品:待仪器条件达到预设值后,即可进样分析。

(6)关机:分析任务完成后,将柱温、进样口温度、检测器温度降到100 °C 以下,即可关机。

附 件

高效液(气)相色谱使用记录表

使用人	电话	日期	样品名称	样品数量	进样量(mL)	开机时间	检测器类型	开气时间	关气时间	关机时间
实验过程:详细记录实验操作过程										

备注:

第六章 生物检测技术

第一节 抗生素生物效价测定

生物效价检测主要提供药品生物活性的信息（与临床疗效一致），目前主要应用于生化药物、生物制品领域，这类药物的主要活性成分有氨基酸、肽、蛋白质、酶、多糖、脂类、核酸，部分药物由动物脏器、微生物等提取制成或是生物技术药物，其活性成分不明确，结构复杂多变。空间结构的细微变化，都会影响药物的活性中心位点，因此采用生物效价检测作为评估这类药物活性的手段具有独特的优势，从发现新药、新药研究到生产中试、工艺验证、终产品质量控制，生物效价检测都贯穿其中。此外，随着中药质量控制与评价新模式研究的开展，需要建立与疾病相关联的动物模型和体外活性评价方法，生物效价检测也逐渐应用于中药领域。

一、基本概念

抗生素：抗生素是微生物在代谢中产生的具有抑制其他微生物生长活动甚至杀灭其他微生物的化学物质。

抗菌活性：是指抗菌药物抑制或杀死病原微生物的能力，抗菌活性通常用效价单位来表示。在临床应用中，抗生素的抗菌活性可准确地反映抗生素的医疗价值。

"活性"质量单位：以抗生素中所含特定的抗菌（抗肿瘤细胞、抗病毒）活性部分的质量作为效价单位。在抗生素的生产、研究和应用等方面，均以抗生素活性成分的"活性"质量计量抗生素的效价单位，采用活性成分的"活性"质量 1 μg = 1 效价单位的方法表示。抗生素效价以"单位（u）"或"微克（μg）"表示。例如，抗菌活性是以链霉素效价单位表示的，其链霉素的效价单位是以具活性成分链霉素碱的"活性"质量表示的，即 1 链霉素效价单位 = 1 μg 链霉素碱，这里是"活性微克"而不是"质量微克"。

质量折算单位：以特定的纯抗生素制品的某一质量为1单位而加以折算。例如，第一批青霉素国际标准品，青霉素G钠称重0.6 μg为1单位，即1 667单位/mg。第二批青霉素国际标准品，青霉素G钠称重0.598 8 μg为1单位，即1 670单位/mg。

特定单位：这一类抗生素大都组成成分较复杂，或者还不易得到纯品，在开始生产及临床使用时，只能以一特定量的标准品（或对照品）作为1单位。例如，杆菌肽国际标准品：第一批杆菌肽国际标准品为55单位/mg；第二批杆菌肽国际标准品为74单位/mg。

二、抗生素效价测定方法

（1）稀释法；
（2）比浊法；
（3）琼脂扩散法（管碟法和打孔法）。
各国药典通常采用后两种方法测定抗生素的效价。

三、管碟法测定抗生素效价

（一）实验原理

抗生素的效价常采用微生物学方法测定，它是利用抗生素对特定的微生物具有抗菌活性的原理来测定抗生素效价的方法，如管碟法。管碟法是目前抗生素效价测定的国际通用方法，我国药典也采用此法。它是根据抗生素在琼脂平板培养基中的扩散渗透作用，比较标准品和供试品两者对试验菌的抑菌圈大小来测定供试品的效价。管碟法的基本原理是在含有高度敏感性试验菌的琼脂平板上放置小钢管[内径（6.0 ± 0.1）mm，外径（8.0 ± 0.1）mm，高（10 ± 0.1）mm]，管内放入标准品和供试品的溶液，经16～18 h恒温培养，当抗生素在菌层培养基中扩散时，会形成抗生素浓度由高到低的自然梯度，即扩散中心浓度高而边缘浓度低。因此，当抗生素浓度达到或高于MIC（最低抑制浓度）时，试验菌就被抑制而不能繁殖，从而呈现透明的无菌生长的区域，常呈圆形，称为抑菌圈。根据扩散定律的推导，抗生素总量的对数值与抑菌圈直径的平方呈线性关系，比较抗生素标准品与供试品的抑菌圈大小，可计算出抗生素的效价。

常用的管碟法有：一剂量法、二剂量法、三剂量法。后两法已经列入药典。二剂量法是将抗生素标准品和供试品各稀释成一定浓度比例（2∶1或4∶1）的两种溶液，在同一平板上比较其抗药活性，再根据抗生素浓度对数和抑菌圈直径成直线关系的原理来计算供试品效价。取含菌层的双层平板培养基，每个平板表面放置4个小钢管，管内分别放入供试品高、低剂量和标准品高、低剂量溶液（二剂量法：SH→TH→SL→TL；三剂量法：SH→TH→SM→TM→SL→TL）。先测量出4点的抑菌圈直径，按下列公式计算出供试品的效价。

（1）求出 W 和 V：

$$W = (SH + UH) - (SL + UL)$$

$$V = (UH + UL) - (SH + SL)$$

式中　UH——供试品高剂量的抑菌圈直径；

UL——供试品低剂量的抑菌圈直径；

SH——标准品高剂量的抑菌圈直径；

SL——标准品低剂量的抑菌圈直径。

（2）求出 θ：

$$\theta = D \cdot \mathrm{antilog}（IV/W）$$

式中　θ——供试品和标准品的效价比；

D——标准品高剂量与供试品高剂量之比，一般为1；

I——高低剂量之比的对数，即lg2或lg4。

（3）求出 P_r：

$$P_r = A_r \times \theta$$

式中　P_r——供试品实际单位数；

A_r——供试品标示量或估计单位。

（二）实验材料

1. 菌种及试剂

（1）菌种：大肠杆菌（*Escherichia coli*），菌液浓度约为 10^6 个/mL。菌株保存的时间过久，影响其对抗生素的敏感度，导致抑菌圈变大、模糊或者出现双圈；若菌株不纯，也会造成这样的结果。因此，菌液在使用一段时间后，应重新配制纯化或者减小原来菌液在使用中的稀释倍数。

（2）抗生素标准品和供试品：头孢拉定标准品和供试品。

（3）培养基：效价检定用培养基1号。

（4）无菌缓冲液：pH 7.8的磷酸盐缓冲液，配制后的缓冲液分装于玻璃容器内，经121 °C蒸汽灭菌30 min，备用。

2. 仪　器

无菌室、培养皿（直径9 cm）、陶瓦盖、钢管、钢管放置器、恒温培养室、灭菌刻度吸管、玻璃容器、称量管、毛细滴管、天平、游标卡尺、超净工作台等。

（三）实验方法

1. 称　量

称量前，将抗生素标准品和供试品从冰箱取出，在室温下放置，使其温度达到室温，供试品应放于干燥器内至少30 min方可称取。供试品与标准品应用同一天平称量。吸湿性较强的抗生素在称量前1～2 h更换天平内干燥剂。标准品称量不可少于20 mg，取样后立即将称量瓶或适宜的容器及被称物盖好，以免吸水。

称样量的计算：

$$W = VC/P$$

式中　W——需称取标准品或供试品的质量，mg；

V——溶解标准品或供试品制成浓溶液时所用容量瓶的体积，mL；

C——标准品或供试品高剂量的浓度，U/mL（μg/mL）；

P——标准品的纯度或供试品的估计效价，U/mg（μg/mg）。

2. 稀　释

从冰箱中取出的标准品溶液，必须先在室温放置，使其温度达到室温后，方可量取。标准品或供试品溶液的稀释应采用容量瓶，每步稀释，取样量不得少于2 mL，稀释步骤一般不超过3步，每次吸取溶液用胖肚吸管或密刻度玻璃吸管，量取溶液前要用被量液洗吸管2～3次，吸取样品溶液后，用滤纸将外壁多余液体擦去，从起始刻度开始放溶液。标准品溶液和供试品溶液应使用统一缓冲液（溶剂）稀释，以避免因pH或浓度不同而影响测定结果。稀释时，每次加液至接近容量瓶刻度前，稍放置片刻，待瓶壁的液体完全流下，再准确补加至刻度。

二剂量（2.2）法的标准品溶液及供试品溶液高、低浓度之比为 2∶1 或 4∶1，但所选用的浓度必须在剂量反应直线范围内。

举例：量取储备液（1 000 μg/mL），进行以下稀释。

第一步　精密量取 5 mL(1 000 μg/mL) $\xrightarrow{\text{50 mL 量瓶，稀释至刻度}}$ 100 μg/mL；

第二步　精密量取 5 mL(100 μg/mL) $\xrightarrow{\text{50 mL 量瓶，稀释至刻度}}$ 10 μg/mL（H）；

精密量取 5 mL(100 μg/mL) $\xrightarrow{\text{100 mL 量瓶，稀释至刻度}}$ 5 μg/mL（L）。

3. 双碟底层的制备

在超净工作台上，用灭菌大口吸管（20 mL）吸取已融化的培养基 20 mL 注入双碟内，作为培养基的底层，等凝固后更换干燥的陶瓦盖覆盖，放置 20～30 min，备用（图 6.1）。

图 6.1　双碟底层的制备

4. 菌层的制备

取出试验用菌悬液，按已试验适当的菌量（高浓度所致的抑菌圈直径 18～22 mm），用灭菌吸管吸取菌悬液加入已融化并保温在水浴中（一般细菌 48～50 °C，芽孢可至 60 °C）的培养基内，摇匀，作为菌层用。用灭菌大口 5 mL 吸管吸取菌层培养基 5 mL，使均匀摊布在底层培养基上，置水平台上待凝固，用陶瓦盖覆盖，放置 20～30 min，备用（图 6.2）。

图 6.2　菌层的制备

5. 放置钢管

用钢管放置器，或其他方法将钢管一致、平稳地放入培养基上，钢管放妥后，应使双碟静置 5 ~ 10 min，使钢管在琼脂内稍下沉稳定后，再开始滴加抗生素溶液。

6. 滴加抗生素溶液

每批供试品取 5 ~ 10 个双碟，用毛细滴管或定量加样器滴加溶液，在滴加之前须用滴加液洗 2 ~ 3 次。（2.2）法，在双碟的 4 个钢管中以对角线滴加标准品与供试品溶液的高、低两种浓度的溶液，滴加顺序为 SH→TH→SL→TL，也可用 SL→TL→TH→SH（S 代表标准品，T 代表供试品，H 代表高浓度，L 代表低浓度），滴加溶液至钢管口平满（图 6.3）。

注意：滴加溶液的时间间隔不可过长，因溶液的扩散时间不同影响测定结果。

7. 双碟的培养

滴加完毕，用陶瓦盖覆盖双碟，平稳置于双碟托盘内，双碟叠放不可超过 3 个，避免受热不均，影响抑菌圈大小，以水平位置平稳移入 35 ~ 37 °C 恒温培养室，培养至所需时间（图 6.4）。

图 6.3 滴加抗生素

图 6.4 双碟的培养

8. 抑菌圈测量

将培养好的双碟取出，打开陶瓦盖，将钢管倒入 1∶1 000 新洁尔灭溶液或其他消毒液内浸泡，检查抑菌圈是否圆整，如有破圈或不圆整圈应将碟弃去，切忌主观挑选抑菌圈和双碟，否则会造成结果偏离。用直尺或游标卡尺测量抑菌圈的直径，以 mm 为单位，误差不超过 0.1 mm（图 6.5）。

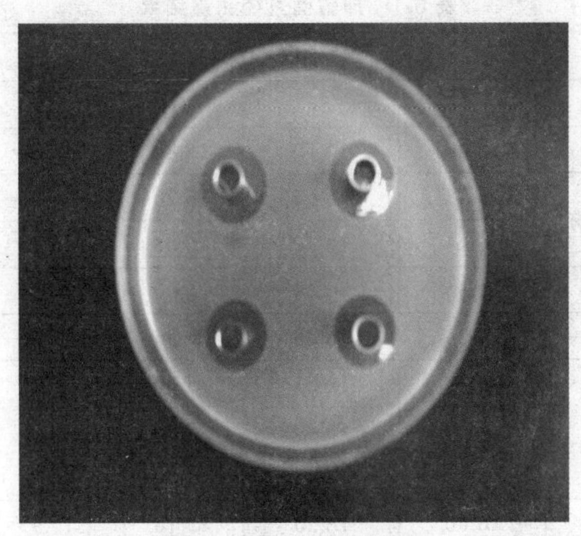

图 6.5　培养后的双碟

9. 结果与计算

根据抗生素在一定浓度范围内，对数剂量与抑菌圈直径（面积）呈直线关系而设计，通过检测抗生素对微生物的抑制作用，比较标准品与供试品产生抑菌圈的大小，计算出供试品的效价。

二剂量法公式：

$$P = \lg^{-1}\left[\frac{I \times (T_2 + T_1 - S_2 - S_1)}{S_2 + T_2 - S_1 - T_1}\right] \times 100\%$$

效价$(P_T) = P \times A_T$

三剂量法公式：

估计效价$(A_T) = 670$ U/mg

剂距$(I) = 0.096\ 9$

$$P = \lg^{-1}\left[\frac{4I \times (T_3 + T_2 + T_1 - S_3 - S_2 - S_1)}{3(S_3 + T_3 - S_1 - T_1)}\right] \times 100\%$$

效价$(P_T) = P \times A_T$

计算示例：如表 6.1 所示。

表 6.1　抑菌圈直径测量结果

碟数	抑菌圈直径					
	S_1	S_2	S_3	T_1	T_2	T_3
1	16.05	16.20	16.50	15.80	16.35	16.60
2	16.20	16.45	16.65	16.20	16.45	16.70
3	16.00	16.45	16.70	16.05	16.35	16.70
4	15.95	16.35	16.60	16.00	16.25	16.60
5	15.70	16.25	16.60	15.85	16.25	16.60
6	15.55	16.20	16.55	15.70	16.20	16.60
7	15.65	16.20	16.40	15.80	16.15	16.40
8	15.90	16.10	16.45	15.80	16.10	16.50
9	15.60	16.00	16.30	15.70	15.95	16.30
Σ	142.60	146.20	148.75	142.90	146.05	149.00

估计效价(A_{T}) = 670 U/mg

剂距(I) = 0.096 9

$$P=\lg^{-1}\left[\frac{4I\times(T_3+T_2+T_1-S_3-S_2-S_1)}{3(S_3+T_3-S_1-T_1)}\right]\times 100\%$$

效价(P_{T}) = $P\times A_{\mathrm{T}}$

$$P=\lg^{-1}\left[\frac{0.129\ 2(142.90+146.05+149.00-142.60-146.20-148.75}{148.75+149.00-142.60-142.90}\right]\times 100\%=101.1\%$$

效价(P_{T}) = $P\times A_{\mathrm{T}}$ = 101.1% × 670 U/mg = 676.7 U/mg

10. 结果判断

（1）可靠性检测：

抗生素微生物检定法前提条件是：标准品 S 和供试品 T 各对数剂量与反应呈直线关系，且标准品 S 和供试品 T 的两条直线平行。

可靠性检测是利用生物统计方法验证标准品和供试品的量反应关系是否显著偏离直线、偏离平行。对在一定概率水平下不显著偏离直线、不显著偏离平行的实验结果，认为可靠，所得检定结果有意义。

即通过对剂间变异的分析，以测验标准品和供试品的对数剂量与反应的关系是否显著偏离平行直线。要求直线回归非常显著（$P<0.01$），偏离平行不显著（$P>0.05$）。

（2）可信限率：

考核试验的精密度，除另有规定外，试验的可信限率应满足《中国兽药典》的要求。一般抗生素鉴定可信限率要求<5%，庆大霉素要求<7%。

试验计算所得效价如不低于估计效价的 90%但低于 80%，或高于估计效价的 110%但不高于 120%，则试验结果仅视为初试，应调整供试品的估计效价给予重试，试验结果如果低于估计效价的 80%或高于估计效价的 120%，则不再调整供试品效价。

效价测定需双份样品，平行试验。

11. 注意事项

（1）玻璃仪器和其他器具需在专用洗液或其他清洗液中浸泡过夜，冲洗，沥干，置 150 ~ 160 °C 干热灭菌 2 h 或高压 121 °C 蒸汽灭菌 30 min，备用。

（2）实验中样品的称量、稀释，培养基倒平板等操作要求严格无菌操作。

（3）制备平板时，放置培养皿的超净台的台面必须水平。可以将培养皿放在台面上，下垫一张白纸，皿内加入 2 ~ 3 滴蓝墨水，观察蓝色深浅是否一致。

（4）为保证双碟放置区域的平整，可在双碟底部预先标记样品的高低浓度区域，在加注培养基底层的时候，有顺序地按照一致方向排列。接下来加注培养基菌层的时候，仍然按照原来的位置与方向排列。这样，即使桌面不够水平，还是能够保证培养基菌层是在水平的培养基底层上铺开，达到消除误差的目的。

（5）在滴加抗生素到小钢管的时候，由于毛细管内抗生素溶液往往会有气泡或者毛细管开口端有液体残留，继续滴加容易造成气泡膨胀破裂，使溶液溅落在琼脂培养基表面，造成破圈。因此一旦毛细管中出现气泡或者残留，应重新吸取抗生素溶液进行滴加，毛细管口应避免太细，滴加的时候离开小钢管口距离不要太高。滴加中若有溅出，可用滤纸片轻轻吸去，不致造成破圈。在滴加中还有可能出现抗生素溶液滴入小钢管后，没有与琼脂培养基菌层接触，有一段空气被压在溶液与培养基之间，这样是不会产生抑菌圈的。此时可以小心地用滴管吸出小钢管内的抗生素溶液，弃去，换滴管重新滴加。

（6）在称量抗生素样品过程中，操作者的工作服上有可能会沾染抗生素粉末，在配培养基、加底层培养基、加菌层培养基或滴加抗生素溶液时，会随衣袖的抖动落入培养基，造成破圈或者无抑菌圈。所以配制抗生素溶液应单独使用一套工作服。

（7）滴加了抗生素溶液后的双碟忌震动，要轻拿轻放。在搬运到培养箱的过程中，可以预先在培养箱中垫上报纸铺平，再把双碟连同垫于桌上的玻璃板小心运至培养箱，缓慢推入箱内。

（8）双碟在 37 °C 下培养约 16 h。时间太短会造成抑菌圈模糊，太长则会使菌株对抗生素的敏感性下降，在抑菌圈边缘的菌继续生长，使得抑菌圈变小。

（9）在培养过程中，如果温度不均匀（过于接近热源），会造成同一双碟上细菌生长速率不等，使抑菌圈变小或者不圆。所以把双碟放入培养箱时，要与箱壁保持一定的距离，双碟叠放也不能超过 3 个。培养过程中，箱门不得随意开启，以免影响温度。应经常注意温度，防止意外过冷、过热。

（10）用游标卡尺测量抑菌圈直径，可以在双碟底部垫一张黑纸，在灯光下测量。不宜取去小钢管再测量，因为小钢管中残余的抗生素溶液会流出扩散，使抑菌圈变得模糊。不能把双碟翻转过来测量抑菌圈直径，因为底面玻璃折射会影响抑菌圈测量的准确度。

第二节 热原检查法

一、概 述

1. 热原（Pyrogen）的定义

热原指由微生物产生的能引起恒温动物体温异常升高的致热物质，是微生物的代谢产物，属于内毒素。主要成分为：脂多糖，相对分子质量一般约为 110^{6}。

2. 热原性质

（1）耐热性好：耐热性能强，在 60 °C 加热 1 h 不受影响，在 180 °C 加热 3 ~ 4 h、250 °C 加热 30 min、650 °C 加热 1 min 才能破坏。

（2）过滤性：不能被一般滤器除去，可被活性炭等吸附剂吸附，是目前药液除热原的主要方法。

（3）水溶性：热原溶于水。

（4）不挥发性：热原溶于水，但不挥发，据此可采用蒸馏法制备无热原注射用水。热原易被水雾带入蒸馏水，注意防止。

（5）其他：可被强酸、强碱、氧化剂破坏，据此可采用酸碱处理旧输液瓶，除掉热原。

3. 热原反应

注入人体的注射剂中含有热原量达 1 μg/kg 就可引起不良反应，发热反应通常在注入 1 h 后出现，可使人体产生发冷、寒战、发热、出汗、恶心、呕吐等症状，有时体温可升至 40 °C 以上，严重者甚至昏迷、虚脱，如不及时抢救，可危及生命。该现象称为“热原反应”。

二、热源检查方法

《中国药典》(2005 年版）规定热原检查采用家兔法。

1. 实验原理

热源进入血液循环系统后，并不直接引起发热和其他毒性反应，但它可使白细胞（单核细胞）释放出“内源性热源质”，作用于体温调节中枢，使产热增加，散热减少，从而导致机体发热。将受试药物静脉注入家兔体内，在规定时间内，观察家兔体温升高的情况，以判定供试品中所含热原的限度是否符合规定。

2. 实验材料

（1）实验兔：

要求：① 供试用的家兔应健康合格，体重 1.7 kg 以上，雌兔应无孕。预测体温前 7 日正常饲养，在此期间内，体重应不减轻，精神、食欲、排泄等不得有异常现象。

② 未曾用于热原检查的家兔，所有家兔均应在检查供试品前 3 ~ 7 日内预测体温，测定体温的条件与热源检查相同。实验室与饲养室温差不得大于 3 °C，且在 17 ~ 25 °C 之间，实验过程中温度变化≤3 °C。每隔 30 min 测定体温一次，共 8 次，8 次体温均在 38.0 ~ 39.6 °C 的范围内，且最高与最低体温相差不超过 0.4 °C 的家兔，方可供热原检查用。

③ 供试品判定为符合规定的家兔，至少应休息 48 小时方可再供热原检查用，其中升温达 0.6 °C 的家兔应休息 2 周以上。如供试品判定为不符合规定，则组内全部家兔不再使用。

（2）相关器具除热原：

清洗干净的玻璃器皿、注射器、针头、镊子等采用干热灭菌法（250 °C 30 min 或 200 °C 1 h 或 180 °C 2 h 加热除去热源。也可采用其他适宜的方法。

（3）供试药品、肛门温度计。

3. 实验方法

（1）试验前测体温：试验前家兔停止供给饲料和饮水，称量 1 h 后测定体温，每隔 30 min 测量体温 1 次，一般测量 2 次，两次体温之差不得超过 0.2 °C，以此两次体温的平均值作为该兔的正常体温。当日使用的家兔，正常体温应在 38.0 ~ 39.6 °C 范围内，且同组各兔间正常体温之差不得超过 1 °C。

（2）供试品溶液准备：注射前配制，温热至约 38 °C。

（3）家兔分组：每组 3 只家兔，温度最好相近，组内温差不得过 1 °C。

（4）注射给药：自耳静脉缓缓注入规定剂量并温热至约 38 °C 的供试品溶液，5 min 内注射完毕，注意止血。注射剂量应按各药品项下的规定剂量，未规定剂量的药物，可根据药物的性质，在不影响家兔正常生理的前提下，按体重计算，用临床一次剂量的 3 ~ 10 倍。

（5）测定给药后的体温：给药后每隔 30 min 按前法测量其体温 1 次，共测 6 次，以 6 次体温中最高的一次减去正常体温，即为该兔体温的升高值（°C）。

4. 结果判断

（1）初试合格：3 只均≤0.6 °C 且总和≤1.3 °C；

（2）需复试：3 只中有 1 只≥0.6 °C，或总和≥1.3 °C；

（3）初试不合格：3 只中≥0.6 °C 的超过 1 只；

（4）复试合格：5 只中≥0.6 °C 的不超过 1 只，或 8 只总和≤3.5 °C；

（5）复试不合格：5 只中≥0.6 °C 超过 1 只，或 8 只总和 > 3.5 °C；

（6）当家兔升温为负值时，均以 0 °C 计。

第三节　异常毒性检查法

一、概　述

异常毒性有别于药物本身所具有的毒性特征，一般情况下指药物按既定用法和用量摄入的情况下所产生的异常毒性反应，也就是说异常毒性不是指药物在临床实验中表现出的自有毒性，是指由生产过程中引入或其他原因所致的毒性，也有少数情况下指胚胎毒性或者致畸毒性等导致发育异常的毒性。异常毒性评价是确定新药安全性能指标并降低其毒副作用的重要技术手段，其主要目的是研究受试物在毒性试验条件下可能产生的毒性作用及其性质、确定毒性靶器官、评价出现毒性的原因、建立毒性试验中动物毒性反应与人类可能出现不良反应之间的相关性，提供新药对人类健康危害程度的科学依据，权衡利弊，以降低其对人类的毒性危害。

二、实验原理

异常毒性检查法是采用动物实验检查异常毒性反应的方法，将一定量的供试品给予动物，观察 48 h 内小鼠出现的死亡情况，以判定供试品是否符合规定。

三、异常毒性检查方法

依据《中华人民共和国药典》（2000 年版）二部，本标准适用于采用小鼠法进行的异常毒性检查。

1. 实验材料

（1）天平（精度 0.5 g，小白鼠称量用）、小白鼠固定装置、注射器（精度 0.02 mL）、针头、刻度吸管、洗耳球、砂轮、试管、试管架、时钟、75% 酒精棉球、玻璃铅笔。

（2）药品：稀释剂、注射用水、氯化钠注射液或其他规定的溶剂。

（3）实验动物：健康无伤，体重 17 ~ 20 g 小白鼠 5 只，做过本实验的小鼠不得重复使用。复试动物要求 18 ~ 19 g，10 只。

2. 实验方法

（1）供试品溶液的配制：取供试品适量，加入试管架上的试管中，并标明批号，加入规定的稀释剂，制成规定浓度的供试品溶液。

（2）给药：除另有规定外，取小鼠 5 只，按各药品项下规定的给药途径，每只小鼠分别给予供试品 0.5 mL，给药途径有以下几种（各论下有规定者按各论项下规定时间，否则按每只 4 ~ 5 s）：

尾静脉注入供试品溶液：注射时间 4 ~ 5 s，如注射部位皮下发白且推入药液有阻力，表示针头未插入静脉内，应重插，如药液有损失，应另取小鼠注射。注射完毕后，拔出针头，在注射部位止血后取出小鼠，放鼠盒中，观察即时反应。

腹腔注射供试品溶液：一手握小鼠，用拇、食指捏住小鼠颈背部，用无名指及小指固定其尾及后肢，腹部向上。用75%酒精棉球擦拭小鼠腹部注射部位。

腹部皮下注入供试品溶液：小鼠保定同腹腔注射，注射后可见注射部位皮下出现泡状隆起。

口服给药：保定小鼠同腹腔注射法。保定后注射器接胃管灌注针头，缓缓插入小鼠口腔，使其顺利进入食道，立即注入供试品溶液。

（3）观察：给药完毕，正常饲养，观察即时反应。

3. 结果判断

给药后观察48 h，以动物是否死亡作为判定指标。

（1）除另有规定外，5只小鼠在给药后48 h内没有死亡即判为合格。

（2）如有死亡时，应另取体重 18～19 g 小鼠 10 只复试，全部小鼠在48 h内没有死亡即判为合格。

附　件

异常毒性检查记录

检品名称		供样单位	
批　　号		剂　　型	
规　　格		实验动物来源	
检验日期		观察终结日期	
供试品稀释及制备：			

续表

小白鼠情况			给药途径				给药情况			48 h 内结果	
编号	性别	体重（g）	尾静脉	腹腔	皮下	口服	剂量	注射时间	注射后反应情况	存活	死亡
结　论											
备　注	上述表格内有选择项时请打“√” 性别表格中“雄性”可填写“♂”，雌性可填写为“♀”										
检验人							复核人				

第四节　细菌内毒素检查法

一、概　述

1. 细菌内毒素（Endotoxin）定义

革兰氏阴性细菌细胞壁的构成成分，具有多种生物活性，其化学结构是脂多糖（LPS）。细菌内毒素是革兰阴性菌的细胞壁成分，当细菌死亡或自溶后便会释放出内毒素。因此，细菌内毒素广泛存在于自然界中。如自来水中含内毒素的量为 1～100 EU/mL。当内毒素通过消化道进入人体时并不产生危害，但内毒素通过注射等方式进入血液时则会引起不同的疾病。内毒素小量入血后被肝巨噬细胞灭活，不造成机体损害；内毒素大量进入血液就会引起发热反应——“热原反应”。因此，生物制品类、注射用药剂、化学药品类、放射性药物、抗生素类、疫苗类、透析液等制剂以及医疗器材类（如一次性注射器，植入性生物材料）必须经过细菌内毒素检测试验合格后才能使用。

2. 细菌内毒素的生物活性

① 致热性；② 致死性毒性；③ 白细胞减少；④ Shwartzman 反应；⑤ 降低血压，休克；⑥ 激活凝血系统；⑦ 诱导对内毒素的耐受性；⑧ 鲎细胞溶解物（鲎试剂）的凝集；⑨ 刺激淋巴细胞有丝分裂；⑩ 诱导抗感染的特异性抵抗力；⑪ 肿瘤细胞坏死作用。

3. 细菌内毒素的检测方法

细菌内毒素检查包括两种方法，即凝胶法和光度测定法，后者包括浊度法和显色基质法。供试品检测时，可使用其中任何一种方法进行试验。当测定结果有争议时，除另有规定外，以凝胶法结果为准。

二、鲎试剂检测原理

利用鲎试剂与微量内毒素产生凝集反应的现象，以判断供试品中细菌内毒素的限量是否符合规定的一种方法。

鲎试剂是从海洋无脊椎动物“鲎”的血液中提取的变形细胞溶解物，经低温冷冻干燥精制而成的生物制剂。

三、鲎试剂检测细菌内毒素的方法

（一）实验材料

1. 试　剂

鲎试剂　规格：0.1 mL、0.5 mL。

细菌内毒素国家标准品：自大肠埃希菌提取精制得到的内毒素，用于标定细菌内毒素工作标准品，仲裁鲎试剂灵敏度。

细菌内毒素工作标准品：以细菌内毒素国家标准品为基准标定其效价，用于试验中鲎试剂灵敏度复核、干扰试验及各种阳性对照。

细菌内毒素检查用水：指内毒素含量小于 0.015 EU/mL（用于凝胶法）或 0.005 EU/mL（用于光度测定法）且对内毒素试验无干扰作用的灭菌注射用水。

(a)

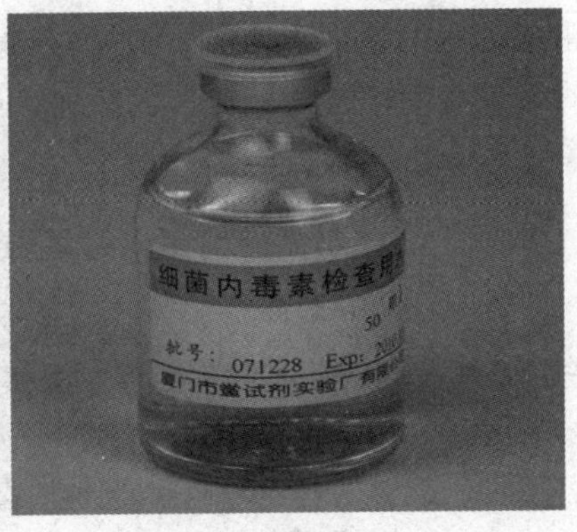

(b)

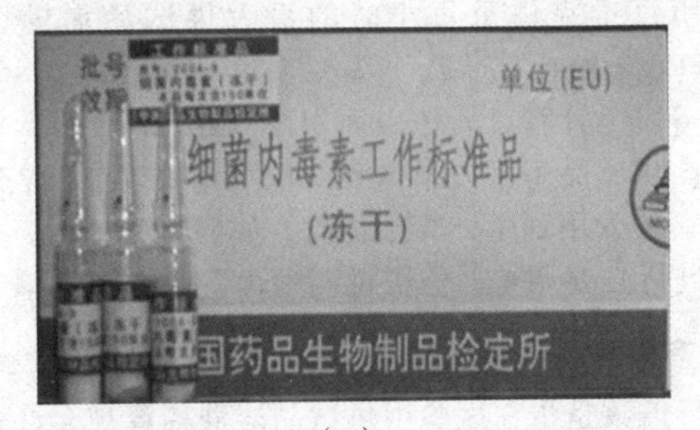

(c)

图 6.6 鲎试剂检测细菌内毒素所用试剂

2. 器 具

刻度吸管、凝集管（10 mm × 75 mm）、三角瓶、小试管（16 mm × 100 mm）、试管架、洗耳球、封口膜或金属试管帽、时钟、脱脂棉、吸水纸、剪刀砂轮。

耐热器皿常用干热灭菌法（250 °C、30 min 以上）去除内毒素，塑料用具应选用标明无内毒素并且对试验无干扰的器械（目前多为无热原的一次性用品）。

（二）实验方法

1. 供试品溶液的制备

某些供试品需进行复溶、稀释或在水性溶液中浸提制成供试品溶液。一般要求供试品溶液的 pH 在 6.0 ~ 8.0 的范围内。对于酸性过强、碱性过强或本身有缓冲能力的供试品，需调节被测溶液（或其稀释液）的 pH，可使用酸、碱溶液或适宜的缓冲液调节 pH。酸或碱溶液须用细菌内毒素检查用水在已去除内毒素的容器中配制。缓冲液必须经过验证不含内毒素和干扰因子。

2. 内毒素限值的确定

药品、生物制品的细菌内毒素限值（L）一般按以下公式确定：

$$L = K/M$$

式中 L——供试品的细菌内毒素限值，EU/mL、EU/mg 或 EU/U（活性单位）；

K——人每千克体重每小时最大可接受的内毒素剂量，EU/(kg · h)，注射剂 $K = 5$ EU/(kg · h)，放射性药品注射剂 $K = 2.5$ EU/(kg · h)，鞘内用注射剂 $K = 0.2$ EU/(kg · h)；

M——人用每千克体重每小时的最大供试品剂量，mL/(kg · h)、mg/(kg · h)或 U/(kg · h)。

人均体重按 60 kg 计算，人体表面积按 1.62 m^2 计算。注射时间若不足 1 h，按 1 h 计算。供试品每平方米体表面积剂量乘以 0.027 即可转换为每千克体重剂量（M）。按人用剂量计算限值时，如遇特殊情况，可根据生产和临床用药实际情况进行必要调整，但需说明理由。

3. 确定最大有效稀释倍数（MVD）

最大有效稀释倍数是指在试验中供试品溶液稀释被允许达到的最大倍数（1→MVD），在不超过此稀释倍数的浓度下进行内毒素限值的检测。用以下公式来确定 MVD：

$$\mathrm{MVD} = cL/\lambda$$

式中 L——供试品的细菌内毒素限值；

c——供试品溶液的浓度，当 L 的单位为 EU/mL 时，则 c 的单位为 1.0 mL/mL，当 L 的单位为 EU/mg 或 EU/U 时，c 的单位为 mg/mL 或 U/mL。

如供试品为注射用无菌粉末或原料药，则 MVD 取 1，可计算供试品的最小有效稀释浓度

$$c = \lambda/L$$

式中 λ——在凝胶法中鲎试剂的标示灵敏度，EU/mL，或是在光度测定法中所使用的标准曲线上最低的内毒素浓度。

【例 1】 某产品 M 为 14.3 mg/kg，$L = 5/14.3 = 0.35$ EU/mg。假如此产品的浓度为 100 mg/mL，那么

$$L = 0.35 \times 100 = 35\ \mathrm{EU/mL}$$

4. **鲎试剂灵敏度复核**

在本检查法规定的条件下，使鲎试剂产生凝集的内毒素最低浓度即为鲎试剂的标示灵敏度，单位为 EU/mL。当使用新批号的鲎试剂或试验条件发生了任何可能影响检验结果的改变时，应进行鲎试剂灵敏度复核试验。

（1）细菌内毒素标准溶液的准备：

取细菌内毒素工作标准品（或国家标准品）一支，轻弹瓶壁，使粉末落入瓶底，然后用砂轮在瓶颈上部轻轻划痕，用 75%酒精棉球擦拭后启开，开启过程中应防止玻璃屑落入瓶内。根据鲎试剂灵敏度的标示值（λ），将细菌内毒素国家标准品或工作标准品用细菌内毒素检查用水溶解，在旋涡混合器上混匀 15 min，然后制成 2λ、λ，0.5λ和 0.25λ 四个浓度的内毒素标准溶液，每稀释一步均应在旋涡混合器上混匀 30 s。

示例：某待复核鲎试剂的灵敏度标示值为 0.25 EU/mL，细菌内毒素工作标准品规格为 150 EU/mL，将细菌内毒素工作标准品用 1 mL 细菌内毒素检查用水溶解，再稀释制备成浓度为 0.50 EU/mL，0.25 EU/mL，0.125 EU/mL 和 0.06 EU/mL 的细菌内毒素标准溶液（图 6.7）。

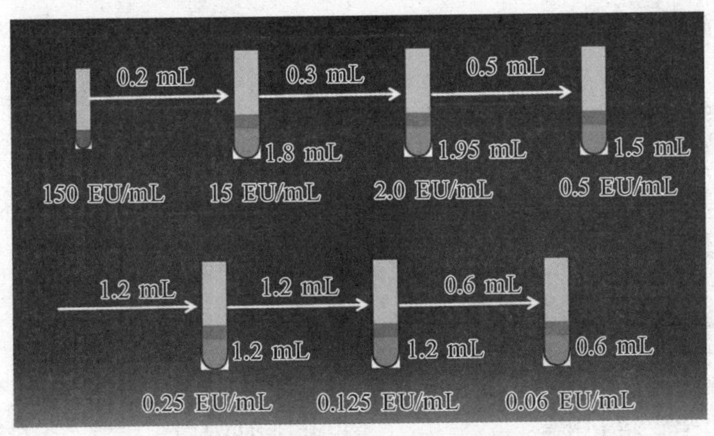

图 6.7　内毒素标准溶液稀释示意图

（2）待复核鲎试剂的准备：

取规格为 0.1 mL/支的鲎试剂 18 支，每支加入 0.1 mL 检查用水使溶解备用（规格大于 0.1 mL/支的鲎试剂，按其标示量加入细菌内毒素检查用水复溶后按 0.1 mL/管分装到凝聚管中，至少准备 18 管）。

（3）加样：

将已充分溶解的待复核鲎试剂 18 支（管）放在试管架上，排成 5 列，其中 4 列 4 支，1 列 2 支。其中 16 管分别加入 0.1 mL 不同浓度的内毒素标准溶液，每一个内毒素浓度平行做 4 管；另外 2 管加入 0.1 mL 细菌内毒素检查用水作为阴性对照。4 列 4 支分别加入 0.1 mL 2λ、λ、0.5λ和 0.25λ 的内毒素标准溶液（图 6.8 为加样操作术式图）。

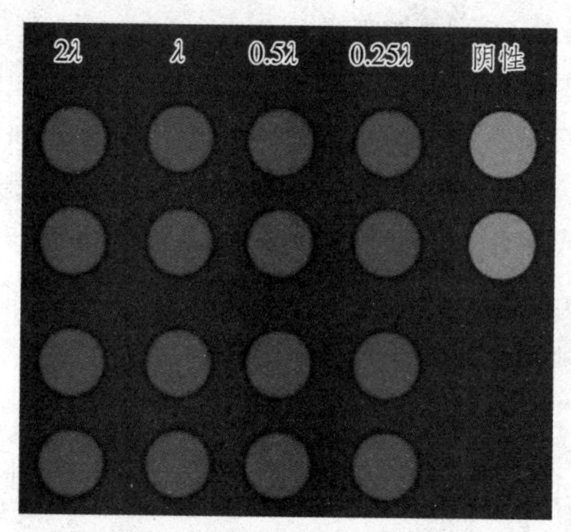

图 6.8　加样操作术式图

（4）温育：将试管中溶液轻轻混匀后，封闭管口，垂直放入（37 ± 1）°C 的恒温器中，保温（60 ± 2）min。

（5）结果观察：

将试管轻轻取出，缓缓倒转 180°，若管内形成凝胶，并且凝胶不变形、不从管壁滑脱者为阳性；未形成凝胶或形成的凝胶不坚实、变形并从管壁滑脱者为阴性（图 6.9）。

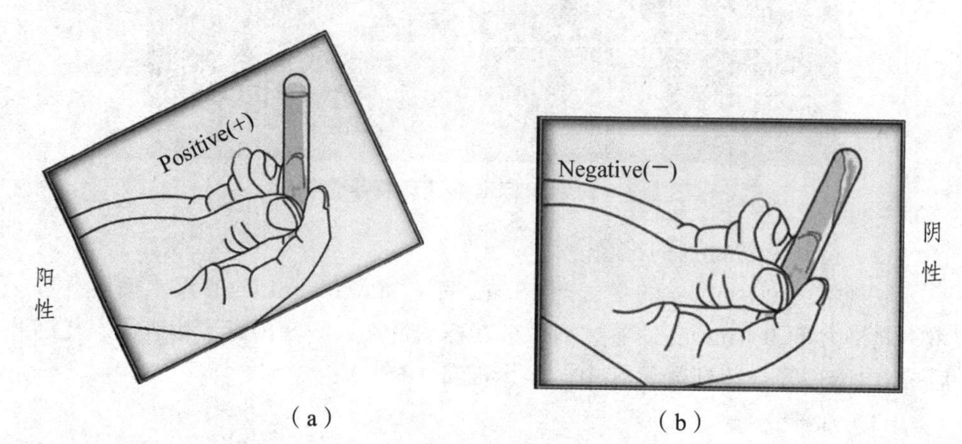

（a）　　（b）

图 6.9　鲎试剂检测结果观察

（6）结果分析：当最大浓度 2λ 管均为阳性，最低浓度 0.25λ 管均为阴性，阴性对照为阴性时实验为有效，按下式计算反应终点浓度的几何平均值即为鲎试剂灵敏度的复核结果。

$$\lambda_c = \lg^{-1}\left(\sum X/4\right)$$

式中　X——反应终点浓度的对数值（lg）。

反应终点浓度是指系列递减的内毒素浓度中最后一个呈阳性结果的浓度。

示例：如表 6.2 所示。

表 6.2　鲎试剂检测结果分析

内毒素	0.5	0.25	0.125	0.06	NC	反应终点
试管 1	+	+	+	−	−	0.125
试管 2	+	+	−	−	−	0.25
试管 3	+	+	−	−		0.25
试管 4	+	+	−	−		0.25

$$\begin{aligned}\lambda &= \lg^{-1}\left(\sum X/4\right)\\ &= \lg^{-1}[(0.125+0.25+0.25+0.25)/4]\\ &= 0.21\ \text{EU/mL}\end{aligned}$$

（7）结果判断：

当 λ_c 在 $0.5\lambda \sim 2\lambda$（包括 0.5λ 和 2λ）时，方可用于细菌内毒素检查，并以标示灵敏度 λ 为该批鲎试剂的灵敏度。

5. 干扰实验

（1）实验目的：

确定供试品在多大的稀释倍数或浓度下对内毒素和鲎试剂的反应不存在干扰作用，为能否使用细菌内毒素检查法提供依据。当进行新药的内毒素检查试验前，或无内毒素检查项的品种建立内毒素检查法时，须进行干扰试验；当鲎试剂、供试品的配方、生产工艺改变或试验环境中发生了任何有可能影响试验结果的变化时，须进行干扰试验。

（2）实验原理：

比较内毒素和鲎试剂的反应在细菌内毒素检查用水中进行和在供试品溶液或其稀释液中进行的差异。干扰实验由两部分组成，其一是鲎试剂与内毒素在细菌内毒素检查用水中（2.0λ、1.0λ、0.5λ、0.25λ 4 个浓度的内毒素溶液）的反应试验，这部分与鲎试剂的灵敏度复核实验完全相同；另一部分实验是鲎试剂与内毒素在试验浓度的供试液中的反应，也就是在试验浓度的供试液中加入内毒素，或者说用试验浓度的供试液来稀释内毒素。

（3）实验操作：

① 制备内毒素标准对照溶液：取 1 支细菌内毒素标准品，用细菌内毒素检查用水稀释成 4 个浓度的标准溶液，即 2λ、λ、0.5λ、0.25λ。

② 制备含内毒素的供试品溶液：将供试品稀释至预实验中确定的不干扰稀释倍数，再用此稀释液将同支细菌内毒素标准品稀释成 4 个浓度，即 2λ、λ、0.5λ、0.25λ 的含内毒素的供试品溶液。

③ 鲎试剂的准备：取规格为 0.1 mL 支的鲎试剂 36 支，备用。

④ 加样：准备好的 36 支鲎试剂放在试管架上，按图 6.10 加样。

⑤ 加样结束后，用封口膜封口，轻轻振动混匀，避免产生气泡，放入（37 ± 1）°C 恒温器中，保温（60 ± 2）min，观察并记录结果。

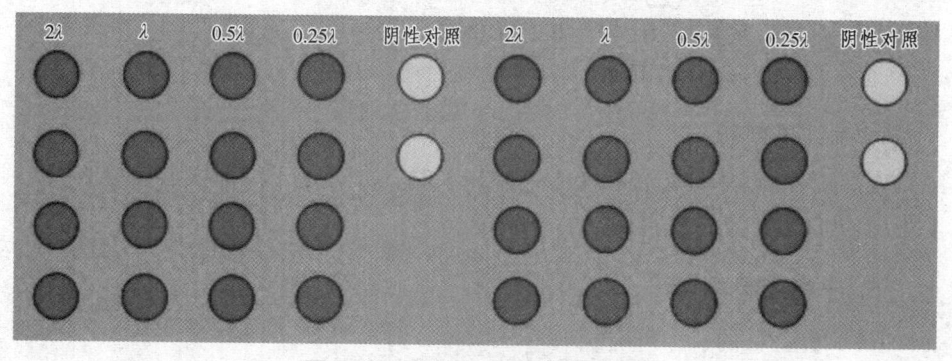

图 6.10 干扰实验加样术式图

⑥ 实验结果分析：如两组最大浓度 2.0λ 均为阳性，最低浓度 0.25λ 均为阴性，阴性对照 4 管均为阴性，按下式计算用检查用水制成的内毒素标准溶液的反应终点浓度的几何平均值（E_s）和用供试品溶液或稀释液制成的内毒素溶液的反应终点浓度的几何平均值（E_t）。

$$E_s = \lg^{-1}\left(\sum X_s / 4\right)$$

$$E_t = \lg^{-1}\left(\sum X_t / 4\right)$$

式中 X_s，X_t——用检查用水和供试品溶液或稀释液制成的内毒素溶液的反应终点浓度的对数值（lg）。

⑦ 结果判断：当 E_s 在 $0.5\lambda \sim 2\lambda$（包括 0.5λ 和 2λ）及 E_t 在 $0.5E_s \sim 2E_s$（包括 $0.5E_s$ 和 $2E_s$）时，认为供试品在该浓度下无干扰作用，可在该浓度下对此供试品进行细菌内毒素检查。当 E_t 不在 $0.5E_s \sim 2E_s$（包括 $0.5E_s$ 和 $2E_s$）时，则认为供试品在该浓度下干扰实验。应使用适宜方法排除干扰，如可将供试品进行更大倍数稀释（不超过 MVD）。

6. 供试品细菌内毒素检查

（1）供试品溶液的制备：根据内毒素限度值，计算 $MVD = cL/\lambda$。然后将供试品进行稀释，稀释倍数不得超过 MVD，一般稀释至 MVD。如样品有干扰作用，选择符合干扰试验要求的第二浓度作为日常检查浓度。

（2）阳性对照溶液的制备：用检查用水将内毒素标准品稀释制成 2λ 浓度的内毒素标准溶液。

（3）供试品阳性对照溶液的制备：用待检测的供试品溶液或其稀释液将内毒素标准品制成 2λ 浓度的内毒素溶液。

（4）阴性对照：即细菌内毒素检查用水。

（5）鲎试剂的准备：取规格为 0.1 mL/支的鲎试剂 8 支，每支加入 0.1 mL 检查用水使溶解备用。

（6）加样：8 支管中 2 支加入 0.1 mL 供试品溶液或其稀释液作为供试品管，2 支加入 0.1 mL 阳性对照溶液作为阳性对照管，2 支加入 0.1 mL 检查用水作为阴性对照管，2 支加入 0.1 mL 供试品阳性对照溶液作为供试品阳性对照管。

（7）温育：将试管中溶液轻轻混匀后，用封口膜封闭管口，垂直放入（37 ± 1）°C 水浴或适宜恒温器中，保温（60 ± 2）min。

（8）结果判定：当阳性对照都为阳性、供试品阳性对照都为阳性且阴性对照都为阴性时，实验方有效。

若供试品 2 管均为阴性，认为该供试品符合规定；如供试品 2 管均为阳性，应认为不符合规定；如 2 管中 1 管阳性，1 管阴性，则另取 4 支供试品管复试，4 管中如有 1 管为阳性，即认为不符合规定。若第一次实验时供试品的稀释倍数小于 MVD 而结果出现 2 管均为阳性或 2 管中 1 管为阳性时，按同样方法复试，复试时要求稀释至 MVD。

示例：某葡萄糖注射液，其内毒素限值为 0.5 EU/mL，设所用鲎试剂的灵敏度为 0.125 EU/mL。MVD = cL/λ = 0.5/0.125 = 4，将样品进行 4 倍稀释，并做 4 倍稀释下的供试品阳性对照（表 6.3）。

表 6.3　某葡萄糖注射液细菌内毒素检查结果

供试品	供试品阳性对照	阳性对照	阴性对照
– –	+ +	+ +	– –
结果是否有效	有效		
结果判断	该葡萄糖注射液内毒素含量小于 0.5 EU/mL，符合规定		

第五节　过敏试验检查法

一、概　述

药物过敏也叫药物变态反应，是因用药引起的过敏反应。过敏反应是一类不正常的免疫反应，免疫反应的异常，无论是过强或过弱，对身体都是不利的，会引起一系列的病变。药物作为抗原或半抗原在过敏体质的机体内产生特异性抗体，使 T 淋巴细胞致敏，再次接触同类药物时，抗原抗体在致敏淋巴细胞上作用而引起一系列生理功能紊乱，临床表现为发热、皮疹、血管神经性水肿、血清病综合征等，严重者可发生过敏性休克而危及生命。由药物引起的这种情况就是药物过敏。

二、检查方法

（1）试验动物：250 ~ 350 g，雌者应无孕，12 只，分为 2 组（分别为实验组和对照组）。

（2）试验液的配置：按照规定的浓度配制供试品。

（3）致敏：实验组腹腔注射给药，间日一次，连续 3 次。对照组不给药。

（4）激发：首次致敏注射后的第 14 日和第 21 日，静脉注射 1 mL/只。

（5）结果观察：激发后观察 30 min。建议观察 60 min。

三、结果判断

如实验组有 1 只动物出现竖毛、发抖、干呕、连续喷嚏 3 声、紫癜和呼吸困难等现象中的 2 种或 2 种以上，或出现二便失禁、步态不稳或倒地、抽搐、休克，死亡现象之一者，判定供试品不符合规定。

第六节　溶血与凝聚检查法

一、原　理

溶血是指红细胞破裂、溶解的一种现象。药物制剂引起的溶血反应包括免疫性溶血与非免疫性溶血。免疫性溶血是药物通过免疫反应产生抗体而引起的溶血，为Ⅱ型和Ⅲ型变态反应；非免疫性溶血包括药物为诱发因素导致的氧化性溶血和药物制剂引起的血液稳定性改变而出现的溶血和红细胞凝聚等。溶血实验室观察受试物是否会引起溶血和红细胞聚集等反应。

有些药物由于含有溶血性成分或物理、化学、生物等方面的原因，在直接注射入血管后可产生溶血现象；有些药物注入血管后可产生血细胞凝聚，引起血液循环功能的障碍等。有些中草药含有皂苷等成分，具有溶血作用。凡是注射剂和可能引起免疫性溶血或非免疫性溶血的药物制剂，均应进行溶血性实验。

二、检查方法

本法是将一定量供试品与 2%的家兔红细胞混悬液混合，温育一定时间后，观察其对红细胞状态是否产生影响的一种方法。

三、实验操作

1. 实验材料

（1）器材：天平、离心机、生物显微镜、恒温水浴锅。

（2）试剂：0.9%氯化钠。

（3）动物：健康成年家兔。

2. 操作方法

（1）2%家兔红细胞混悬液的制备：

取健康家兔血液，放入含玻璃珠的锥形瓶中振摇 10 min，或用玻璃棒搅动血液，以除去纤维蛋白原，制成脱纤维血液，加入 0.9%氯化钠溶液约 10 倍量，摇匀，1 000～1 500 r/min 离心 15 min，除去上清液，沉淀的红细胞再用 0.9%氯化钠溶液按上述方法洗涤 2～3 次，至上清液不显红色为止。将所得红细胞用 0.9%氯化钠溶液配成 2%的混悬液，供试验用。

（2）供试品溶液的配制：

除另有规定外，按各品种项下规定的浓度配制成供试品溶液。

（3）检查法：

取洁净试管 5 只，编号，1、2 号管为供试品管，3 号管为阴性对照管（0.9%氯化钠溶液），4 号管为溶血阳性对照管（蒸馏水），5 号管为供试品对照管。按表 6.4 所示依次加入 2%红细胞悬液、0.9%氯化钠溶液、蒸馏水，混匀后，立即置（37 ± 0.5）°C 的恒温箱中进行温育。每隔 1 h 观察 1 次，一般观察 3 h。

表 6.4 溶血与凝聚检查法操作术式表

试管编号	1 （样品）	2 （样品）	3 （阴性对照）	4 （阳性对照）	5 （供试品对照）
加入 2%红细胞混悬液的量/mL	2.5	2.5	2.5	2.5	
加入 0.9%氯化钠溶液的量/mL	2.2	2.2	2.5		4.7
加入蒸馏水的量/mL				2.5	
加入供试品溶液的量/mL	0.3	0.3			0.3

（4）结果观察（表 6.5、图 6.11）。

表 6.5 溶血及凝聚检查结果判断标准

全溶血	溶液澄明，红色，管底无红细胞残留
部分溶血或变形	溶液澄明，红色或棕色，底部有少量红细胞残留；镜检红细胞稀少
不溶血	红细胞全部下沉，上清液无色澄明；镜检红细胞不凝聚
红细胞凝聚	溶液中有棕红色或红棕色絮状沉淀，振摇后不分散

图 6.11　溶血或凝聚检查结果

如有红细胞凝聚的现象，可按下法进一步判定是凝聚还是假凝聚：若凝聚物在试管倒转后又能均匀分散，或将凝聚物置于载玻片上，在盖玻片边缘滴加 2 滴 0.9%氯化钠溶液，置显微镜下观察，凝聚红细胞能被冲散者为假凝聚；若凝聚物不被摇散或在玻片上不被冲散者为凝聚（图 6.12）。

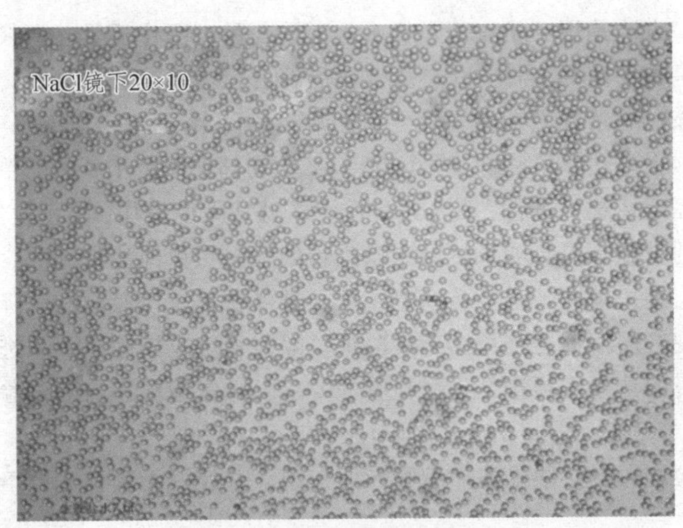

图 6.12　溶血或凝聚显微镜检查

3. 结果分析

当阴性对照管无溶血和凝聚发生，阳性对照管有溶血发生，若供试品管中的溶液在 3 h 内不发生溶血和凝聚，判定供试品符合规定，则受试物可以注射使用；若供试品管中的溶液在 3 h 内发生溶血和（或）凝聚，判供试品不符合规定，则受试物不能注射使用。

四、注意事项

（1）加样时红细胞尽量混悬均匀（一人搅拌、一个人取样）。

（2）可疑时，每组增加平行管进行测量，尽量减少误差。

（3）肉眼观察结束后立即进行计数和显微镜下观察，宜在 30 min 之内完成。

（4）溶血反应发生机制复杂，目前尚无标准的临床前体内实验方法全面评价药物制剂的溶血反应，因此在长期毒性研究中应该兼顾考虑制剂的溶血性，注意观察溶血反应的有关指标和体征（如网织红细胞、红细胞数、胆红素、尿蛋白、肾炎、脾脏淤血等），如出现溶血，应进一步研究。

第七节　无菌检查法

无菌检查法是用于检查药典要求无菌的药品、医疗器具、原料、辅料及其他品种是否无菌的一种方法。若供试品符合无菌检查法的规定，仅表明了供试品在该检验条件下未发现微生物污染。

无菌检查应在环境洁净度 10 000 级下的局部洁净度 100 级的单向流空气区域内或隔离系统中进行，其全过程应严格遵守无菌操作，防止微生物污染，防止污染的措施不得影响供试品中微生物的检出。单向流空气区、工作台面及环境应定期按《医药工业洁净室（区）悬浮粒子、浮游菌和沉降菌的测试方法》的现行国家标准进行洁净度验证。隔离系统应按相关要求进行验证，其内部环境的洁净度须符合无菌检查的要求。日常检验还需对试验环境进行监控。

无菌检查人员必须具备微生物专业知识，并经过无菌技术的培训。

一、实验材料

（一）消毒剂配制

75%乙醇溶液（配制酒精棉球用）、0.2%新洁尔灭溶液（配制消毒棉球用）、2%来苏尔溶液（配制消毒棉球用）。

（二）稀释液、冲洗液的配置

（1）0.1%蛋白胨水溶液：取蛋白胨 1.0 g，加水 1 000 mL，微温溶解，滤清，调节 pH 至 7.1 ± 0.2，分装，灭菌。

（2）pH 7.0 氯化钠-蛋白胨缓冲液：取磷酸二氢钾 3.56 g、磷酸氢二钠 7.23 g、氯化钠 4.30 g、蛋白胨 1.0 g，加水 1 000 mL，微温溶解，滤清，分装，灭菌。

（三）试剂及培养基的配制

培养基可按处方制备，也可使用按该处方生产的符合规定的脱水培养基。配制后应采用验证合格的灭菌程序灭菌。制备好的培养基应进行无菌检查，每批培养基随机取不少于 5 支（瓶），培养 14 天，应无菌生长。培养基应保存在 2 ~ 25 °C 避光的环境，若保存于非密闭容器中，一般可在 3 周内使用；若保存于密闭容器中，一般可在 1 年内使用。

1. 硫乙醇酸盐流体培养基

按商品说明称取培养基，配制，摇匀，分装，按培养基说明高压灭菌，保存备用。分装的容器应适当，其装量与容器高度比例应符合培养结束后培养基氧化层（粉红色）不超过培养基深度的 1/2。供试品接种前，培养基氧化层的高度不得超过培养基深度的 1/5，否则须经 100 °C 水浴加热至粉红色消失（不超过 20 min），迅速冷却。只限加热一次，并应防止被污染。

硫乙醇酸盐流体培养基配方：

酪胨（胰酶水解）15.0 g　　酵母浸出粉 5.0 g
葡萄糖 5.0 g　　氯化钠 2.5 g
L-胱氨酸 0.5 g　　新配制的 0.1%　刃天青溶液 1.0 mL
硫乙醇酸钠 0.5 g　　琼脂 0.75 g
（或硫乙醇酸）（0.3 mL）　　水 1 000 mL

除葡萄糖和刃天青溶液外，取上述成分混合，微温溶解，调节 pH 为弱碱性，煮沸，滤清，加入葡萄糖和刃天青溶液，摇匀，调节 pH 使灭菌后为 7.1 ± 0.2。分装至适宜的容器中，其装量与容器高度的比例应符合培养结束后培养基氧化层（粉红色）不超过培养基深度的 1/2。灭菌。在供试品接种前，培养基氧化层的高度不得超过培养基深度的 1/5，否则，须经 100 °C 水浴加热至粉红色消失（不超过 20 min），迅速冷却。只限加热一次，并防止被污染。

硫乙醇酸盐流体培养基置 30 ~ 35 °C 培养。

2. 改良马丁培养基

取商品干燥培养基 28.5 g，加水 1 000 mL，加热溶解，分装，121 °C 高压灭菌 15 min（若干燥培养基结块，切勿使用）。

改良马丁培养基配方：

胨 5.0 g	硫酸镁 0.5 g
磷酸氢二钾 1.0 g	葡萄糖 20.0 g
酵母浸出粉 2.0 g	水 1 000 mL

除葡萄糖外，取上述成分混合，微温溶解，调节 pH 约为 6.8，煮沸，加入葡萄糖溶解后，摇匀，滤清，调节 pH 使灭菌后为 6.4 ± 0.2，分装，灭菌。

改良马丁培养基置 23 ~ 28 °C 培养。

3. 选择性培养基

按上述硫乙醇酸盐流体培养基或改良马丁培养基的处方及制法，在培养基灭菌或使用前加入适量的中和剂、灭活剂或表面活性剂，其用量同方法验证试验。

4. 营养肉汤培养基

按商品说明称取培养基，配制，加热，溶解，分装，按培养基说明高压灭菌，保存备用。

营养肉汤培养基配方：

胨 10.0 g	氯化钠 5.0 g
牛肉浸出粉 3.0 g	水 1 000 mL

取上述成分混合，微温溶解，调节 pH 为弱碱性，煮沸，滤清，调节 pH 使灭菌后为 7.2 ± 0.2，分装，灭菌。

5. 营养琼脂培养基

取商品干燥培养基 3.4 g，加蒸馏水 1 000 mL，加热溶解，分装，121 °C 高压灭菌 15 min。

或按上述营养肉汤培养基的处方及制法，加入 14.0 g 琼脂，调节 pH 使灭菌后为 7.2 ± 0.2，分装，灭菌。

6. 改良马丁琼脂培养基

取商品干燥培养基制备或按改良马丁培养基的处方及制法，加入 14.0 g 琼脂，调节 pH 使灭菌后为 6.4 ± 0.2，分装，121 °C 高压灭菌 15 min。

7. 0.5%葡萄糖肉汤培养基（用于硫酸链霉素等抗生素的无菌检查）

胨 10.0 g　　氯化钠 5.0 g

葡萄糖 5.0 g　　水 1 000 mL

牛肉浸出粉 3.0 g

除葡萄糖外取上述成分混合，微温溶解，调节 pH 为弱碱性，煮沸，加入葡萄糖溶解后，摇匀，滤清，调节 pH 使灭菌后为 7.2 ± 0.2，分装，灭菌。

（四）主要仪器设备

垂直层流超净工作台、生化培养箱、电热恒温水浴箱、显微镜、手提灭菌器、离心机、双碟、试管、三角瓶、刻度离心管、注射器（针头）、剪刀、镊子、注射器盒、75%酒精棉球、紫外光灯 365 nm、真空泵、HTY 智能全封闭集菌仪、一次性使用集菌培养器。

用具在 121 °C 蒸汽灭菌 20 min，或采取适宜的灭菌方法（适宜高温灭菌的器皿可采用 160 °C 干热灭菌）。物品灭菌完毕，勿立即置冷处，以免急速冷却导致染菌，应置恒温培养箱中干燥。

二、操作方法

（一）要　求

操作人员按“进入洁净室更衣程序”洗手、更衣、换工作鞋，换无菌衣、裤、口罩。进入洁净室内，开启内侧门，取出物品，关闭内侧门，经缓冲间进入洁净室内，物品放置于实验台上，关闭洁净室门。人员离开洁净室，继续用紫外灯照射半小时，关灯，再将用具放入超净台内。

（二）培养基适用性检查

无菌检查用硫乙醇酸盐流体培养基及改良马丁培养基等，应符合无菌检查及灵敏度检查的要求。本检查可在供试品检查前或与供试品检查同时进行。

（1）无菌效果检查：每批培养基随机取不少于 5 支（瓶）培养 14 天，应无菌生长。

（2）灵敏度检查。

1. 直接接种法

（1）菌种：

培养基灵敏度检查所用的菌株传代次数不得超过 5 代，从菌种保藏中心获得的冷冻干燥菌种为第 0 代，试验用菌种应采用适宜的菌种保藏技术进行保存，以保证试验用菌株的生物学特性。检查用菌种包括：

金黄色葡萄球菌（Staphylococcus aureus）[CMCC（B）26 003]

铜绿假单胞菌（Pseudomonas aeruginosa）[CMCC（B）10 104]

大肠埃希菌（Escherichia coli，E.coli）[CMCC（B44102]

枯草芽孢杆菌（Bacillus subtilis）[CMCC（B）63 501]

生孢梭菌（Clostridium sporogenes）[CMCC（B）64 941]

白色念珠菌（Candida albicans）[CMCC（F）98 001]

黑曲菌（Aspergillus niger）[CMCC（F）98 003]

（2）菌液制备：

接种金黄色葡萄球菌、铜绿假单胞菌、枯草芽孢杆菌的新鲜培养物至营养肉汤培养基中或营养琼脂培养基上；接种生孢梭菌的新鲜培养物至硫乙醇酸盐流体培养基中，30 ~ 35 °C 培养 18 ~ 24 h；接种白色念珠菌的新鲜培养物至改良马丁培养基中或改良马丁琼脂培养基上，23 ~ 28 °C 培养 24 ~ 48 h。上述培养物用 0.9%无菌氯化钠溶液制成每 1 mL 含菌数小于 100 cfu（菌落形成单位）的菌悬液。接种黑曲霉的新鲜培养物至改良马丁琼脂斜面培养基上，23 ~ 28 °C 培养 5 ~ 7 天，加入 3 ~ 5 mL 含 0.05%（体积分数）聚山梨酯 80 的 0.9%无菌氯化钠溶液，将孢子洗脱。然后，用适宜的方法吸出孢子悬液至无菌试管内，用含 0.05%（体积分数）聚山梨酯 80 的 0.9%无菌氯化钠溶液制成每 1 mL 含孢子数小于 100 cfu 的孢子悬液。

菌悬液在室温下放置应在 2 h 内使用，若保存于 2 ~ 8 °C 可在 24 h 内使用。黑曲霉孢子悬液可保存在 2 ~ 8 °C，在验证过的储存期内使用。

以上菌液在供试验的同时，金黄色葡萄球菌、铜绿假单胞菌、枯草芽孢杆菌、大肠杆菌用营养琼脂，白色念珠菌和黑曲霉用改良马丁琼脂培养基进行菌落计数（倾注法或平板涂布法）。

（3）培养基接种培养。

取每管装量为 12 mL 的硫乙醇酸盐流体培养基 9 支，分别接种小于 100 cfu 的金黄色葡萄球菌、铜绿假单胞菌、枯草芽孢杆菌、生孢梭菌各 2 支，另一支不接种，作为空白对照，培养 3 天；每管装量为 9 mL 的改良马丁培养基 5 支，分别接种小于 100 cfu 的白色念珠菌、黑曲菌各 2 支，另一支不接种作为空白对照，培养 5 天。逐日观察结果。

（4）结果判断：

空白对照管应无菌生长，若加菌的培养基管均生长良好，判断该培养基灵敏度符合规定。

（三）方法验证试验

当建立产品的无菌检查法时，应进行方法的验证，以证明所采用的方法适合于该产品的无菌检查。若该产品的组分或原检验条件发生改变，检查方法应重新验证。

验证时，按“供试品的无菌检查”的规定及下列要求进行操作。对每一试验菌应逐一进行验证。

1. 菌种及菌液制备

除大肠埃希菌（Escherichia coli）[CMCC（B）4 4102〕外，金黄色葡萄球菌、枯草芽孢杆菌、生孢梭菌、白色念珠菌、黑曲霉同培养基灵敏度检查。大肠埃希菌的菌液制备同金黄色葡萄球菌。

2. 薄膜过滤法

取每种培养基规定接种的供试品总量，按薄膜过滤法过滤，冲洗，在最后一次的冲洗液中加入小于 100 cfu 的试验菌，过滤。取出滤膜接种至硫乙醇酸盐流体培养基或改良马丁培养基中，或将培养基加至滤筒内。另取一装有同体积培养基的容器，加入等量试验菌，作为对照。置规定温度培养 3 ~ 5 天，各试验菌同法操作。

3. 直接接种法

取符合直接接种法培养基用量要求的硫乙醇酸盐流体培养基 8 管，分别接入小于 100 cfu 的金黄色葡萄球菌、大肠埃希菌、枯草芽孢杆菌、生孢梭菌各 2 管，取符合直接接种法培养基用量要求的改良马丁培养基 4 管，分别接入小于 100 cfu 的白色念珠菌、黑曲霉各 2 管。其中 1 管接入每支培养基规定量的供试品量，另 1 管作为对照，置规定的温度培养 3 ~ 5 天。

4. 结果判断

与对照管比较，如含供试品各容器中的试验菌均生长良好，则说明供试品的该检验量在该检验条件下无抑菌作用或其抑菌作用可以忽略不计，照此检查方法和检查条件进行供试品的无菌检查。如含供试品的任一容器中的试验菌生长微弱、缓慢或不生长，则说明供试品的该检验量在该检验条件下有抑菌作用，可采用增加冲洗量、增加培养基的用量、使用中和剂或灭活剂、更换滤膜品种等方法，消除供试品的抑菌作用，并重新进行方法验证试验。

验证试验也可与供试品的无菌检查同时进行。

（四）供试品的无菌检验

无菌检查法包括薄膜过滤法和直接接种法。只要供试品性状允许，应采用薄膜过滤法。进行供试品无菌检查时，所采用的检验方法和检验条件应与验证的方法相同。

1. 检验数量

检验数量是指一次试验所用供试品最小包装容器的数量。除另有规定外，出厂产品按表 6.6 规定；上市产品监督检验按表 6.7、表 6.8 规定。表 6.6、表 6.7、表 6.8 中最少检验数量不包括阳性对照试验的供试品用量。一般情况下，供试品无菌检查若采用薄膜过滤法，应增加 1/2 的最小检验数量作阳性对照用；若采用直接接种法，应增加供试品 1 支（或瓶）作阳性对照用。

表 6.6　批出厂产品最少检验数量

供试品	批产量 *N*（个）	接种每种培养基所需的最少检验数量
注射剂	≤100	10%或 4 个（取较多者）
	100<*N*≤500	10 个
	>500	2%或 20 个（取较少者）
大体积注射剂（>100 mL）		2%或 10 个（取较少者）
眼用及其他非注射产品	≤200	5%或 2 个（取较多者）
	>200	10 个
桶装无菌固体原料	≤4	每个容器
	4<*N*≤50	20%或 4 个容器（取较多者）
	>50	2%或 10 个容器（取较多者）
抗生素固体原料药（≥5 g）		6 个容器
医疗器具	≤100	10%或 4 件（取较多者）
	100<*N*≤500	10 件
	>500	2%或 20 件（取较少者）

注：若供试品每个容器内的装量不够接种两种培养基，那么表中的最少检验数量加倍。

表 6.7 液体制剂最少检验量及上市抽验样品的最少检验数量

供试品装量（V）(mL)	每支供试品接入每种培养基的最少量	供试品最少检验数量(瓶或支)
≤1	全量	10①
$1<V<5$	半量	10
$5\leqslant V<20$	2 mL	10
$20\leqslant V<50$	5 mL	10
$50\leqslant V<100$	10 mL	10
$50\leqslant V<100$（静脉给药）	半量	10
$100\leqslant V\leqslant 500$	半量	6
$V>500$	500 mL	6①

注：① 若供试品每个容器内的装量不够接种两种培养基，那么表中的最少检验数量加倍。

表 6.8 固体制剂最少检验量及上市抽验样品的最少检验数量

供试品装量（m）（支或瓶）	每支供试品接入每种培养基的最少量	供试品最少检验数量（瓶或支）
$m<50$ mg	全量	10①
50 mg$\leqslant m<300$ mg	半量	10
300 mg$\leqslant m<5$ g	150 mg	10
$m\geqslant 5$ g	500 mg	10②
外科用敷料棉花及纱布	取 100 mg 或 1 cm×3 cm	10
缝合线、一次性医用材料	整个材料③	10①
带导管的一次性医疗器具（如输液袋）	整个器具③（切碎或拆散开）	10
其他医疗器具		10①

注：① 若供试品每个容器内的装量不够接种两种培养基，那么表中的最少检验数量加倍。
② 抗生素粉针剂（≥5 g）及抗生素原料药（≥5 g）的最少检验数量为 6 瓶（或支）。桶装固体原料的最少检验数量为 4 个包装。
③ 如果医用器械体积过大，培养基用量可在 2 000 mL 以上，将其完全浸没。

2. 检验量

检验量是指一次试验所用的供试品总量（g 或 mL）。除另有规定外，每份培养基接种的供试品量按表 6.7、表 6.8 规定。若每支（瓶）供试品的装量按规定足够接种两份培养基，则应分别接种硫乙醇酸盐流体培养基和改良马丁培养基。采用薄膜过滤法时，检验量应不少于直接接种法的总接种量，只要供试品特性允许，应将所有容器内的全部内容物过滤。

3. 供试品外部消毒

供试品在移入缓冲间前应除去外包装，消毒外表面并编号，将消毒过的粉针剂、油剂等铝盖压封的橡皮塞小瓶，先擦拭外壁及瓶塞消毒，待干，用灭菌镊子剔去铝盖，过火焰数次；消毒过的安瓿瓶针剂先用碘酒或典伏棉球将外部擦拭干净，待干，用砂轮轻割安瓿瓶颈部，用酒精棉球将碘酒擦干净，待干；同时培养基管（瓶）用 0.1%新洁尔灭或乙醇擦拭瓶管外壁。

4. 供试品的制备

用灭菌镊子取出注射器，在火焰旁将针芯插入针管并安上针头，注射器针头应迅速通过火焰数次。

（1）当供试品为粉针剂，瓶盖为橡胶塞时，用注射器吸，取规定的溶剂，在已消毒好的橡胶塞中心位置插入，加入溶剂、溶解并混匀后吸出溶液。

（2）当供试品为液体制剂，可直接用注射器吸取液体。

（3）当供试品为无菌粉末的原料药，用专业取样器取出规定量放入灭菌试管内，加入适宜的灭菌稀释液，溶解，作为供试液。

（五）检测方法

无菌检查法包括薄膜过滤法和直接接种法。只要供试品性状允许，应采用薄膜过滤法。供试品无菌检查所采用的检查方法和检验条件应与验证的方法相同。

阳性对照：应根据供试品特性选择阳性对照菌：无抑菌作用及抗革兰阳性菌为主的供试品，以金黄色葡萄球菌为对照菌；抗革兰阴性菌为主的供试品以大肠埃希菌为对照菌；抗厌氧菌的供试品，以生孢梭菌为对照菌；抗真菌的供试品，以白色念珠菌为对照菌。阳性对照试验的菌液制备同方法验证试验，加菌量小于 100 cfu，供试品用量同供试品无菌检查每份培养基接种的样品量。阳性对照管培养 48 ~ 72 h 应生长良好。

阴性对照：供试品无菌检查时，应取相应溶剂和稀释液、冲洗液同法操作，作为阴性对照。阴性对照不得有菌生长。

无菌试验过程中，若需使用表面活性剂、灭活剂、中和剂等试剂，应证明其有效性，且对微生物无毒性。

1. **薄膜过滤法（图 6.13）**

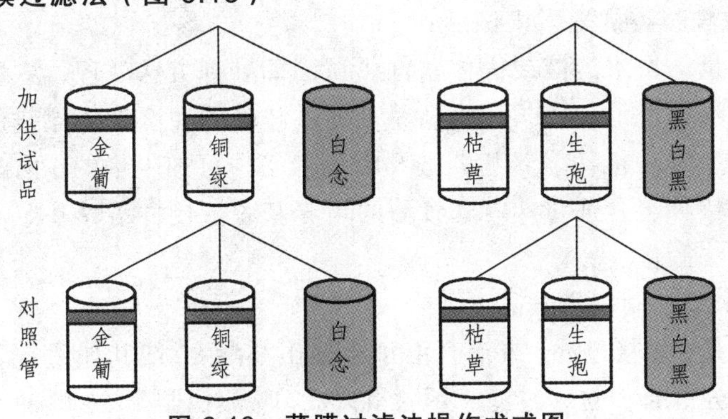

图 6.13　薄膜过滤法操作术式图

采用 HTY 全封闭无菌检测系统集菌。取出培养器先检查包装是否完好无损。无菌检查用滤膜孔径应不大于 0.45 μm，直径约为 50 mm。根据供试品特性选择滤膜材质。抗生素供试品应选择低吸附的滤器及滤膜；油性供试品应选用疏水性滤膜；水溶性供试品溶液过滤前先将少量的冲洗液过滤，以润湿滤膜。油类供试品：其滤膜和过滤器在使用前应充分干燥。为发挥滤膜的最大过滤效率，应注意保持供试品溶液及冲洗液覆盖整个滤膜表面。供试品溶液经薄膜过滤后，若需要用冲洗液冲洗滤膜，每张滤膜每次冲洗量一般为 100 mL，总冲洗量不得超过 1 000 mL，以避免滤膜上的微生物受损伤。

滤器及滤膜使用前应经适宜的方法灭菌。使用时，应保证滤膜在过滤前后的完整性。滤膜过滤采用封闭式滤膜过滤器和开放式滤膜过滤器，可优先选用封闭式滤膜过滤器。

（1）样品处理。

① 水溶液供试品：

取规定量，直接过滤，或混合至含适量稀释液的无菌容器内，混匀，立即过滤。如供试品具有抑菌作用或含防腐剂，须用冲洗液冲洗滤膜，冲洗次数一般不少于 3 次，所用的冲洗量、冲洗方法同方法验证试验。冲洗后，如用封闭式薄膜过滤器，分别将 100 mL 硫乙醇酸盐流体培养基及改良马丁培养基加入相应的滤液内。如采用一般薄膜过滤器，取出滤膜，将其分成 3 等分，分别置于含 50 mL 硫乙醇酸盐流体培养基及改良马丁培养基容器中，其中一份做阳性对照用。

② 可溶于水的固体制剂供试品：

取规定量，加适宜的稀释液溶解或按标签说明复溶，然后照水溶液供试品项下的方法操作。

③ β-内酰胺类抗生素供试品：

取规定量，按水溶液或固体制剂供试品的处理方法处理，立即过滤，用适宜的冲洗液冲洗滤膜。再用含适量β-内酰胺酶的冲洗液清除残留在滤筒、滤膜上的抗生素后接种培养基，必要时培养基中可加少量的β-内酰胺酶；或将滤膜直接接种至含适量β-内酰胺酶的培养基中。接种培养基照水溶液供试品项下的方法操作。

④ 非水溶性制剂供试品：

取规定量，直接过滤；或混合溶于含聚山梨酯 80 或其他适宜乳化剂的稀释液中，充分混合，立即过滤。用含 0.1%～1%聚山梨酯 80 的冲洗液冲洗滤膜至少 3 次。滤膜于含或不含聚山梨酯 80 的培养基中培养。接种培养基按照水溶液供试品项下的方法操作。

⑤ 可溶于十四烷酸异丙酯的膏剂和黏性油剂供试品：

取规定量，混合至适量的无菌十四烷酸异丙酯中，剧烈振摇，使供试品充分溶解，如果需要可适当加热，但温度不得超过 44 °C，趁热迅速过滤。对仍然无法过滤的供试品，于含有适量的无菌十四烷酸异丙酯中的供试液中加入不少于 100 mL 的稀释液，充分振摇，萃取，静置，取下层水相作为供试液，过滤。过滤后滤膜冲洗及接种培养基照非水溶性制剂供试品项下的方法操作。

⑥ 无菌气（喷）雾剂供试品：

取规定量，将各容器置至少 –20 °C 的冰室冷冻约 1 h。以无菌操作迅速在容器上端钻一小孔，释放抛射剂后再无菌开启容器，并将供试液转移至无菌容器中，然后按照水溶液或非水溶性制剂供试品项下的方法操作。

⑦ 装有药物的注射器供试品：

取规定量，排出注射器中的内容物，若需要可吸入稀释液或标签所示的溶剂溶解，直接过滤，或混合至含适量稀释液的无菌容器内，混匀，立即过滤。然后按水溶性供试品项下方法操作。同时应采用直接接种法进行包装中所配备的无菌针头的无菌检查。

⑧ 具有导管的医疗器具（输血、输液袋等）供试品：

取规定量，每个最小包装用 50～100 mL 冲洗液分别冲洗内壁，收集冲洗液于无菌容器中，然后照水溶液供试品项下方法操作。同时应采用直接接种法进行包装中所配备的针头的无菌检查。

（2）操作：

按《HTY全封闭无菌检测系统操作规程》操作。

① 将培养器逐个插放在不锈钢座上，将培养器的弹性软管装入集菌仪泵头，注意定位准确，软管走势顺畅（注意检查培养器包装是否完好）。

② 供试品瓶表面用75%乙醇或0.2%新洁尔灭擦拭灭菌，然后将培养器导管上的针头插至供试品瓶胶塞内，开启集菌仪电源，使样品瓶倒置固定在支架上，使药液均匀通过集菌培养器。待药液排放尽，关闭电源，将针头取下。根据质量标准规定或验证情况，需要用冲洗液冲洗滤膜时，将针头插至装有适宜冲洗液的瓶塞内，冲洗集菌器滤膜，冲洗次数及冲洗量应经验证，每张滤膜冲洗量一般为100 mL，冲洗次数一般不少于3次，且总冲洗量不得超过1 000 mL，以避免滤膜上的微生物受损伤。

③ 过滤完毕关闭电源，将集菌培养器排气孔上的胶帽取下，将集菌培养器底部的排液管口拧上，将冲洗液瓶取下，换上相应的培养基瓶，启动电源，将培养基泵入指定培养器内，关闭电源。

④ 用小夹夹闭与培养器连接部的软管，在软管切线位置剪断软管，将软管开口端套在空气过滤器开口上。

⑤ 每次操作时，均应取相应的稀释剂及冲洗液同法操作，作为阴性对照。

⑥ 将已操作完毕的含培养基的集菌培养器移出无菌室，取其中一管作阳性对照，依阳性对照菌选择原则加入相应对照菌液，按规定温度和时间进行培养。

2. 直接接种法

直接接种法适用于无法用薄膜过滤法进行无菌检查的供试品。直接接种法即取规定量供试品分别接种至各含硫乙醇酸盐流体培养基和改良马丁培养基的容器中。除另有规定外，每个容器中培养基的用量应符合接种的供试品体积不得大于培养基体积的10%，同时，硫乙醇酸盐流体培养基每管装量不少于15 mL，改良马丁培养基每管装量不少于10 mL。培养基的用量和高度同方法验证试验。

（1）样品处理：

① 混悬液等非澄清水溶液供试品：

取规定量，接种至各管培养基中。固体制剂供试品取规定量直接接种至各管培养基中，或加入适宜的溶剂溶解，或按标签说明复溶后，取规定量接种至各管培养基中。

② 有抑菌活性的供试品：

取规定量，混合，加入适量的无菌中和剂或灭活剂，然后接种至各管培养基中；或直接接入含适量中和剂或灭活剂的各管培养基中。

③ 非水溶性制剂供试品：

取规定量，混合，加入适量的聚山梨酯 80 或其他适宜的乳化剂及稀释剂使其乳化，接种至各管培养基中。或直接接种至含聚山梨酯 80 或其他适宜乳化剂的各管培养基中。

④ 敷料供试品：

取规定数量，以无菌操作拆开每个包装，于不同部位剪取约 100 mg 或 1 cm×3 cm 的供试品，接种于足以浸没供试品的适量培养基中。

⑤ 肠线、缝合线等供试品：

肠线、缝合线及其他一次性使用的医用材料按规定量取最小包装，无菌拆开包装，接种于各管足以浸没供试品的适量培养基中。

⑥ 灭菌医用器具供试品：

取规定量，必要时应将其拆散或切成小碎段，接种于足以浸没供试品的适量培养基中。

⑦ 放射性药品：

取供试品 1 瓶（支），接种于装量为 7.5 mL 的培养基中。每管接种量为 0.2 mL。

（2）操作：

① 用灭菌用具取上述制备的规定量的供试品，沿着培养基管壁分别接种于硫乙醇酸盐流体培养基 11 管，其中 1 管于操作结束后接种金黄色葡萄球菌对照用菌液 1 mL（菌量小于 100 cfu），作阳性对照，再将其他 10 支供试品中剩余的半量分别接种于改良马丁培养基中，按规定的温度和时间培养。

② 取供试品接种，按上述操作进行外部消毒和制备后，用灭菌注射器以无菌操作自每管中吸取供试品，在近火焰旁以左手持培养基，右手半握拳，以小指和无名指拔开培养基管棉塞，管口通过火焰，移至火焰下侧，分别将各供试品 1 mL（或规定量，除另有规定外，每个容器中培养基的用量应符合接种的供试品体积不大于培养基体积的 10%）沿培养基管壁加入各培养基管内，每个供试品均分别接种硫乙醇酸盐流体培养基及改良马丁培养基各 5 管；另取硫乙醇酸盐流体培养基管一支，同法操作，操作结束后，接种对照菌液 1 mL（小于 100 cfu）作为供试品阳性对照。硫乙醇酸盐流体培养基，每管装量不少于 15 mL，改良马丁培养基不少于 10 mL。注入供试液时，切勿向液面直射，以免将空气中的氧带入培养基中，并在火焰旁将塞子塞严。接种后轻轻振动使均匀。

③ 培养与观察：上述含培养基的容器按规定的温度培养，硫乙醇酸盐流体培养基在 30 ~ 35 °C 培养 14 天，改良马丁培养基在 23 ~ 28 °C 培养 14 天。培养期间应逐日观察并记录是否有菌生长。如在加入供试品后或在培养过程中，培养基出现浑浊，培养 14 天后，不能从外观上判断有无微生物生长，可取该培养液适量转种至同种新鲜培养基中，细菌培养 2 天、真菌培养 3 天，观察接种的同种新鲜培养基是否再出现浑浊；或取培养液涂片，染色，镜检，判断是否有菌。

（3）结果判定：

阳性对照管应生长良好，阴性对照管不得有菌生长；否则，试验无效。若供试品管均澄清，或虽显浑浊但经确证无菌生长，判供试品符合规定；若供试品管中任何显浑浊并确证有菌生长，判供试品不符合规定，除非能充分证明实验结果无效，即生长的微生物非供试品所含。当符合下列至少一个条件时，方可判试验结果无效：

① 无菌检查试验所用设备及环境的微生物监控结果不符合无菌检查要求；

② 回顾无菌试验过程，发现有可能引起微生物污染的因素；

③ 供试品管中生长的微生物经鉴定后，确证是因无菌试验中所使用的物品和（或）无菌操作技术不当引起的。

试验若经确认无效，应重试。重试时，重新取同量供试品，依法检查，若无菌生长，判供试品符合规定；若有菌生长，判供试品不符合规定。

第八节　微生物限度检查法

微生物限度检查法是检查非规定灭菌制剂及其原料、辅料受微生物污染程度的方法。检查项目包括细菌数、霉菌数、酵母菌数及控制菌检查。是判定药品受到微生物污染程度的重要指标，也是对生产企业的设备器具、工艺流程、生产环境和操作者的卫生状况进行卫生学评价的综合依据之一。

一、要　求

（1）环境要求：微生物限度检查应在环境洁净度 10 000 级下的局部洁净度 100 级的单向流空气区域内进行。检验全过程必须严格遵守无菌操作，防止再污染。单向流空气区域、工作台面及环境应定期按《医药工业洁净室（区）

悬浮粒子、浮游菌和沉降菌的测试方法》的现行国家标准进行洁净度验证。

（2）供试品检查时，如果使用了表面活性剂、中和剂或灭活剂，应证明其有效性及对微生物的生长和存活无影响。

（3）除另有规定外，本检查法中细菌培养温度为 30 ~ 35 °C，时间为 48 h；霉菌、酵母菌培养温度为 23 ~ 28 °C，时间为 72 h；控制菌培养温度为 35 ~ 37 °C，时间为 48 h。

（4）检验结果的报告以 1 g、1 mL、10 g、10 mL 或 10 cm^2 为单位。

二、药物微生物限度标准

非无菌药品的微生物限度标准是基于药品的给药途径和对患者健康潜在的危害以及药品的特殊性而制订的。药品生产、储存、销售过程中的检验，化学药品原料药、中药提取物及辅料的检验，新药标准制订，进口药品标准复核，考察药品质量及仲裁等，除另有规定外，其微生物限度均以本标准为依据。

1. 制剂通则

品种项下要求无菌的制剂及标示无菌的制剂应符合无菌检查法规定。

2. 口服给药制剂

1）不含药材原粉的口服给药制剂。

需氧菌总数每 1 g 不得超过 10^3 cfu，每 1 mL 不得超过 10^2 cfu。

霉菌及酵母菌总数每 1 g 不得超过 10^2 cfu，每 1 mL 不得超过 10^1cfu。

大肠埃希菌每 1 g 或 1 mL 不得检出。

沙门菌含脏器提取物的口服给药制剂每 10 g 或 10 mL 不得检出。

2）含药材原粉的口服制剂。

（1）不含豆豉、神曲等发酵原粉的口服给药制剂：

需氧菌总数每 1 g 不得超过 10 000 cfu，每 1 mL 不得超过 100 cfu。

霉菌及酵母菌总数每 1 g 或 1 mL 不得超过 100 cfu。

大肠埃希菌每 1 g 或 1 mL 不得检出。

沙门菌每 10 g 或 10 mL 不得检出。

耐胆盐革兰阴性菌每 1 g 应小于 10^2 个，每 1 mL 应小于 10^1 个。

（2）含豆豉、神曲等发酵原粉的口服制剂。

需氧菌总数每 1 g 不得超过 100 000 cfu，每 1 mL 不得超过 1 000 cfu。

霉菌和酵母总数每 1 g 不得超过 500 cfu，每 1 mL 不得超过 100 cfu。

大肠埃希菌每 1 g 或 1 mL 不得检出。

沙门菌每 10 g 或 10 mL 不得检出。

耐胆盐革兰阴性菌每 1 g 应少于 10^2 个，每 1 mL 应少于 10^1 个。

3. 局部给药制剂

1）用于手术、烧伤或严重创伤的局部给药制剂应符合无菌检查法规定。

2）黏膜、齿龈、鼻及呼吸道吸入给药制剂：

需氧菌总数每 1 g、1 mL 或 10 cm^2 不得超过 10^2 cfu。

霉菌和酵母菌总数每 1 g、1 mL 或 10 cm^2 不得超过 10^1 cfu。

金黄色葡萄球菌、铜绿假单胞菌每 1 g、1 mL 或 10 cm^2 不得检出。

大肠埃希菌每 1 g 或 1 mL 或 10 cm^2 不得检出。

耐胆盐革兰阴性菌呼吸道吸入给药制剂，每 1 g 或 1 mL 不得检出。

3）耳、皮肤给药制剂：

需氧菌总数每 1 g、1 mL 或 10 cm^2 不得超过 10^2 cfu。

霉菌和酵母菌总数每 1 g、1 mL 或 10 cm^2 不得超过 10^1 cfu。

金黄色葡萄球菌、铜绿假单胞菌每 1 g、1 mL 或 10 cm^2 不得检出。

4）阴道、尿道给药制剂：

需氧菌总数每 1 g、1 mL 或 10 cm^2 不得超过 10^2 cfu。

霉菌和酵母菌总数每 1 g、1 mL 或 10 cm^2 应小于 10^1 cfu。

金黄色葡萄球菌、铜绿假单胞菌、白色念珠菌每 1 g、1 mL 或 10 cm^2 不得检出。

梭菌中药制剂每 1 g、1 mL 或 10 cm^2 不得检出。

5）直肠给药制剂：

需氧菌总数每 1 g 不得超过 10^3 cfu，每 1 mL 不得超过 10^2 cfu。

霉菌和酵母菌总数每 1 g 或 1 mL 不得超过 10^2 cfu。

金黄色葡萄球菌、铜绿假单胞菌每 1 g 或 1 mL 不得检出。

6）其他局部给药制剂：

（1）不含药材原粉的其他局部给药制剂：

需氧菌总数每 1 g、1 mL 或 10 cm^2 不得超过 10^2 cfu。

霉菌和酵母菌总数每 1 g、1 mL 或 10 cm^2 不得超过 10^2 cfu。

金黄色葡萄球菌、铜绿假单胞菌每 1 g、1 mL 或 10 cm^2 不得检出。

（2）含药材原粉的其他局部给药制剂：

① 用于表皮或黏膜不完整的含药材原粉的其他局部给药制剂：

需氧菌总数每 1 g 或 10 cm^2 不得超过 10^3 cfu，每 1 mL 不得超过 10^2 cfu。

霉菌和酵母菌总数每 1 g、1 mL 或 10 cm^2 不得超过 10^2 cfu。

金黄色葡萄球菌、铜绿假单胞菌每 1 g、1 mL 或 10 cm^2 不得检出。

② 用于表皮或黏膜完整的含药材原粉的其他局部给药制剂：

需氧菌总数每 1 g 或 10 cm^2 不得超过 10 000 cfu，每 1 mL 不得超过 100 cfu。

霉菌和酵母菌总数每 1 g、1 mL 或 10 cm^2 不得超过 100 cfu。

金黄色葡萄球菌、铜绿假单胞菌每 1 g、1 mL 或 10 cm^2 不得检出。

4. 化学药品原料及辅料

需氧菌总数每 1 g 或 1 mL 不得超过 10^3 cfu。

霉菌及酵母菌总数每 1 g 或 1 mL 不得超过 10^2 cfu。

5. 中药提取物

需氧菌总数每 1 g 或 1 mL 不得超过 10^3 cfu。

霉菌及酵母菌总数每 1 g 或 1 mL 不得超过 10^2 cfu。

6. 中药饮片

耐胆盐革兰阴性菌每 1 g 应小于 10^4 个。

沙门菌每 10 g 不得检出。

7. 有兼用途径的制剂

应符合各给药途径的标准。

8. 霉变、长螨者

以不合格论。

9. 含动物脏器（包括提取物）及动物类原药材粉（蜂蜜、王浆、动物角、阿胶除外）的口服给药制剂

每 10 g 或 10 mL 还不得检出沙门菌。

10. 中药提取物及辅料

参照相应制剂的微生物限度标准执行。

本限度标准所列的控制菌对某些产品可能并不全面，因此，对于某些特定的制剂，根据原材料和生产工艺的特性，可能还需检查其他具有潜在危害的微生物。

除了本限度标准所列的控制菌，其他被检出的重要微生物应从以下方面评估其潜在的危害：

（1）产品的给药途径：给药途径不同，其危害不同（眼、鼻或呼吸道给药）。

（2）产品的特性：产品是否适合微生物生长，或者产品是否有足够的抑制微生物生长能力。

（3）产品的使用方法、用药对象：用药对象不同，如新生儿、婴幼儿及体弱者，其危害性不同。

（4）患者免疫抑制剂和甾体类固醇激素的使用情况；患者的疾病、伤残和器官损伤的情况等。

三、检查方法

（一）仪器与用具

1. 主要仪器

电热恒温培养箱、多用生化培养箱、蒸汽灭菌器。

2. 稀释液

（1）pH = 7.0 无菌氯化钠-蛋白胨缓冲液。

（2）pH = 6.8 无菌磷酸盐缓冲液、pH = 7.6 无菌磷酸盐缓冲液。

（3）0.9%无菌氯化钠溶液。

3. 指示液

（1）中性红指示液：取中性红 1.0 g，研细，加 95%乙醇 60 mL 使之溶解，再加水至 100 mL。变色范围 pH 6.8 ~ 8.0（红→黄）。

（2）亚甲基蓝指示液：取亚甲基蓝 0.5 g，加水使溶解成 1 000 mL。

（3）酚磺酞指示液：取酚磺酞 1.0 g，加 1 mol/L 氢氧化钠溶液 2.82 mL，使溶解，再加水至 100 mL。变色范围 pH 6.8 ~ 8.4（黄→红）。

（4）溴甲酚紫指示液：取溴甲酚紫 1.6 g，加 95%乙醇使溶解成 100 mL。变色范围 pH 5.2 ~ 6.8（黄→紫）。

（5）曙红钠指示液：取曙红钠 2.0 g，加水使溶解成 100 mL。

4. 培养基

营养琼脂培养基、营养肉汤培养基、硫乙醇酸盐流体培养基、改良马丁培养基、改良马丁琼脂培养基、玫瑰红钠琼脂培养基、酵母浸出粉胨葡萄糖琼脂培养基（YPD）、胆盐乳糖培养基（BL）、胆盐乳糖发酵培养基、4-甲基伞形酮葡萄苷酸（4-methylumbelliferyl-β-D-glucuronide，MUG）培养基、三糖铁琼脂培养基（TSI）、四硫磺酸钠亮绿培养基（TTB）、沙门、志贺菌属琼脂培养基（SS）、胆盐硫乳琼脂培养基（DHL）、溴化十六烷基三甲胺琼脂培养基、亚蹄酸盐肉汤培养基、卵黄氯化钠琼脂培养基、甘露醇氯化钠琼脂培养基、乳糖发酵培养基、绿脓菌素（pyocyanin）测定用培养基（PDP 琼脂培养基）、庖肉培养基、哥伦比亚琼脂培养基。

（二）供试品的抽样及检验取量

检验量即一次试验所用的供试品量（单位：g、mL 或 cm^2）。

（1）一般采用随机抽样方法，抽样量应为不少于检验用量（两个以上最小包装单位）2 倍量的供试品。贵重药品检验量可以酌减（至少要够各种菌检查用的溶液）。

（2）所有剂型的检验量均需取 2 个以上包装单位（中药蜜丸、膜剂，需取自 4 丸、4 片以上）。

（3）除另有规定外，一般供试品的检验量为 10 g 或 10 mL。

（4）膜剂除另有规定外，中药膜剂检验量为 50 m^2，化学药及生化药膜剂检查量为 10 cm^2。

（5）抽样时，凡发现有异常或可疑的样品，应选取有疑问的样品，但明显破裂的包装不得作为样品。

（6）凡能从药品、瓶口（外盖内侧及瓶口周围）外观看出长螨、发霉、虫蛀及变质的药品，可直接判为不合格品，无需再抽样检验。

（三）试验准备

1. 材料准备

（1）将供试品及所有已灭菌的平皿、锥形瓶、匀浆杯、试管、吸管（1 mL、10 mL）、量筒等移到无菌室内，每次试验所用物品必须事先计划，准备足够用量，避免操作中出入，操作编号后将全部外包装（牛皮纸）去掉。

（2）开启无菌室紫外杀菌灯和空气过滤装置，并使其工作不低于 30 min。

（3）操作人员用肥皂洗手，关闭紫外灯，进入缓冲间，换工作鞋。再用 0.1%新洁尔灭或其他消毒液洗手或用乙醇棉球擦手，穿戴无菌衣、帽、口罩、手套。

（4）操作前先用乙醇棉球擦手，再用碘伏棉球（也可用乙醇棉球）擦拭供试品瓶、盒、袋的开口处周围，待干后用灭菌的手术镊或剪将供试品启封。

2. 供试液的制备

根据供试品的理化特性与生物学特性，可采取适宜的方法制备供试液。供试液制备若需用水浴加温，温度不应超过 45 °C。供试液从制备至加入检验用培养基，不得超过 1 h。

除另有规定外，常用的供试液制备方法如下：

（1）液体供试品：

取供试品 10 mL，加 pH 7.0 的无菌氯化钠-蛋白胨缓冲液至 100 mL，混匀，作为 1∶10 的供试液。油剂可加入适量的无菌聚山梨酯 80 使供试品分散均匀。水溶性液体制剂也可用混合的供试品原液作为供试液。

（2）固体、半固体或黏稠性供试品：

取供试品 10 g，加 pH 7.0 的无菌氯化钠-蛋白胨缓冲液至 100 mL，用匀浆仪或其他适宜的方法混匀，作为 1∶10 的供试液。必要时加适量的无菌聚山梨酯 80，并置水浴中适当加温使供试品分散均匀。

（3）需用特殊供试液制备方法的供试品：

① 非水溶性供试品。

方法一：取供试品 5 g（5 mL），加入含熔化的（温度不超过 45 °C）5 g 司盘 80、3 g 单硬脂酸甘油酯、10 g 聚山梨酯 80 无菌混合物的烧杯中，用无菌玻璃棒搅拌成团后，慢慢加入 45 °C 左右的 pH 7.0 无菌氯化钠-蛋白胨缓冲液至 100 mL，边加边搅拌，使供试品充分乳化，作为 1∶20 的供试液。

方法二：取供试品 10 g，加至含 20 mL 无菌十四烷酸异丙酯（制法见《药典》附录XIII B 无菌检查法中供试品的无菌检查项下）和无菌玻璃珠的适宜容器中，必要时可增加十四烷酸异丙酯的用量，充分振摇，使供试品溶解。然后加入 45 °C 的 pH 7.0 的无菌氯化钠-蛋白胨缓冲液 100 mL，振摇 5～10 min，萃取，静置使油水明显分层，取其水层作为 1∶10 的供试液。

② 膜剂供试品：

取供试品 100 cm^2，剪碎，加 100 mL pH7.0 的无菌氯化钠-蛋白胨缓冲液（必要时可增加稀释液），浸泡，振摇，作为 1∶10 或 1∶20 的供试液。

③ 肠溶及结肠溶制剂供试品：

取供试品 10 g，加 pH 6.8 的无菌磷酸盐缓冲液（用于肠溶制剂）、pH 7.6 的无菌磷酸盐缓冲液（用于结肠溶制剂）至 100 mL，置 45 °C 水浴中，振摇，使溶解，作为 1∶10 的供试液。

④ 气雾剂、喷雾剂供试品：

取规定量供试品，置冰冻室冷冻约 1 h，取出，迅速消毒供试品开启部位，用无菌钢锥在该部位钻一小孔，放至室温，并轻轻转动容器，使抛射剂缓缓全部释出。用无菌注射器吸出全部药液，加至适量的 pH 7.0 的无菌氯化钠-蛋白胨缓冲液（若含非水溶性成分，加适量的无菌聚山梨酯 80）中，混匀，取相当于 10 g 或 10 mL 的供试品，再稀释成 1∶10 的供试液。

⑤ 贴剂供试品：

取规定量供试品，去掉贴剂的保护层，放置在无菌玻璃或塑料片上，粘贴面朝上。用适宜的无菌多孔材料（如无菌纱布）覆盖贴剂的粘贴面以避免贴剂粘贴在一起。然后将其置于适宜体积并含有表面活性剂（如聚山梨酯 80 或卵磷脂）的稀释剂中，用力振荡至少 30 min，制成供试液。贴剂也可以用其他适宜的方法制备成供试液。

⑥ 具抑菌活性的供试品：当供试品有抑菌活性时，应消除供试液的抑菌活性后，再依法检查。常用的方法如下：

a. 培养基稀释法：取规定量的供试液，置较大量的培养基中，使单位体积内的供试品含量减少，至不含抑菌作用。测定细菌、霉菌及酵母菌的菌数时，取同稀释级的供试液 2 mL，每 1 mL 供试液可等量分注多个平皿，倾注琼脂培养基，混匀，凝固，培养，计数。每 1 mL 供试液所注的平皿中生长的菌数之和即为 1 mL 的菌落数，计算每 1 mL 供试液的平均菌落数，按平皿法计数规则报告菌数；控制菌检查时，可加大增菌培养基的用量。

b. 离心沉淀集菌法：取一定量的供试液，3 000 r/min 离心 20 min（供试液如有沉淀，先以 500 r/min 离心 5 min，取全部上清液再离心），弃去上清液，留底部集菌液约 2 mL，加稀释液补至原量。

c. 薄膜过滤法：见细菌、霉菌及酵母菌计数项下的“薄膜过滤法”。

d. 中和法：凡含汞、砷或防腐剂等具有抑菌作用的供试品，可用适宜的中和剂或灭活剂消除其抑菌成分。中和剂或灭活剂可加在所用的稀释液或培养基中。

（四）试验项目

1. 细菌、霉菌及酵母菌计数

1）计数培养基的适用性检查。

细菌、霉菌及酵母菌计数用的培养基应进行培养基的适用性检查，成品培养基、由脱水养基或按培养基处方配制的培养基均应检查。

（1）菌种：

验证试验所用的菌株传代次数不得超过 5 代（从菌种保存中心获得的冷

冻干燥菌种为第 0 代），并采用适宜的菌种保藏技术，以保证试验菌株的生物学特性。

大肠埃希菌（CMCC（B）44102）；

金黄色葡萄球菌（CMCC（B）26003）；

枯草芽孢杆菌（CMCC（B）63501）；

白色念珠菌（CMCC（F）98001）；

黑曲霉（CMCC（F）98003。

（2）菌液制备：

接种大肠埃希菌、金黄色葡萄球菌、枯草芽孢杆菌的新鲜培养物至营养肉汤培养基或营养琼脂培养基中，培养 18 ~ 24 h；接种白色念珠菌的新鲜培养物至改良马丁培养基或改良马丁琼脂培养基中，培养 24 ~ 48 h。上述培养物用 0.9%无菌氯化钠溶液制成每 1 mL 含菌数为 50 ~ 100 cfu 的菌悬液。接种黑曲霉的新鲜培养物至改良马丁琼脂斜面培养基中，培养 5 ~ 7 天，加入 3 ~ 5 mL 含 0.05%（体积分数）聚山梨酯 80 的 0.9%无菌氯化钠溶液，将孢子洗脱。然后，用适宜方法吸出孢子悬液至无菌试管内，用含 0.05%（体积分数）聚山梨酯 80 的 0.9%无菌氯化钠溶液制成每 1 mL 含孢子数 50 ~ 100 cfu 的孢子悬液。

菌悬液在室温下放置应在 2 h 内使用，若保存在 2 ~ 8 °C 可在 24 h 内使用。黑曲霉孢子悬液可保存在 2 ~ 8 °C，在验证过的储存期内使用。

（3）适用性检查：

取大肠埃希菌、金黄色葡萄球菌、枯草芽孢杆菌各 50 ~ 100 cfu，分别注入无菌平皿中，立即倾注营养琼脂培养基，每株试验菌平行制备 2 个平皿，混匀，凝固，置 30 ~ 35 °C 培养 48 h，计数；取白色念珠菌、黑曲霉各 50 ~ 100 cfu，分别注入无菌平皿中，立即倾注玫瑰红钠琼脂培养基，每株试验菌平行制备 2 个平皿，混匀，凝固，置 23 ~ 28 °C 培养 72 h，计数；取白色念珠菌 50 ~ 100 cfu，注入无菌平皿中，立即倾注酵母浸出粉胨葡萄糖琼脂培养基，平行制备 2 个平皿，混匀，凝固，置 23 ~ 28 °C 培养 72 h，计数。同时，用相应的对照培养基替代被检培养基进行上述试验。

（4）结果判定：

被检培养基上的菌落平均数与对照培养基上的菌落平均数的比值大于 70%，且菌落形态大小与对照培养基上的菌落一致，则判定该培养基的适用性检查符合规定。

2）计数方法的验证。

当建立产品的微生物限度检查法时，应进行细菌、霉菌及酵母菌计数方法的验证，以确认所采用的方法适合于该产品的细菌、霉菌及酵母菌数的测定。若产品的组分或原检验条件发生改变，可能影响检验结果时，计数方法应重新验证。

验证时，按供试液的制备和细菌、霉菌及酵母菌计数所规定的方法及下列要求进行。对各试验菌的回收率应逐一进行验证。

（1）菌种及菌液制备：

同计数培养基的适用性检查。

（2）验证方法：

验证试验至少应进行 3 次独立的平行试验，并分别计算各试验菌。

① 试验组：平皿法计数时，取试验可能用的最低稀释级供试液 1 mL 和 50 ~ 100 cfu 试验菌，分别注入平皿中，立即倾注琼脂培养基，每株试验菌平行制备 2 个平皿，按平皿法测定其菌数。薄膜过滤法计数时，取规定量试验可能用的最低稀释级供试液，过滤，冲洗，在最后一次的冲洗液中加入 50 ~ 100 cfu 试验菌，过滤，按薄膜过滤法测定其菌数。

② 菌液组：测定所加的试验菌数。

③ 供试品对照组：取规定量供试液，按菌落计数法测定供试品本底菌数。

④ 稀释剂对照组：若供试液制备需要分散、乳化、中和、离心或薄膜过滤等特殊处理，应增加稀释剂对照组，以考察供试液制备过程中微生物受影响的程度。试验时，可用相应的稀释液代替供试品，加入试验菌，使最终菌浓度为每 1 mL 供试液含 50 ~ 100 cfu，按试验组的供试液制备方法和菌落计数方法测定其菌数。

（3）结果判断。

在 3 次独立的平行试验中，稀释剂对照组的菌回收率（稀释剂对照组的平均菌落数占菌液组的平均菌落数的百分率）应均不低于 70%。若试验组的菌回收率（试验组的平均菌落数减去供试品对照组的平均菌落数的值占菌液组的平均菌数的百分率）均不低于 70%，照该供试液制备方法和计数法测定供试品的细菌、霉菌及酵母菌数；若任一次试验中试验组的菌回收率低于 70%，应采用培养基稀释法、离心沉淀集菌法、薄膜过滤法、中和法（表 6.9）等方法或联合使用这些方法消除供试品的抑菌活性，并重新进行方法验证。

表 6.9 常见干扰物的中和剂或灭活方法

干扰物	可选用的中和剂或灭活方法
戊二醛	亚硫酸氢钠
酚类、乙醇、吸附物	稀释法
醛类	稀释法、甘氨酸、硫代硫酸盐
季铵类化合物（QACs）、对羟基苯甲酸酯、	卵磷脂、聚山梨酯
汞类制剂	亚硫酸氢钠、巯基乙酸盐、硫代硫酸盐
双胍类化合物	卵磷脂
碘酒、洗必泰类	聚山梨酯
卤化物	硫代硫酸盐
乙二胺四乙酸（EDTA）	镁或钙离子
磺胺类	对氨基苯甲酸
β-内酰胺类抗生素	β-内酰胺酶

当最低稀释级的供试液含有抑菌活性，若没有适宜的方法消除供试品中的抑菌作用，那么验证试验中微生物回收的失败可看成是因供试品的抗菌活性引起的，同时表明该供试品不能被试验菌污染。但是，供试品也可能仅对试验用菌株具有抑制作用，而对其他菌株没有抑制作用。因此，根据供试品须符合的微生物限度标准和菌数报告规则，在不影响检验结果判断的前提下，应采用能使微生物生长的更高稀释级的供试液进行方法验证试验。若验证试验符合要求，应以该稀释级供试液作为最低稀释级的供试液进行供试品检验。

计数方法验证时，采用上述方法若还存在一株或多株试验菌的回收率达不到要求，那么选择回收情况最接近要求的方法和试验条件进行供试品的检验。

验证试验也可与供试品的细菌、霉菌及酵母菌计数同时进行。

3）供试品检查。

计数方法包括平皿法和薄膜过滤法。检查时，按已验证的计数方法进行供试品的细菌、霉菌及酵母菌菌数的测定。取按验证的方法制备的均匀供试液，用 pH 7.0 的无菌氯化钠-蛋白胨缓冲液稀释成 1∶10、1∶100、1∶1 000 等稀释级。

（1）平皿法：

采用平皿法进行菌数测定时，应取适宜的连续 2～3 个稀释级的供试液。

① 供试液：取供试液 1 mL，置直径 90 mm 的无菌平皿中，注入 15 ~ 20 mL 温度不超过 45 °C 的熔化的营养琼脂培养基或玫瑰红钠琼脂培养基或酵母浸出粉胨葡萄糖琼脂培养基(含蜂蜜或王浆的液体制剂时)，混匀，凝固，倒置培养。每稀释级每种培养基至少制备 2 个平板。

② 阴性对照试验：取试验用的稀释液 1 mL，置无菌平皿中，注入培养基，凝固，倒置培养。每种计数用的培养基各制备 2 个平板，均不得有菌生长。

③ 培养和计数：除另有规定外，细菌培养 3 天，霉菌、酵母菌培养 5 天。逐日观察菌落生长情况；点计菌落数。必要时，可适当延长培养时间至 7 天，进行菌落计数并报告。菌落蔓延生长成片的平板不宜计数。点计菌落数后，计算各稀释级供试液的平均菌落数，按菌数报告规则报告菌数。若同稀释级两个平板的菌落平均数不小于 15，则两个平板的菌落数不能相差 1 倍或以上。

一般营养琼脂培养基用于细菌计数；玫瑰红钠琼脂培养基用于霉菌及酵母菌计数；酵母浸出粉胨葡萄糖琼脂培养基用于酵母菌计数。在特殊情况下，若营养琼脂培养基上长有霉菌和酵母菌、玫瑰红钠琼脂培养基上长有细菌，则应分别点计霉菌和酵母菌、细菌菌落数。然后将营养琼脂培养基上的霉菌和酵母菌数或玫瑰红钠琼脂培养基上的细菌数，与玫瑰红钠琼脂培养基中的霉菌和酵母菌数或营养琼脂培养基中的细菌数进行比较，以菌落数高的培养基中的菌数为计数结果。

含蜂蜜、王浆的液体制剂，用玫瑰红钠琼脂培养基测定霉菌数，用酵母浸出粉胨葡萄糖琼脂培养基测定酵母菌数，合并计数。

④ 菌数报告规则：宜选取细菌、酵母菌平均菌落数在 30 ~ 300 之间。霉菌平均菌落数在 30 ~ 100 之间的稀释级，作为菌数报告（取两位有效数字）的依据。

当仅有 1 个稀释级的菌落数符合上述规定，以该级的平均菌落数乘以稀释倍数的值报告菌数。

当同时有 2 个稀释级的菌落数符合上述规定时，视两者比值（比值为高稀释级的菌落数乘以稀释倍数的值除以低稀释级的菌落数乘以稀释倍数的值）而定。若比值不大于 2，以两稀释级的菌落数乘以稀释倍数的均值报告菌数；若比值大于 2 但不超过 5，以低稀释级的菌落数乘以稀释倍数的值报告菌数，当出现比值大于 5，或高稀释级的菌落数大于或等于低稀释级的菌落数等异常情况时，应查明原因再行检查，必要时，应进行方法的重新验证。

当各稀释级的平均菌落数均小于 30，以最低稀释级的平均菌落数乘以稀释倍数的值报告菌数。

如各稀释级的平板均无菌落生长，或仅最低稀释级的平板有菌落生长，但平均菌落数<1 时，以<1 乘以最低稀释倍数的值报告菌数。

举例：如表 6.10 所示。

表 6.10　平皿法计数示例

序列	各稀释级平板平均菌落数			菌落数
	1∶10	1∶100	1∶1 000	
1	35	2	0	350
2	96	37	2	960
3	不可计	200	35	28 000
4	25	4	2	250
5	0	0	0	<10

（2）薄膜过滤法：

采用薄膜过滤法，滤膜孔径应不大于 0.45 μm，直径一般为 50 mm，若采用其他直径的滤膜，冲洗量应进行相应的调整。选择滤膜材质时应保证供试品及其溶剂不影响微生物充分被截留。滤器及滤膜使用前应采用适宜的方法灭菌。使用时，应保证滤膜在过滤前后的完整性。水溶性供试液过滤前先将少量的冲洗液过滤以润湿滤膜。油类供试品，其滤膜和过滤器在使用前应充分干燥。为发挥滤膜的最大过滤效率，应注意保持供试品溶液及冲洗液覆盖整个滤膜表面。供试液经薄膜过滤后，若需要用冲洗液冲洗滤膜，每张滤膜每次冲洗量不超过 100 mL，总冲洗量不得超过 1 000 mL，以避免滤膜上的微生物受损伤。

取相当于每张滤膜含 1 g、1 mL 或 10 cm^2 供试品的供试液，加至适量的稀释剂中，混匀，过滤；若供试品每 1 g、1 mL 或 10 cm^2 所含的菌数较多，可取适宜稀释级的供试液 1 mL 进行试验。用 pH 7.0 无菌氯化钠-蛋白胨缓冲液或其他适宜的冲洗液冲洗滤膜，冲洗方法和冲洗量同“计数方法的验证”。冲洗后取出滤膜，菌面朝上贴于营养琼脂培养基或玫瑰红钠琼脂培养基或酵母浸出粉胨葡萄糖琼脂培养基平板上培养。每种培养基至少制备一张滤膜。

① 阴性对照试验：取试验用的稀释液 1 mL，照上述薄膜过滤法操作，作为阴性对照。阴性对照不得有菌生长。

② 培养和计数：培养条件和计数方法用平皿法，每片滤膜上的菌落数应不超过 100 个。

③ 菌数报告规则：以相当于 1 g 或 1 mL 供试品的菌落数报告菌数；若滤膜上无菌数生长，以<1 报告菌数（每张滤膜过滤 1 g 或 1 mL 供试品），或<1 乘以最低稀释倍数的值报告菌数。

2. 控制菌检查

1）控制菌检查用培养基的适用性检查。

控制菌检查用的培养基应进行培养基的适用性检查，成品培养基、由脱水培养基或按培养基处方配制的培养基均应检查。检查项目包括培养基的促生长、指示和抑制特性能力。

（1）菌种：

对试验菌种的要求同细菌、霉菌及酵母计数方法的验证。

大肠埃希菌（Escherichia coli）〔CMCC（B）44 102〕

金黄色葡萄球菌（Staphylococcus aureus）〔CMCC（B）26 003〕

乙型副伤寒沙门菌（Salmonella paratyphi B）〔CMCC（B）50 094〕

铜绿假单胞菌（Pseudomonas aeruginosa）〔CMCC（B）10 104〕

生孢梭菌（Clostridium sporogenes）〔CMCC（B）64 941〕

白色念珠菌（Candida albicans）〔CMCC（F）98 001〕

（2）菌液制备：

接种大肠埃希菌、金黄色葡萄球菌、乙型副伤寒沙门菌、铜绿假单胞菌的新鲜培养物至营养肉汤培养基或营养琼脂培养基中，接种生孢梭菌的新鲜培养物至硫乙醇酸盐流体培养基中，培养 18 ~ 24 h；接种白色念珠菌的新鲜培养物至改良马丁培养基或改良马丁琼脂培养基中，培养 24 ~ 48 h。用 0.9% 无菌氯化钠溶液制成每 1 mL 含菌数为 10 ~ 100 cfu 的菌悬液。

菌悬液在室温下放置应在 2 h 内使用，若保存在 2 ~ 8 °C 可在 24 h 内使用。

（3）适用性检查：

控制菌检查用培养基的适用性检查所用的菌株及检测项目见表 6.11。

① 增菌培养基促生长能力检查：分别接种不大于 100 cfu 的试验菌（见表 6.11）于被检培养基和对照培养基中，在相应控制菌检查规定的培养温度及最短培养时间下培养。与对照培养基管比较，被检培养基管试验菌应生长良好。

② 固体培养基促生长能力检查：取试验菌各 0.1 mL（含菌数 50 ~ 100 cfu）分别涂布于被检培养基和对照培养基平板上，在相应控制菌检查规

定的培养温度及最短培养时间下培养。被检培养基与对照培养基生长的菌落大小、形态特征应一致。

③ 培养基抑制能力检查：接种不少于 100 cfu 的试验菌（见表 6.11）于被检培养基中，在相应控制菌检查规定的培养温度及最长培养时间下培养，试验菌应不得生长。

表 6.11　控制菌检查用培养基的促生长、抑制和指示能力检查

控制菌检查	培养基	特性	试验菌株
大肠埃希菌	胆盐乳糖培养基	促生长能力 抑制能力	大肠埃希菌 金黄色葡萄球菌
	MUG 培养基	促生长能力＋指示能力	大肠埃希菌
	曙红亚甲蓝琼脂或麦康凯琼脂	促生长能力＋指示能力	大肠埃希菌
大肠菌群	乳糖胆盐发酵培养基	促生长能力 抑制能力	大肠埃希菌 金黄色葡萄球菌
	乳糖发酵培养基	促生长能力＋指示能力	大肠埃希菌
	曙红亚甲蓝琼脂或麦康凯琼脂	促生长能力＋指示能力	大肠埃希菌
沙门菌	营养肉汤	促生长能力	乙型副伤寒沙门菌
	四硫磺酸钠亮绿培养基	促生长能力 抑制能力	乙型副伤寒沙门菌 金黄色葡萄球菌
	胆盐硫乳琼脂或沙门、志贺氏属琼脂	促生长能力＋指示能力	乙型副伤寒沙门菌
	曙红亚甲蓝琼脂或麦康凯琼脂	促生长能力＋指示能力	乙型副伤寒沙门菌
铜绿假单胞菌	胆盐乳糖培养基	促生长能力 抑制能力	铜绿假单胞菌 金黄色葡萄球菌
	溴化十六烷基三甲胺琼脂	促生长能力 抑制能力	铜绿假单胞菌 大肠埃希菌
	绿脓菌素测定用培养基	促生长能力＋指示能力	铜绿假单胞菌
金黄色葡萄球菌	亚碲酸盐肉汤培养基	促生长能力 抑制能力	金黄色葡萄球菌 大肠埃希菌
	卵黄氯化钠琼脂或甘露醇盐琼脂	促生长能力＋指示能力 抑制能力	金黄色葡萄球菌 大肠埃希菌
梭菌	梭菌增菌培养基	促生长能力	生孢梭菌
	哥伦比亚琼脂	促生长能力	生孢梭菌
白色念珠菌	沙氏葡萄糖肉汤	促生长能力	白色念珠菌
	沙氏葡萄糖琼脂	促生长能力＋指示能力	白色念珠菌
	念珠菌显色培养基	促生长能力＋指示能力	白色念珠菌
		抑制能力	大肠埃希菌
	吐温 80 玉米琼脂培养物	促生长能力＋指示能力	白色念珠菌

④ 固体培养基指示能力检查：取试验菌各 0.1 mL（含菌数不大于 100 cfu）（见表 6.11）分别涂布于被检培养基和对照培养基平板上，在相应控制菌检查规定的培养温度及时间下培养。被检培养基中试验菌生长的菌落形态、大小、指示剂反应情况等应与对照培养基一致。

⑤ 液体培养基指示能力检查：分别接种不大于 100 cfu 的试验菌（见表 6.11）于被检培养基和对照培养基中，在相应控制菌检查规定的培养温度及最短培养时间下培养。与对照培养基管比较，被检培养基管试验菌生长情况、指示剂反应等应与对照培养基一致。

2）控制菌检查方法的验证。

当建立药品的微生物限度检查法时，应进行控制菌检查方法的验证，以确认所采用的方法适合于该药品的控制菌检查。当药品的组分或原检验条件发生改变，可能影响检验结果时，检查方法应重新验证。

验证时，依各品种项下微生物限度标准中规定检查的控制菌选择相应验证的菌株，验证大肠菌群检查法时，应采用大肠埃希菌作为验证菌株。验证试验按供试液的制备和控制菌检查法的规定及下列要求进行：

（1）菌种及菌液的制备：同控制菌检查用培养基的适用性检查。

（2）验证方法。

① 试验组：取规定量供试液及 10 ~ 100 cfu 试验菌加入增菌培养基中，依相应控制菌检查法进行检查。当采用薄膜过滤法时，取规定量供试液，过滤，冲洗，试验菌应加在最后一次冲洗液中，过滤后，注入增菌培养基或取出滤膜接入增菌培养基中。

② 阴性菌对照组：设立阴性菌对照组是为了验证该控制菌检查方法的专属性。方法同试验组，验证大肠埃希菌、大肠菌群、沙门菌检查法时的阴性对照菌采用金黄色葡萄球菌；验证铜绿假单胞菌、金黄色葡萄球菌，梭菌检查法时的阴性对照菌采用大肠埃希菌。阴性对照菌不得检出。

（3）结果判断：

阴性菌对照组不得检出阴性对照菌。若试验组检出试验菌，按此供试液制备法和控制菌检查法进行供试品的该控制菌检查；若试验组未检出试验菌，应采用培养基稀释法、离心沉淀集菌法、薄膜过滤法、中和法等方法或联合使用这些方法消除供试品的抑菌活性，并重新进行方法验证。

验证试验也可与供试品的控制菌检查同时进行。

3）供试品检查。

供试品的控制菌检查应按已验证的方法进行，增菌培养基的实际用量同控制菌检查方法的验证。进行供试品控制菌检查时，应做阳性和阴性对照试验。阳性对照试验的加菌量为 10 ~ 100 cfu，方法同供试品的控制菌检查。阳性对照试验应检出相应的控制菌。阴性对照试验取稀释液 10 mL 照相应控制菌检查法检查，作为阴性对照。阴性对照应无菌生长。

（1）大肠埃希菌（Escherichia coli）。

方法：MUG-Indole 法

原理：大肠埃希菌具有β-D-葡萄糖醛酸苷酶，能将底物 4-甲基伞形酮-β-D-葡萄糖醛酸苷水解成 4-甲基伞形酮，在 365 nm 波长处显蓝紫色荧光。

操作步骤：

取胆盐乳糖（BL）培养基 3 瓶，每瓶各 100 mL 分别为供试液试验、阴性对照试验、阳性对照试验。供试液试验瓶加入规定量的供试液，阳性对照试验加入规定量的供试液和菌量为 10 ~ 100 cfu 的菌液，阴性对照试验加入与供试液等量的稀释剂。加样后于 37 °C 培养 18 ~ 24 h，必要时可延长至 48 h。取培养后的培养物 0.2 mL 滴于 MUG 管内（5 mL），37 °C 培养 5 h、24 h，在 366 nm 紫外线下观察，同时用未接种的 MUG 培养基作本底对照。若管内培养物呈现荧光，为 MUG 阳性；不呈现荧光，为 MUG 阴性。观察后，沿培养管的管壁加入数滴靛基质试液，液面呈玫瑰红色，为靛基质阳性；呈试剂本色，为靛基质阴性。本底对照应为 MUG 阴性和靛基质阴性。

如 MUG 阳性、靛基质阳性，判定供试品检出大肠埃希菌；如 MUG 阴性，靛基质阴性，判定供试品未检出大肠埃希菌；如 MUG 阳性、靛基质阴性，或 MUG 阴性、靛基质阳性，均应取胆盐乳糖培养基的培养物，划线于曙红亚甲蓝琼脂培养基（Macc）或麦康凯琼脂培养基的平板（EMB）上，培养 18 ~ 24 h。观察平板上有无可疑大肠埃希菌菌落生长。

若平板上无菌落生长，或生长的菌落与表 6.12 所列的菌落形态特征不符，判定供试品未检出大肠埃希菌。若平板上生长的菌落与表 6.12 所列的菌落形态特征相符或疑似，应进行分离、纯化、染色镜检和适宜的鉴定试验，确认是否为大肠埃希菌。

表 6.12 大肠埃希菌菌落形态特征

培养基	菌落形态
曙红亚甲蓝琼脂	紫黑色、浅紫色、蓝紫色或粉红色，菌落中心呈深紫色或无明显暗色中心，圆形，稍凸起，边缘整齐，表面光滑，湿润，常有金属光泽
麦康凯琼脂	鲜桃红色或微红色，菌落中心呈深桃红色，圆形，扁平，边缘整齐，表面光滑，湿润

（2）大肠菌群（Coliform）。

取含适量（不少于 10 mL）胆盐乳糖发酵培养基管 3 支，分别加入 1∶10 的供试液 1 mL（含供试品 0.1 g 或 0.1 mL）、1∶100 的供试液 1 mL（含供试品 0.01 g 或 0.01 mL）、1∶1 000 的供试液 1 mL（含供试品 0.001 g 或 0.001 mL），另取 1 支胆盐乳糖发酵培养基加入稀释液 1 mL 作为阴性对照管，培养 18 ~ 24 h。

胆盐乳糖发酵管若无菌生长，或有菌生长但不产酸产气，判定该管未检出大肠菌群；若产酸产气，应将发酵管中的培养物分别划线接种于曙红亚甲蓝培养基或麦康凯琼脂培养基的平板上，培养 18 ~ 24 h。

若平板上无菌落生长，或生长的菌落与表 6.13 所列的菌落形态特征不符或为非革兰阴性无芽孢杆菌，判定该管未检出大肠菌群；若平板上生长的菌落与表 6.13 所列的菌落形态特征相符或疑似，且为革兰阴性无芽孢杆菌，应进行确证试验。

表 6.13　大肠菌菌落形态特征

培养基	菌落形态
曙红亚甲蓝琼脂	呈紫黑色、紫红色、红色或粉红色，圆形，扁平或稍凸起，边缘整齐，表面光滑，湿润
麦康凯琼脂	鲜桃红色或粉红色，圆形，扁平或稍凸起，边缘整齐，表面光滑，湿润

确证试验：从上述分离平板上挑选 4 ~ 5 个疑似菌落，分别接种于乳糖发酵管中，培养 24 ~ 48 h。若产酸产气，判定该胆盐乳糖发酵管检出大肠菌群，否则判定未检出大肠菌群。

根据大肠菌群的检出管数，按表 6.14 报告 1 g 或 1 mL 供试品中的大肠菌群数。

表 6.14　可能的大肠菌群数表

各供试品量的检出结果			可能的大肠菌群数 N（个/g 或 mL）
0.1 g 或 0.1 mL	0.01 g 或 0.01 mL	0.001 g 或 0.001 mL	
+	+	+	$>10^3$
+	+	−	$10^2<N<10^3$
+	−	−	$10<N<10^2$
−	−	−	<10

注：+代表检出大肠菌群；−代表未检出大肠菌群。

（3）沙门菌（Salmonella）。

沙门菌属是肠杆菌科的重要致病菌，沙门菌分5个亚属。药品中沙门菌检查，是以鉴定沙门菌属为准，即对每克（或毫升）药品中是否检出沙门菌作出检验报告。

取营养肉汤培养基3瓶，每瓶100 mL。第1瓶分别加入10 mL的供试液，作为检测样品，第2瓶加入10 mL供试液和对照菌50～100个，作阳性对照，第3瓶加入与供试液等量的稀释剂作阴性对照。加样后3瓶同时于37 °C培养18～24 h。

取上述培养物1 mL，接种于10 mL四硫酸钠亮绿培养基（TTB）10 mL，培养18～24 h。将TTB增菌培养液轻轻摇动，以接种环蘸取1～2环培养液，分别划线接种于胆盐硫乳琼脂（或沙门、志贺菌属琼脂）培养基和麦康凯琼脂（或曙红亚蓝琼脂）培养基的平板上，培养18～24 h（必要时延长至40～48 h）。若平板上无菌生长，或生长的菌落不同于表6.15所列的特征，判定供试品未检出沙门菌。若平板上生长的菌落与表6.15所列的菌落形态特征相符或疑似，用接种针挑选2～3个菌落分别于三糖铁琼脂培养基高层斜面上进行斜面和高层穿刺接种，培养18～24 h，如斜面未见红色、底层未见黄色；或斜面黄色、底层无黑色，判定供试品未检出沙门菌。否则，应取三糖铁琼脂培养基斜面的培养物进行适宜的生化试验和血清凝集试验，确认是否为沙门菌。

表6.15　沙门菌菌落形态特征

培养基	菌　落
胆盐硫乳琼脂	无色至浅橙色，半透明，菌落中心带黑色
沙门、志贺菌属琼脂	无色至淡红色，半透明或不透明，菌落中
曙红亚甲蓝琼脂	无色至浅橙色，透明或半透明，光滑湿润
麦康凯琼脂	无色至浅橙色，透明或半透明，菌落中心

（4）铜绿假单胞菌（Pseudomonas aeruginosa）。

铜绿假单胞菌（Pseudomonas aeruginosa），习称绿脓杆菌，为假单胞菌属菌种，广泛分布在土壤、水及空气中，人和动物的皮肤、肠道、呼吸道均有存在，故可通过环境和生产的各个环节污染药品。本菌是常见的化脓性感染菌，在烧伤、烫伤，眼科及其他外科疾患中常引起继发感染。由于本菌对许多抗菌药物具有天然耐药性，增加了治疗的难度，国内外药典均将铜绿假单胞菌检查列为外用药物检查项目之一。

取供试液 10 mL（相当于供试品 1 g、1 mL、10 cm^2），直接或处理后接种至适量（不少于 100 mL）的胆盐乳糖培养基中，培养 18 ~ 24 h。取上述培养物，划线接种于溴化十六烷基三甲胺琼脂培养基的平板上，培养 18 ~ 24 h。同时设阳性对照和阴性对照，方法同大肠杆菌检查。

铜绿假单胞菌典型菌落呈扁平、无定形、周边扩散、表面湿润，灰白色，周围时有蓝绿色素扩散。如平板上无菌落生长或生长的菌落与上述菌落形态特征不符，判定供试品未检出铜绿假单胞菌；如平板生长的菌落与上述菌落形态特征相符或疑似，应挑选 2 ~ 3 个菌落，分别接种于营养琼脂培养基斜面上，培养 18 ~ 24 h。取斜面培养物进行革兰染色、镜检及氧化酶试验。

氧化酶试验：取洁净滤纸片置于平皿内，用无菌玻璃棒取斜面培养物涂于滤纸片上，滴加新配制的 1%二盐酸二甲基对苯二胺试液，在 30 s 内若培养物呈粉红色并逐渐变为紫红色，为氧化酶试验阳性，否则为阴性。若斜面培养物为非革兰阴性无芽孢杆菌或氧化酶试验阴性，均判定供试品未检出铜绿假单胞菌。否则，应进行绿脓菌素试验。

绿脓菌素（Pyocyanin）试验：取斜面培养物接种于 PDP 琼脂培养基斜面上，培养 24 h，加三氯甲烷 3 ~ 5 mL 至培养管中，搅碎培养基并充分振摇。静置片刻，将三氯甲烷相移至另一试管中，加入 1 mol/L 盐酸约 1 mL，振摇后，静置片刻，观察。若盐酸呈粉红色，为绿脓菌素试验阳性，否则为阴性。同时用未接种的 PDP 琼脂培养基斜面同法作阴性对照，阴性对照试验应呈阴性。

若上述疑似菌为革兰阴性杆菌、氧化酶试验阳性及绿脓菌素试验阳性，判定供试品检出铜绿假单胞菌。若上述疑似菌为革兰阴性杆菌、氧化酶试验阳性及绿脓菌素试验阴性，应继续进行适宜的鉴定试验，确认是否为铜绿假单胞菌。

（5）金黄色葡萄球菌（Staphylococcus aureus）。

取供试液 10 mL（相当于供试品 1 g、1 mL、10 cm^2），直接或处理后接种至适量（不少于 100 mL）的亚碲酸钠（钾）肉汤（或营养肉汤）培养基中，培养 18 ~ 24 h，必要时可延长至 48 h。取上述培养物，划线接种于卵黄氯化钠琼脂培养基或甘露醇氯化钠琼脂培养基的平板上，培养 24 ~ 72 h。若平板上无菌落生长或生长的菌落不同于表 6.16 所列特征，判定供试品未检出金黄色葡萄球菌。

表 6.16 金黄色葡萄球菌菌落形态特征

培养基	菌落 形态
甘露醇氯化钠琼脂	金黄色，圆形凸起，边缘整齐，外围有黄色环，菌落直径 0.7～1 mm
卵黄氯化钠琼脂	金黄色，圆形凸起，边缘整齐，外围有卵磷脂分解的乳浊圈，菌落直径 1～2 mm

若平板上生长的菌落与表 6.16 所列的菌落特征相符或疑似，应挑选 2～3 个菌落，分别接种于营养琼脂培养基斜面上，培养 18～24 h。取营养琼脂培养基的培养物进行革兰染色，并接种于营养肉汤培养基中，培养 18～24 h，作血浆凝固酶试验。

血浆凝固酶试验：取灭菌小试管 3 支，各加入血浆和无菌水混合液（1∶1）0.5 mL，再分别加入可疑菌株的营养肉汤培养物（或由营养琼脂培养基斜面培养物制备的浓菌悬液）0.5 mL、金黄色葡萄球菌营养肉汤培养物（或由营养琼脂培养基斜面培养物制备的浓菌悬液）0.5 mL、营养肉汤或 0.9%无菌氯化钠溶液 0.5 mL，即为试验管、阳性对照管和阴性对照管。将 3 管同时培养，3 h 后开始观察直至 24 h。阴性对照管的血浆应流动自如，阳性对照管血浆应凝固，试验管血浆凝固的为血浆凝固酶试验阳性，否则为阴性。阳性对照管或阴性对照管不符合规定时，应另制备血浆，重新试验。

若上述疑似菌为非革兰阳性球菌、血浆凝固酶试验阴性，判定供试品未检出金黄色葡萄球菌。

（6）梭菌（Clostridium）。

取供试液 10 mL（相当于供试品 1 g、1 mL）2 份，其中 1 份置 80 °C 保温 10 min 后迅速冷却。上述 2 份供试液直接或处理后分别接种至 100 mL 的梭菌增菌培养基中，置厌氧条件下培养 48 h。取上述每一培养物 0.2 mL，分别涂抹接种于含庆大霉素的哥伦比亚琼脂培养基平板上，置厌氧条件下培养 48～72 h。若平板上无菌落生长，判定供试品未检出梭菌；若平板上有菌落生长，应挑选 2～3 个菌落分别进行革兰染色和过氧化氢酶试验。

过氧化氢酶试验：取上述平板上的菌落，置洁净玻片上，滴加 3%过氧化氢试液，若菌落表面有气泡产生，为过氧化氢酶试验阳性，否则为阴性。

若上述可疑菌落为革兰阳性梭菌，有或无卵圆形或球形的芽孢，过氧化氢酶试验阴性，判定供试品检出梭菌，否则判定供试品未检出梭菌。

（7）白色念珠菌（Candida albicans）。

取供试液 10 mL（相当于供试品 1 g、1 mL、10 cm^2）直接或处理后接种至适量（不少于 100 mL）的沙氏葡萄糖肉汤培养基中，培养 48 ~ 72 h。取上述培养物划线接种于沙氏葡萄糖琼脂培养基平板上，培养 24 ~ 48 h（必要时延长至 72 h）。

白色念珠菌在沙氏葡萄糖琼脂培养基上生长的菌落呈乳白色，偶见淡黄色，表面光滑，有浓酵母气味，培养时间稍久则菌落增大，颜色变深、质地变硬或有皱褶。若平板上无菌落生长或生长的菌落与上述菌落形态特征不符，判定供试品未检出白色念珠菌；如平板上生长的菌落与上述菌落形态特征相符或疑似，应挑选 2 ~ 3 个菌落分别接种至念珠菌显色培养基平板上，培养 24 ~ 48 h（必要时延长至 72 h）。若平板上无绿色或翠绿色的菌落生长，判定供试品未检出白色念珠菌。

若平板上生长的菌落为绿色或翠绿色，挑取相符或疑似的菌落接种于 1%吐温 80-玉米琼脂培养基上，培养 24 ~ 48 h。取培养物进行染色，镜检及芽管试验。

芽管试验：挑取 1%吐温 80-玉米琼脂培养基上的培养物，接种于加有一滴血清的载玻片上，盖上盖玻片，置湿润的平皿内，在 35 ~ 37 °C 放置 1 ~ 3 h，置显微镜下观察，可见到由孢子长出短小芽管。

若上述疑似菌为非革兰阳性菌，显微镜未见厚膜孢子、假菌丝、芽管，判定供试品未检出白色念珠菌。

四、结果判断

（1）供试品检出控制菌或其他致病菌时，按一次检出结果为准，不再复试。

（2）供试品的细菌数、霉菌和酵母菌数，其中任何一项不符合该品种项下的规定，应从同一批样品中随机抽样，独立复试两次，以 3 次结果的平均值报告菌数。

（3）眼用制剂检出霉菌和酵母菌数时，两次复试结果均不得长菌，方可判定供试品的霉菌和酵母菌数符合该品种项下的规定。

（4）若供试品的细菌数、霉菌和酵母菌数及控制菌三项检验结果均符合该品种项下的规定，判定供试品符合规定；若其中任何一项不符合该品种项下的规定，判定供试品不符合规定。

附　录

一、培养基及其制备方法

培养基可按以下处方制备，也可使用按该处方生产的符合要求的脱水培养基。配制后，应采用验证合格的灭菌程序灭菌。

1. 营养琼脂培养基、营养肉汤培养基、硫乙醇酸盐流体培养基、改良马丁培养基及改良马丁琼脂培养基

照无菌检查法制备。

2. 玫瑰红钠琼脂培养基

胨	5.0 g	玫瑰红钠	0.013 3 g
葡萄糖	10.0 g	琼脂	14.0 g
磷酸二氢钾	1.0 g	水	1 000 mL
硫酸镁	0.5 g		

除葡萄糖、玫瑰红钠外，取上述成分，混合，微温溶解，过滤，加入葡萄糖、玫瑰红钠，分装，灭菌。

3. 酵母浸出粉胨葡萄糖琼脂培养基（YPD）

胨	10.0 g	琼脂	14.0 g
酵母浸出粉	5.0 g	水	1 000 mL
葡萄糖	20.0 g		

除葡萄糖外，取上述成分，混合，微温溶解，过滤，加入葡萄糖，分装，灭菌。

4. 胆盐乳糖培养基（BL）

胨	20.0 g	磷酸二氢钾	1.3 g
乳糖	5.0 g	牛胆盐	2.0 g
氯化钠	5.0 g	（或去氧胆酸钠）	（0.5 g）
磷酸氢二钾	4.0 g	水	1 000 mL

除乳糖、牛胆盐（或去氧胆酸钠）外，取上述成分，混合，微温溶解，调节 pH 使灭菌后为 7.4 ± 0.2，煮沸，滤清，加入乳糖、牛胆盐（或去氧胆酸钠），分装，灭菌。

5. 乳糖胆盐发酵培养基

蛋白胨	20.0 g	0.04%溴甲酚紫水溶液	25 mL

乳糖	10.0 g	水	1 000 mL
牛胆盐	5.0 g		

除 0.04%溴甲酚紫水溶液外，取上述成分，混合，微温溶解，调节 pH 使灭菌后为 7.4 ± 0.2，加入 0.04%溴甲酚紫指示液，根据要求的用量分装于含倒管的试管中，灭菌。所用倒管的规格应保证产气结果的观察。

6. 曙红亚甲蓝琼脂培养基（EMB）

营养琼脂培养基	100 mL	曙红钠指示液	2 mL
20%乳糖溶液	5 mL	亚甲蓝指示液	1.3 ~ 1.6 mL

取营养琼脂培养基，加热熔化后，冷至 60 °C，按无菌操作加入灭菌的其他 3 种溶液，摇匀，倾注平皿。

7. 麦康凯琼脂培养基（MacC）

胨	20.0 g	1%中性红指示液	3 mL
乳糖	10.0 g	琼脂	14.0 g
牛胆盐	5.0 g	水	1 000 mL
氯化钠	5.0 g		

除乳糖、1%中性指示液、牛胆盐及琼脂外，取上述成分，混合，微温溶解，调节 pH 使灭菌后为 7.2 ± 0.2，加入琼脂，加热熔化后，再加入其余各成分，摇匀，分装，灭菌，冷至约 60 °C，倾注平皿。

8. 4-甲基伞形酮葡糖苷酸（4-methylumbelliferyl-β-D-glucuronide，MUG）培养基

胨	10.0 g	磷酸二氢钾（无水）	0.9 g
硫酸锰	0.5 mg	磷酸氢二钠（无水）	6.2 g
硫酸锌	0.5 mg	亚硫酸钠	40 mg
硫酸镁	0.1 g	去氧胆酸钠	1.0 g
氯化钠	5.0 g	MUG	75 mg
氯化钙	50 mg	水	1 000 mL

除 MUG 外，取上述成分，混合，微温溶解，调节 pH 使灭菌后为 7.3 ± 0.1，加入 MUG，溶解，每管分装 5 mL，灭菌。

9. 三糖铁琼脂培养基（TSI）

胨	20.0 g	硫酸亚铁	0.2 g
牛肉浸出粉	5.0 g	硫代硫酸钠	0.2 g
乳糖	10.0 g	0.2%酚磺酞指示液	12.5 mL

蔗糖	10.0 g	琼脂	12.0 g
葡萄糖	1.0 g	水	1 000 mL
氯化钠	5.0 g		

除三种糖、0.2%酚磺酞指示液、琼脂外，取上述成分，混合，微温溶解，调节 pH 使灭菌后为 7.3 ± 0.1，加入琼脂，加热熔化后，再加入其余各成分，摇匀，分装，灭菌，制成高底层（2 ~ 3 cm）短斜面。和亮绿试液 0.1 mL 混匀。

10. 四硫磺酸钠亮绿培养基（TTB）

胨	5.0 g	硫代硫酸钠	30.0 g
牛胆盐	1.0 g	水	1 000 mL
碳酸钙	10.0 g		

取上述成分，混合，微温溶解，灭菌。

临用前，取上述培养基，每 10 mL 加入碘试液 0.2 mL 和亮绿试液 0.1 mL，混匀。

11. 沙门、志贺菌属琼脂培养基（SS）

胨	5.0 g	硫代硫酸钠	8.5 g
牛肉浸出粉	5.0 g	中性红指示液	2.5 mL
乳糖	10.0 g	亮绿试液	0.33 mL
牛胆盐	8.5 g	琼脂	16.0 g
枸橼酸钠	8.5 g	水	1 000 mL
枸橼酸铁铵	1.0 g		

除乳糖、中性红指示液、琼脂外，取上述成分，混合，微温溶解，调节 pH 使灭菌后为 7.2 ± 0.1，过滤，加入琼脂，加热熔化后，再加入其余各成分，摇匀，灭菌，冷至 60 °C，倾注平皿。

12. 胆盐硫乳琼脂培养基（DHL）

胨	20.0 g	枸橼酸钠	1.0 g
牛肉浸出粉	3.0 g	枸橼酸铁铵	1.0 g
乳糖	10.0 g	中性红指示液	3 mL
蔗糖	10.0 g	琼脂	16.0 g
去氧胆酸钠	1.0 g	水	1 000 mL
硫代硫酸钠	2.3 g		

除糖、指示液及琼脂外，取上述成分，混合，微温溶解，调节 pH 使灭菌后为 7.2 ± 0.1，加入琼脂，加热熔化后，再加入其余成分，摇匀，冷至 60 °C，倾注平皿。

13. 溴化十六烷基三甲胺琼脂培养基

胨	10.0 g	溴化十六烷基三甲胺	0.3 g
牛肉浸出粉	3.0 g	琼脂	14.0 g
氯化钠	5.0 g	水	1 000 mL

除琼脂外，取上述成分，混合，微温溶解，调节 pH 使灭菌后为 7.5 ± 0.1，加入琼脂，加热熔化后，分装，灭菌，冷至 60 °C，倾注平皿。

14. 亚碲酸盐肉汤培养基

临用前，取灭菌的营养肉汤培养基，每 100 mL 中加入新配制的 1%亚碲酸钠（钾）试液 0.2 mL，混匀，即得。

15. 卵黄氯化钠琼脂培养基

胨	6.0 g	10%氯化钠卵黄液	100 mL
牛肉浸出粉	1.8 g	琼脂	14.0 g
氯化钠	30.0 g	水	650 mL

除 10%氯化钠卵黄液外，取上述成分，混合，微温溶解，调节 pH 使灭菌后为 7.6 ± 0.1，灭菌，待冷至约 60 °C，以无菌操作加入 10%氯化钠卵黄液，充分振摇，倾注平皿。

10%氯化钠卵黄液的制备：取新鲜鸡蛋 1 个，以无菌操作取出卵黄，放入 10%无菌氯化钠溶液 100 mL 中，充分振摇，即得。

16. 甘露醇氯化钠琼脂培养基

胨	10.0 g	酚磺酞指示液	2.5 mL
牛肉浸出粉	1.0 g	琼脂	14.0 g
甘露醇	10.0 g	水	1 000 mL
氯化钠	75.0 g		

除甘露醇、酚磺酞指示液及琼脂外，取上述成分，混合，微温溶解，调节 pH 使灭菌后为 7.4 ± 0.2，加入琼脂，加热熔化后，过滤，分装，灭菌，冷至 60 °C，倾注平皿。

17. 乳糖发酵培养基

胨	20.0 g	0.04%溴甲酚紫指示液	25 mL
乳糖	10.0 g	水	1 000 mL

除 0.04%溴甲酚紫指示液外，取上述成分，混合，微温溶解，调节 pH 使灭菌后为 7.2 ± 0.2，加入指示液，分装于含倒管的小试管中，每管 3 mL，灭菌。

18. 绿脓菌素（Pyocyanin）测定用培养基（PDP 琼脂培养基）

胨	20.0 g	甘油	10 mL
氯化镁（无水）	1.4 g	琼脂	14.0 g
硫酸钾（无水）	10.0 g	水	1 000 mL

取胨、氯化镁、硫酸钾和水混合，微温溶解，调节 pH 使灭菌后为 7.3 ± 0.1，加入甘油及琼脂，加热熔化，混匀，分装于试管，灭菌，置成斜面。

19. 梭菌增菌培养基

牛肉浸出粉	10.0 g	盐酸半胱氨酸	0.5 g
胨	10.0 g	氯化钠	5.0 g
酵母浸出粉	3.0 g	醋酸钠	3.0 g
可溶淀粉	1.0 g	琼脂	0.5 g
葡萄糖	5.0 g	水	1 000 mL

取上述成分，混合，加热煮沸使溶解，调节 pH 使灭菌后为 6.8 ± 0.2，加热熔化，过滤，分装，灭菌。

20. 哥伦比亚琼脂培养基

酪蛋白胰酶消化物	10.0 g	肉胃酶消化物	5.0 g
心胰酶消化物	3.0 g	氯化钠	5.0 g
玉米淀粉	1.0 g	琼脂	15.0 g
酵母浸出粉	5.0 g	水	1 000 mL

除琼脂外，取上述成分，混合，微温溶解，调节 pH 使灭菌后为 7.3 ± 0.2，加入琼脂，加热熔化，过滤，分装，灭菌，冷至 45 ~ 50 °C，加入相当于 20 mg 庆大霉素的无菌硫酸庆大霉素，混匀，倾注平皿。

21. 沙氏葡萄糖液体培养基

葡萄糖	40 g	水	1 000 mL
蛋白胨	10 g		

除葡萄糖外，取上述成分，混合，微温溶解，过滤，加入葡萄糖，溶解，分装，灭菌。

22. 沙氏葡萄糖琼脂培养基

葡萄糖	40 g	琼脂	15 ~ 18 g
蛋白胨	10 g	水	1 000 mL

除琼脂和葡萄糖外，取上述成分混合，微温溶解，过滤，加入琼脂和葡萄糖，溶解，分装，灭菌。

23. 念珠菌显色培养基（CHROMagar）

蛋白胨	10.2 g	琼脂	15 g
氢罂素	0.5 g	灭菌水	1 000 mL
色素	22.0 g		

除琼脂外，取上述成分，混合，微温溶解，调节 pH 至 6.3 ± 0.2。过滤，加入琼脂，加热煮沸，不断搅拌至琼脂完全溶解，倾注平皿。

24. 1%吐温 80-玉米琼脂培养基

黄色玉米粉	40 g	琼脂	10 ~ 15 g
聚山梨酯 80	10 mL	水	1 000 mL

取玉米粉、吐温 80 及蒸馏水 500 mL，混合，65 °C 加热 30 min，混匀，用纱布过滤，补足原水量。取琼脂、水 500 mL，混合，加热溶解。将以上两种溶液混合，摇匀，分装，灭菌。

二、试　药

1. 十四烷酸异丙酯（Isopropyl Myristate）

$C_{17}H_{34}O_2$，$M = 270.46$。

本品为无色液体。溶于乙醇、乙醚、丙酮、三氯甲烷或甲苯，不溶于水、甘油或丙二醇。约 208 °C 分解。

2. 二盐酸二甲基对苯二胺（*N*, *N*-dimethyl-*p*-phenylenediaminedihydrochloride）

$C_8H_{12}N_2 \cdot 2HCl$，$M = 209.12$。

本品为白色或灰白色结晶性粉末，置空气中颜色逐渐变暗；易吸潮，在水或乙醇中溶解。

3. 溴化十六烷基三甲胺（Cetyl Trimethylammonium Bromide）

$C_{19}H_{42}BrN$，$M = 364.46$。

本品为白色结晶，在水中溶解，在乙醇中微溶，在乙醚中不溶。

4. 中性红（Neutral Red）

$C_{15}H_{17}N_4Cl$，$M = 288.78$。

本品为深绿色或棕黑色粉末，在水或乙醇中溶解。

5. 牛肉浸出粉（Beef Extract Powder）

本品为米黄色粉末，在水中溶解。

6. 牛胆盐（Ox Bile Salt）

本品为淡黄色或黄棕色粉末，味苦而甜，具吸湿性，在水或醇中易溶。

7. 甘露醇（Mannitol）

$C_6H_{14}O_6$，$M = 182.17$。

本品为白色结晶，无臭，味甜，在水中溶解，在乙醇中微溶。

8. 4-甲基伞形酮葡糖苷酸（4-Methylumbelliferyl-*β*-D-glucuronide，MUG）

$C_{18}H_{16}O_9$，$M = 376.3$。

本品为白色针状结晶，在水、乙醇或乙醚中溶解，在稀氢氧化钠溶液中分解。

9. 去氧胆酸钠（Sodium Deoxycholate）

$C_{24}H_{39}NaO_4$，$M = 414.56$。

本品为白色结晶性粉末，味苦，易溶于水，微溶于醇，不溶于醚。

10. 亚碲酸钠（Sodium Tellurite）

Na_2TeO_3，$M = 221.58$。

本品为白色粉末，在热水中易溶，在水中微溶。

11. 玫瑰红钠（四氯四碘荧光素钠）（Rose Bengal Sodium Salt）

$C_{20}H_2C_{14}I_4Na_2O_5$，$M = 1\,017.6$。

本品为棕红色粉末，在水中溶解，溶液呈紫色，无荧光；在硫酸中溶解，溶液为棕色。

12. 单硬脂酸甘油酯（Glycerol Monostearate）

$C_{21}H_{42}O_4$，$M = 358.56$。

本品为白色或黄色蜡状，在热有机溶剂或矿物油中溶解，在水中不溶，但与水能乳化。

13. 枸橼酸钠（Sodium Citrate）

$C_6H_5Na_3O_7 \cdot 2H_2O$，$M = 294.10$。

本品为白色结晶或粉末，在水中易溶，在乙醇中不溶。

14. 枸橼酸铁铵（Ammonium Ferric Citrate）

$C_{12}H_{22}FeN_3O_{14}$，$M = 488.16$。

本品为棕红色或绿色鳞片或粉末，易潮解，见光易还原成亚铁，在水中溶解，在醇或醚中不溶。

15. 胰蛋白胨（Tryptone）

本品为米黄色粉末，在水中溶解。

16. 硫酸锌（Zinc Sulfate）

$ZnSO_4 \cdot 7H_2O$，$M = 287.56$。

本品为白色结晶、颗粒或粉末，在水中易溶，在甘油中溶解，在乙醇中微溶。

17. 硫酸锰（Manganese Sulfate）

$MnSO_4 \cdot H_2O$，$M = 169.02$。

本品为粉红色结晶，在水中溶解，在乙醇中不溶。

18. 酪蛋白胰酶消化物（胰酪胨或酪胨）（Pancreatic Digest of Casein）

本品为黄色或浅黄色颗粒。以干酪素为原料经胰酶水解、活性炭脱色处理、精制而成。

三、试　液

1. 二盐酸二甲基对苯二胺试液

取二盐酸二甲基对苯二胺 0.1 g，加水 10 mL，即得。需新鲜少量配制，于冷处避光保存，如试液变成红褐色，不可使用。

2. 亚碲酸钠（钾）试液

取亚碲酸钠（钾）0.1 g，加新鲜煮沸后冷至 50 °C 的水 10 mL 使溶解。

3. 玫瑰红钠试液

取玫瑰红钠 0.1 g，加水使溶解成 75 mL。

4. 亮绿试液

取亮绿 0.1 g，加水 100 mL，使溶解。

5. 盐酸试液

取盐酸 8.4 mL，加水稀释成 100 mL。

6. 靛基质试液

取对二甲氨基苯甲醛 5.0 g，加入戊醇（或丁醇）75 mL，充分振摇，使完全溶解后，再取浓盐酸 25 mL 徐徐滴入，边加边振摇，以免骤热导致溶液色泽变深；或取对二甲氨基苯甲醛 1.0 g，加入 95%乙醇 95 mL，充分振摇，使完全溶解后，取盐酸 20 mL 徐徐滴入。

7. 碘试液

取碘 6 g 与碘化钾 5 g，加水 20 mL 使溶解。

8. 过氧化氢试液

取浓过氧化氢溶液（30%），加水稀释成 3%的溶液。临用时配制。

参考文献

[1] 王炳强，张正兢. 药物分析与检验技术. 北京：中国医药科技出版社，2003.

[2] 孙平. 食品分析. 北京：化学工业出版社，2005.

[3] 李发美. 分析化学. 5 版. 北京：人民卫生出版社，2003.

[4] 安登魁. 药物分析. 3 版. 北京：人民卫生出版社，1993.

[5] 胡功政，等. 兽医药剂学. 1 版. 北京：中国农业出版社，2008.

[6] 中国兽药典委员会. 中华人民共和国兽药典. 2010 年版. 北京：中国农业出版社，2006.

[7] 倪坤仪，王志群. 药物分析化学. 南京：东南大学出版社，2001.

[8] 苏勤. 药物质量检验技术. 北京：中国医药科技出版社，2003.

[9] 陈立春. 仪器分析. 北京：中国轻工业出版社，2002.

[10] 刘约权. 现代仪器分析. 北京：中国农业出版社. 1998.

[11] 傅若农. 色谱分析概论. 2 版. 北京：化学工业出版社，2005.

[12] 黄一石. 仪器分析. 北京：化学工业出版社，2004.

[13] 孙毓庆. 现代色谱法及其在药物分析中的应用. 北京：科学出版社，2005.

[14] 段更利. 药物分析基础. 北京：中国医药科技出版社，2001.

[15] 中国药品生物制品检定所. 中国药品检验标准操作规范. 2005 年版. 北京：中国医药科技出版社，2003.

[16] 王鹏，等. 生物实验室常用仪器的使用. 北京：中国环境出版社，2006.

[17] 郭景文. 现代仪器分析技术. 北京：化学工业出版社，2003.

[18] 穆华荣，陈志超. 仪器分析实验. 北京：化学工业出版社，2004.

[19] 苏薇薇. 药物分析实验. 北京：中国医药科技出版社，1998.
[20] 刘珍. 化验员读本. 北京：化学工业出版社，2003.
[21] 禹凤英，张惠霞，等. 药品检验指南. 郑州：河南医科大学业出版社，1998.
[22] 李吉学. 仪器分析. 北京：中国医药科技出版社，2004.
[23] 马广慈. 药物分析方法与运用. 北京：科学出版社，2000.
[24] 李继红. 动物药品检验. 北京：中国农业大学出版社，2007.
[25] 霍燕兰. 药物分析技术. 北京：化学工业出版社，2005.